日本
传统园林
设计

（英）查尔斯·切斯希尔（Charles Chesshire）　著

辛丽红　盖学瑞　译

辽宁科学技术出版社
·沈阳·

Original Title: JAPANESE GARDEN DESIGN By CHARLES CHESSHIRE (New Edition)
Copyright in design, text and images © Anness Publishing Limited, U.K., 2020
Copyright © SIMPLIFIED CHINESE translation, LIAONING SCIENCE AND TECHNOLOGY
PUBLISHING HOUSE LTD. 2023
Photos @ Alex Ramsay

© 2023 辽宁科学技术出版社
著作权合同登记号：第06-2020-228号。

图书在版编目（CIP）数据

日本传统园林设计 / （英）查尔斯·切斯希尔（Charles
Chesshire）著；辛丽红，盖学瑞译 . — 沈阳：辽宁科学技
术出版社，2023.6
　　ISBN 978-7-5591-2837-9

　　Ⅰ . ①日… Ⅱ . ①查… ②辛… ③盖… Ⅲ . ①园林设
计—日本 Ⅳ . ① TU986.2

中国版本图书馆 CIP 数据核字（2022）第 246553 号

出版发行：辽宁科学技术出版社
　　　　　（地址：沈阳市和平区十一纬路 25 号　邮编：110003）
印 刷 者：辽宁新华印务有限公司
经 销 者：各地新华书店
幅面尺寸：210mm×285mm
印　　张：16
字　　数：300 千字
出版时间：2023 年 6 月第 1 版
印刷时间：2023 年 6 月第 1 次印刷
责任编辑：闻　通　李　红
封面设计：何　萍
版式设计：鲁　妍
责任校对：徐　跃

书　　号：ISBN 978-7-5591-2837-9
定　　价：228.00 元

联系电话：024-23280070
邮购热线：024-23284502
http://www.lnkj.com.cn

目录

p.1：京都附近的庭园；在坪庭的小土堆中挖掘（种植穴）；茶庭里的步石小路、手水钵、石灯笼和竹门。

p.3自上：修剪成圆球形的黄杨；京都龙源院的枯山水庭园；秋天的日本枫树；京都金阁寺。

p.4自上：京都上野神社中的一对沙锥；通往入口大门的回游园小径；整枝剪和修枝剪；冈山县后乐园回游园的遮蔽所。

p.5自上：将岩石作为枯瀑的一部分；耙出的砾石图案；在混合石路中加景观元素；洛杉矶亨廷顿植物园中的月亮桥。

序言

"想象一下我国的著名风景，并领会其最有趣的地方。我们在造园中重现这些兴趣点，只需演绎，不要生硬模仿。"

摘自《作庭记》，写于 11 世纪的第一本日本造园书籍。

左图：水在日本造园中起着至关重要的作用。英格兰康沃尔郡（Cornwall,England）圣莫甘，瀑布，自然式设计。水源很好地隐藏在茂密的竹叶之中。

对日本历史，尤其是日本与中国、日本与佛教的关系史，有些许的了解，都将有助于我们了解和再次领略日本造园艺术。

正是中世纪的禅宗僧侣和画家富有创造性的努力，为发展日本造园这一非凡的艺术形式奠定了基础。

这些古代造园，尤其是用石头和沙子建造的庭园（其中的一些庭园甚至从公元 15 世纪一直保留至今），已经成为全世界抽象造园艺术的标杆。

植物的意义

除少数几座日本庭园外，植物材料都是造园的基础。使用的植物大都具有象征意义，包括虬曲的松树、四散的樱花、下垂的紫藤，以及"出淤泥而不染"的荷花和明艳如火的日本枫树。这些植物在园艺师的精心养护下，通过鲜花转瞬即逝的美来诠释季节的演替。园林中的一切——植物、岩石、石灯笼和水——都在统一、和谐和富有诗意的意境中发挥作用。造园是一门整体远大于局部之和的艺术。

自 19 世纪以来，日本庭园就吸引着西方造园家们，并激发他们的想象力。从 17 世纪 30 年代之后的 200 多年间，日本一直与世隔绝，这使得非凡而独特的建筑风格、诗歌、绘画、插花和造园艺术得以延续。19 世纪末，当西方的艺术家、建筑师和设计师终于接触到这些日本艺术时，他们为发现的东西感到惊讶。

今天仍能感受到日本艺术的强大影响力。

在日本艺术中，特别是日本造园艺术，精致而富有内涵，对人具有强烈而不可思议的控制力，对于寻求创造具有更深层次意义和更具现代性园林的设计师格外具有吸引力。

日本园林的式样

日本园林可以分为 5 种主要式样——池泉园、枯山水、茶庭、回游园和坪庭——每一种式样都与日本历史有着千丝万缕的联系。

右图：京都附近的大原三千院。斑驳的阳光下，各种苔藓错落有致。日本柳杉（Cryptomeria）下的苔藓似柔软的天鹅绒地毯，营造出绝妙的氛围。

水和岩石的意义

水是日本庭园中最重要的元素之一。它通常以湖池、溪流或简单的手水钵的形式出现。即使没有水，也经常通过沙子、砾石或枯溪流来暗示其存在。岩石与水同等重要，被认为具有某种精神和生命本质，如果要成功放置它们，就必须予以尊重。

通过对自然界的仔细观察，对岩石和水两个元素的真正理解将为今后创建日本庭园奠定良好的基础。对这些元素的自然规律了解得越多，就越容易以抽象的方式进行处理。

对自然界完美的抽象复制是最困难的。但是也不要畏难，修建的花园完全可以吸收日本庭园的简洁之美，而不必深究其背后具有的深奥含义。

本书使用方法

本书向您展示如何创建一个美丽且富有个性的日本庭园。前两章将带您了解庭园风格的历史，以及启发和影响庭园风格的环境

和文化元素，尤其是禅宗，以及日本对自然世界的态度和信仰。本节还描述了多年来日本庭园创作理念诠释的方式，并启发您如何适应并延续这一传统。通过概述传统的5种主要庭园式样（池泉园、枯山水、茶庭、回游园和坪庭），方便您找到最有吸引力的庭园式样。有关天然材料和创意性构筑物的章节介绍了基本要素，并辅以有关如何实现这些要素的

实用说明。而有关水景部分，介绍了如何规划所有以水为基础的项目。创建庭园时应更仔细地观察每种风格的特点，本书为每种风格都提供了详细的规划设计图，并展示如何结合3种关键的实用元素来创建庭园的不同区域。植物名录部分提供了一些可供选择的植物，并提供有关养护的建议。

左图：佛像在日本庭园中并不常见，但收藏在竹林中的这尊佛像，是20世纪早期艺术家桥本关雪引人入胜的收藏品之一。

日本造园史

  日本传统造园的历程既悠久又迷人。了解其历史并学习有关造园人物，可以洞悉赋予日本庭园灵感的哲学。有了这些知识，我们就可以充满信心地来规划和创建这种风格的庭园。尽管可以通过简单地复制庭园的外在形式来模仿日式庭园的基本风格，但要更深刻地理解才能重现其精髓。

  接下来的章节将带领我们领略日本主要的历史时期，每个历史时期都不断地受到中国和佛教的影响。这些结合了日本人强烈的自我意识、壮美的风景和当地的宗教信仰，产生了独特又优美的艺术形式，即日本庭园。值得注意的是，1000年前的庭园风格仍然影响着当代的庭园设计。即使在最前卫的现代花园中，您也经常可以找到平安时代浪漫主义的主题、室町时代的枯山水庭园或桃山时代的茶庭。

上图： 方块石板嵌入苔藓丛中，构成棋盘式的图案。

左图： 京都西芳寺内的茶庭。

庭园的演变

日本庭园历史有6个重要时代，其中大多数与日本历史的重大变化相吻合。分为6个部分过于简单，但有助于解释这些庭园中某些独特风格的演变。每个时期的定义不仅取决于当代日本人的衣食住行和生活习惯，而且还取决于宗教、文化、政治和战争带来的冲突和变化。中国的艺术影响力很强，佛教为日本的庭园设计带来了灵感。

上图： 位于江户时代三千院的灌木修剪得整整齐齐的庭园，这种修剪手法被称为刈込（o-karikomi）。

不同时代

直到20世纪70年代，才在奈良发掘出了9世纪的庭园。实际上日本庭园历史始于当时的奈良时代。随后的5个时期一直延续着奈良庭园风格：11世纪的平安时代、13世纪的镰仓时代、15世纪的室町时代、16世纪的桃山时代（都集中于古都京都），最后是18世纪和19世纪的江户时代（在首都迁至东京之后）。在"现代和西方影响"下，20世纪的庭园风格变得复杂起来。

奈良时代（710—794）

庭园为曲水流觞形式，主要用于仪式（中国唐朝，618—906）。

奈良，建于710年，位于京都以南约48公里处，是日本最后的古都。1974年在老宫殿遗址挖掘出一个装饰庭园的遗迹。考古发现了砾石和大卵石为驳岸围成的一条自然风格的蜿蜒小溪，其间布置独特而精致的景石。这些庭园几乎可以肯定是用于礼仪目的，与同期中国建造的庭园非常相似。

平安时代（794—1185）

中国影响的第一波浪潮和净土式庭园时期（中国唐朝，618—906；中国五代，906—960；中国宋朝，960—1279）。

这是日本文化史上最浪漫的时期，表现在造园技法大量改进、设计细节上新的领悟，以及对季节和仪式的关注，所有这些都是在京都帝国统治下发展起来的。其中一个主要特点是创造了池泉园，再现了神秘的仙岛和阿弥陀佛的净土式庭园。在池泉园里，纯洁的灵魂可以死后重生。

庭园设计的另一个新特点是宫廷仪式、音乐和诗歌朗诵能够在庭园、船上和溪边进行。《作庭记》可能是世界上第一部伟大的造园论著，写于11世纪的平安时代。

左图： 这幅木版画由北斋胜美香（1760—1849）创作，画中是江户时代的一群仕女正在参观龟户天神社的紫藤园。日本传统造园设计与正式的社交礼仪密切相关。

镰仓时代（1185—1392）

中国影响的第一波浪潮：禅宗的传播时期（中国宋朝，960—1279；中国元朝，1279—1368；中国明朝 1368—1644）。

源赖朝是日本第一代幕府将军（军事独裁者），政治中心设在镰仓，开始对艺术不感兴趣，直到佛教僧侣开始从中国归来，带来了茶叶、宋朝的画作和明朝的早期手工艺品。这些佛教僧侣深受中国禅宗佛教的影响成为禅宗僧侣。此时的京都皇室家族仍延续着平安时代的造园传统。禅宗僧侣们开始参与造园，1339 年左右，灵感来自中国宋朝绘画的场景，在京都创建了西芳寺和天龙寺庭园，岩石成为重要的造园元素。

室町时代（1393—1568）

这是应仁之乱与禅宗盛行对造园双重影响的时代（中国明朝，1368—1644）。

京都武士阶层和皇家贵族的融合给艺术带来了异乎寻常的繁荣。 这个时期见证了室町幕府将军于 14 世纪 90 年代金阁寺和 15 世纪 70 年代银阁寺的建造，与早期偏爱的借助小船游览的舟游式池泉园背道而驰，这些造园都是回游园。 这一时期最重要的创新是创建了"枯山水"庭园，砾石或沙子象征水，岩石镶嵌其间。这些庭园的设计受到禅宗佛教和水墨山水画的影响，其中最著名的是大仙院（建于约 1513 年）和龙安寺（建于 1499 年）。

上图：环绕京都的二条城（NijoCastle）庭园，建于江户时代初期。这些庭园使用的景石比以往任何时候都巨大，数量也更多。

桃山时代（1568—1603）

这是日本完成统一，茶道和商人阶级崛起的时代（中国明朝，1368—1644）。

桃山时代的三代将军都喜用巨大无比的景石建造庭园，以彰显力量，但茶屋和茶庭这种新的重要景观的出现，改变了夸张巨石滥用的局面。著名的茶道仪式最初是由商人千利休推广的，他是日本最具影响力的人物之一。

右图：以金箔装饰的京都金阁寺，由第一代足利幕府将军在 14 世纪 90 年代建造，标志着室町时代的开始。

江户时代（1603—1867）

这是闭关锁国和私家回游园进一步发展的时代（中国清朝，1644—1911）。

1603 年，德川幕府搬到东部首都江户（今东京），在那里强制实行严格的等级制度。这个时期的庭园以回游园为特征，其中最著名的是京都桂离宫，宫内众多茶室和建筑物依池而建，具有极佳的视线和精美的框景。桂离宫代表了日本大型造园艺术的最后一个高峰。

同时，富裕的城市商人和武士开发了小坪庭，其中融合了较早时期的枯山水庭园和茶庭的图案。随着时间的流逝，庭园变得更加张扬，失去了前辈的创造力和哲学深度。自 1867 年重新对西方开放国门，虽然日本庭园一直在探索禅宗的极简主义和更前卫的自然主义风格，但仍然融有神秘岛等传统图案。

中国影响的浪潮

公元 607 年以前，日本是一种原始文化，只是通过朝鲜受到了中国文化的一点点影响。607 年以后，通过与中国的接触，日本人民生活突然之间受到了全方位的影响。607 年，当日本第一位驻华大使到达后梁都城开封时，他看到皇宫矗立在园林之中，园林由亭台楼阁环抱着的大型湖池和岛屿构成。中国对于日本人来说是一个新的发现，许多世纪的文化交流由此开始。

中国风格

在中国园林中，岛屿经常被用来代表神仙岛，即不朽的神仙居所。中国汉武帝建立了自己的湖池和梦幻般的岛屿园林，希望能得到神仙们长生不老的灵丹妙药。人们认为神仙岛漂浮在海龟背上，神仙们的坐骑是仙鹤。这些神话对日本人的想象力产生了巨大影响。时至今日，神仙岛、白鹤和乌龟仍是重要的景观，通常以精心布置的岩石群形式出现。岩石不仅代表岛屿，而且还象征着须弥山，佛教神话中的中央山脉，也是从中国传到日本的重要山水意向。

佛教徒的影响

佛教是日本的主要影响力量，结合中国影响力后，从 6 世纪中叶开始变得尤为重要，尽管日本天皇将国家置于佛陀的保护之下，但当地的神道神（kami）仍然保持着强大的影响力，与天皇和社会的普遍福祉密切相关

湖池是佛教天堂概念的核心，对日式造园而言，与在中国一样，它也变得至关重要。据描述，阿弥陀佛的天堂庭园种植着结满宝石的树木，而金色沙滩环绕着百合花般的湖泊。在这些湖泊上，天堂的主人等待着虔诚的灵魂在极乐的莲花上获得新生。巨大的池和岛构成的净土庭园成为奈良和平安时代庭园风格的象征。

日本风格的开端

公元 794 年，当首都迁至现在的京都（平安京）时，池湖和蜿蜒流淌的溪流构成的庭园是当时最卓越的庭园设计形式。

在平安时代，京都文化气息浓厚，在这样的社会氛围推动下，一种真正的日本园林风格逐渐开始出现。这种风格将佛教、神仙岛和神道教的圣林慢慢融为一体，成为一门独特的艺术形式，今天这种艺术形式还非常好识别。

上图： 中国神话中的神仙岛至今仍给予设计师灵感。在 20 世纪 80 年代龙源院创建的枯山水庭园中，建中岛蓬莱岛。

左图： 山水画，日本禅僧、画圣雪舟等杨（1420—1506）的作品。他的禅宗风格风景画对日本绘画和庭园设计风格具有极大的影响力。

上图： 金地院的一个龟岛，可以从景石和修剪过的灌木中分辨出海龟的头部和鳍状肢。

"风水"

"风水"影响着宫殿、城镇和庭园的设计，因为它强调建筑、植物和景石必须按照一定的能量的气与能量的形，以非常精确的方式放置，以确保它们与自然秩序保持平衡和协调。事实上，京都新城选址就是仿照了中国长安城及其宫殿和园林，遵循了"风水"原则。

每一种要素都与一个方向有关：土在中心，水在北方，火在南方，木在东方，金在西方。另外，中国人认为每个方向也可以代表颜色、行星、季节和守护神。

阴阳原理也构成了"风水"的一部分，但它们并不总是被视为精确的对立面，也可能被视为互补的力量。大多数现象都包含阴阳两种元素，因为把它们结合在一起会产生和谐的环境。例如，将水（阴）与太阳或火（阳）结合起来，创造了使种子发芽的适当条件。

绘画

日本园林的下一波影响也来自中国，部分来自中国画家。唐宋时期的中国画家画了山、瀑布旁的松树、湖中的溪流、岩石间的小路。这些艺术家，比所有伟大的中国皇家园林，对日本园林的影响更大。与此同时，访问中国的日本僧侣和艺术家们看到了美丽的寺庙，也看到了隐士僧侣和艺术家们在小屋和洞穴里过着简朴的生活，他们回国后希望效仿中国人的生活方式和在那里遇到的艺术。

禅

日本僧侣渴望练习更加纯粹、没有诸如崇拜阿弥陀佛等烦琐仪式的佛学教义。他们在中国找到了禅学实践者（或禅宗 Zen，这个名字在日本众所周知），这个词源自梵文 dyana，意思是冥想。禅宗把更多的注意力放在个人上，以及对思想的控制上，特别是通过冥想和"虚无"的体验。

到 16 世纪初期，日本禅宗大师们已经成为下一个伟大的造园师，他们再次受到中国和日本画作的启发，使用沙子和岩石建造枯山水庭园。他们的造园变得越来越抽象，常常隐含着禅宗象征主义的信息。

茶庭和茶道

中国文人的绘画、诗歌和精神作品并不是日本画家和禅宗僧侣的唯一灵感来源。日本茶庭的设计灵感也来自隐逸在乡间的中国文人和在山间静修的艺术家。商人和僧侣们最终开发出一种全新的造园风格，其中包括一条通往茶屋的小径（称为露路）。

到16世纪初，这个新的风格演变为茶庭这种极具影响力的形式，日本园林设计走上了创新之路。日本茶庭是西方人非常熟悉的园林景观，有茶室、灯笼、水池和水井等主要景观。

右上图： 这幅由狩野永德（1543—1590）创作的双层掩蔽手法的绘画，展示了对鸟类和瀑布的浪漫主义描绘。

右图： 在金地院庭院里，岩石和松树描绘成各种各样的象征形式，周围散布着白色的细砾石，代表着大海。

现代和西方的影响

将军幕府 1633 年宣布关闭日本边境，直到 1852 年被美国武力打开国门。日本对外界来说是一个隐秘的国家，在闭关锁国时期，与西方的联系很少，甚至与中国人都很少有接触。日本在江户时代（1603—1867）的大部分时间里都是在与世隔绝的状态下发展，但日本艺术家利用强大的内部文化传统，继续在绘画、文学和设计中表达自己，使日本艺术得以蓬勃发展。

上图：加拿大驻东京大使馆的屋顶花园，由禅僧枡野俊明在 20 世纪 90 年代设计，灵感来自落基山脉。

下图：20 世纪 30 年代，艺术家和造园师重森三玲重新设计了京都的东福寺庭园。他意识到日本庭园具备潜力，可以成为当代表达的工具。他还深受当时西方艺术形式的影响。

美国的进攻

直到 1852 年，当美国海军的黑色战船向德川幕府发出了第一次射击警告时，才迫使日本人开放港口，开始与外国人进行贸易，此前现代西方世界的影响力一直都是很有限的。一旦这些贸易和交流渠道打开，西方的影响就在技术和艺术方面打下了烙印。这是一种双向的互动，因为日本文化对西方的影响也是巨大的。

1852 年的日本政权处于衰落的悲惨状态。然而，在美国的进攻之后，穷困潦倒的天皇家族取代了掌权 250 年的幕府，并享有新的统治地位。

日本艺术传入西方

从 19 世纪中叶开始，日本对西方的影响就显现出来了。日本的版画和手工艺品充斥着西方市场，活跃了艺术界，鼓舞了印

象派画家等。伟大的建筑师，如弗兰克·劳埃德·赖特（Frank Lloyd Wright，1869—1959）和查尔斯·伦尼·麦金托什（Charles Rennie Mackintosh，1868—1928），在日本的园林和建筑中发现了原始的简约。他们还欣赏到天然材料的美丽，将其与自己的现代材料玻璃、混凝土和钢材结合使用。

在造园方面，特别吸引西方人目光的是非凡的禅宗庭园的风格，如京都龙安寺，其深邃的神秘感对人们的影响，就像它建于15世纪90年代时一样。这座禅宗风格的庭园影响了许多西方设计师，尽管他们可能不熟悉禅宗佛教的概念，但在庭园里发现的这种艺术形式，可以在创作中表达他们自己的极简主义、无调性和前卫主义。

西方艺术传入日本

当西方正在吸收东方的影响时，日本人表现出了非凡的能力来吸收其他传统，既消化又重新创造它们。例如，当时（现在仍然是）人们对英式园林的渴求，这种造园最初是仿制的，就像中国园林一样，后来被融入日本主流并被赋予东方的倾向。

现代日本设计

然而，到了20世纪30年代，更传统的日本造园设计已经变得相当陈旧和陈腐，这种情况促使一两位设计师重新评估既定材料和主题的使用。其中最伟大的是重森三玲（1896—1975），他在20世纪30—50年代建造了多座私人庭园和寺庙庭园。

他的造园风格突然向现代转

上图： 一个日本茶庭，由莫林·巴斯比（Maureen Busby）为2004年伦敦皇家园艺学会（Royal Horticultural Society，RHS）切尔西花展设计。茶庭的主要景观是一条穿过"荒野"的步石小径。

变，有趣的是，虽然混合使用传统天然材料与现代混凝土，但表现的依然是传统的主题。

自20世纪50年代以来，许多新创建的庭园采用未经处理的崩落的或采石场的碎石、塑料和金属来取代浑然天成的石头和景石，这与17世纪的庭园将人工与自然融为一体的方式大致相同。这种新材料的融入，在保留禅宗庭园纯朴的同时，仍然是当代日本园林设计的标志。

日本造园发展的最新动向之一是朝着更自然的园林风格发展，将本土植物和自然主义溪流相结合。然而，这些当代日本园林的另一个突出特点是，日本不能完全摆脱其文化和历史的过去，即使是现在，最先进的园林设计仍然可以追溯到11世纪平安时代造园对自然材料的使用，正如日本现存最古老的造园著作《作庭记》中所述。

灵感

日本的庭园有一种完全不同于其他庭园的风格。这种独有的特点可以归结为3个元素：突出的自然景观和禅宗精神（这两者都给予日本造园以灵感），以及庭园内的建筑景观的重要性。

日本是一个拥有崎岖海岸线的群岛国家，拥有火山和山地景观，陡峭的布满岩石的溪流穿过森林。这种奇妙的自然地形和本地植物启发造园师在自己的庭园里重现他们在周围看到的一切。古代日本人也相信树木、岩石、山和水对神道教的神具有操纵力。

在庭园里，用简约的方式诠释和再现周围的自然景观，源于禅宗的精神，使用淡化手法并对空间精心布置。

最后一个要考虑的元素是日本庭园建筑景观的精神意义，包括茶室以及借景技巧，即在视力所及的范围内，将庭园外好的景观组织到庭园视线中的手法。

这一章着眼于使日本造园特色鲜明的景观，并解释这种风格如何在西方得到理解和诠释。

上图： 怒放的樱花预示春天的开始。

左图： 宝泉院，在京都北部山区，修剪过的树篱作为取景框，并通过竹子的茎把自然景观纳入庭园视线中。

自然景观

在一个完美的长方形庭园里，向被耙成完美线条的白沙处眺望，有一两块景石，一两株剪得几乎不开花的杜鹃，如果你认为日本的造园师更倾向于完全违背自然而不是理解自然，那就情有可原了。然而，日本本土的山地、迎风而立的松树、瀑布和岛屿等自然景观，直接启发和影响了造园，产生了一种给世界各地的造园师以灵感的精神风貌。

启发灵感的风格

日本园林设计最初受到中国人的影响。然而，日本的自然山地和海岸景观，加上源于本土神道教对岩石和树木的精神崇敬，共同创造了又一个强大的影响力。通过精心挑选本地植物和模仿乡村的自然特色，虽然使用的是朴素、程式化的形式，但是日本造园师已形成了独特的风格。

神道教的象征：鸟居

在许多佛教寺庙的入口处也可以看到通往神社的典型朱红色大门。大门标志着朝拜者从外面日常世界向里面神圣世界的行进，在门下面经过是神道和佛教崇拜共同的净化仪式的一部分。鸟居通常由木材、金属或石头制成，有两个直立的支架和两个横杆。"鸟居"一词被认为来源于鸟类栖息的地方：鸟类会给寺庙带来好运，因为它们被认为是神道教中众神的使者。如今，富裕的神社游客可能会捐赠一座新的牌坊门，以感谢诸神对其商业成功的帮助。

日本的地形

作为一个由4个主要岛屿组成的多山群岛，日本还有数百个岩石小岛。小岛上山势陡峭，树木繁茂，布满岩石溪流、温泉和河流，其中50多座是火山。事实上，大部分森林植物生长茂盛，分布到顶峰。直到前不久，佛教还是官方宗教，吃肉和鱼是被禁止的，这意味着，与世界其他地区不同的是，山丘和山脉的植被没有被绵羊、山羊和牛吃光。时至今日，山峦、岩石和溪流等自然景观仍然激励着日本造园师，是日本园林的一大特色。

山的主题

山对中国人和日本人的想象力和造园有着独特而强大的影响力，是许多造园的中心特征。神仙岛神话传说（在中国沿海发展起来）就是一个典型的例子。共有5个岛屿，其中一个叫蓬莱。这些神仙岛和日本真正的岛屿一样，巨大而又连绵不绝，高达上千米，两侧陡峭险峻，一直延伸到绿意盎然的高原。这里有蓝色薄雾笼罩的山谷，所有的珍禽异兽都是白色的，树上长着珍珠，花儿芬芳，果实可以让人长生不老。沿着岛屿的海岸，长生不老的仙人在金碧辉煌的亭台楼阁里

幸福地生活着。神仙不是神，而是超脱疾病或死亡的人，他们具有超自然的力量，能够飘浮在空中。巨大的仙鹤是他们的坐骑，这是日本设计的另一个重要特点。

最初的神话传说是神仙岛四处漂浮，没有固定在海底。后来，宇宙的最高统治者命令由15只巨大的海龟来保护这些岛屿，但是有一天一个巨人撒网，抓住了其中的6只海龟。还有一些海龟漂走迷失了，只剩下3只海龟。早期的日本人很可能相信它们已经生活在这些神仙岛上了。不管怎样，蓬莱岛、仙鹤和海龟都成为日本造园中的主题，甚至在1938年，重森三玲在东福寺的庭园里也重现了这些主题。

上图： 日本岐阜转运地的设计虽然大胆抽象，但融入了山脉主题，同时也呼应了远处景观的形式。

当把这个古老的神话融入神道教的神灵（见下文）、日本的自然景观，受中国人敬仰和理想化的景观以及一些佛教宗派所描绘的天堂极乐净土的影响，融合成为一种灵感组合，具有非常独特和美丽的造园风格。

神道教的影响

神道教的意思是"神之道"。神道教是日本定居者的宗教，这些定居者可能在 3 世纪或 4 世纪从韩国乘船抵达日本。它包括万物有灵论和异教徒式的仪式，以岩石、树木和植物为中心。人们相信万物有灵，可以把神引导到地面。有两种神，或称神明：一种是从天上降下来的神；另一种是住在海上并孕育了日本主要岛屿的神。使用神圣的岩石和神圣的池塘象征这两种神。无论是过去还是现在，这些岩石和池塘图案在日本园林中反复出现。

神道教相信，在偏远的某些地方仍有神仙居住。直到今天，你仍然会在神龛附近发现用绳子包裹的树木，以及本身就成了神龛的古树和岩石。注连（shime），即用稻草绳捆绑物品甚至人，最初可能是用来划定领土的，而捆绑的工艺品象征着土地或岛屿。有趣的是，"shima"这个词意思是"庭园"，来自 shime。

"御神体"和"众神的磐座"在日本各地仍然随处可见。"御神体"和"众神的磐座"通过覆盖层层沙子和砾石得到升华，成为覆盖沙砾的神圣地方，或"圣地"，

左图： 屏风的细节（1600—1640）展示了《源氏物语》中的情节。这部日本古代文学经典与自然世界的象征性引用交融在一起。

右图：19世纪末，设计师小川以大自然为灵感设计庭园。这让人想起了10世纪早期的庭园，比如这座位于京都附近的庭园。

里面甚至可能放置几块重要的景石。这些仪式和神圣的空间对庭园和旱地景观园林中岩石的使用产生了重要影响。平坦广阔的大海（以沙子或砾石为象征）与崎岖无边的礁石、老树之间相互映衬，营造出了一种美感，激发了从神道教纯粹的精神空间到园林世俗空间的飞跃。这种美学也可以解释为什么中国园林风格没有被日本园林"虔诚地"复制，而是适应性地改造成新的园林风格，本土的神道教和日本的自然景观提供了创作的沃土。

对自然的诠释

从平安时代早期（794—1185）开始，自然世界就一直是日本园林表现的一个景观，当时灵感直接来自风景和自然环境，直到现在，抽象和现代园林仍然表现出对自然的深刻理解。意大利的花园旨在表达对自然的理性和哲学的看法；英国的花园主要基于田园诗的理想世界；而日本的庭园则以高度象征性的方式利用自然。

更具体地说，在15世纪和16世纪，日本设计师越来越多地向他们伟大的山水画家寻求艺术灵感，就像18世纪末英国如画园林受到克劳德·洛兰（ClaudeLorrain）和尼古拉斯·普桑（NicolasPoussin）绘画的启发一样。与大自然一样，绘画也是许多造园运动的共同出发点。

《作庭记》

已知最早的关于造园的专著《作庭记》——副标题是《石头的布置》——写于11世纪中叶。它更像是为少数人准备的一本技术日志，但它的许多规则今天仍然作为基本戒律被遵守。据说石头也有"愿望"，这本书介绍了倾听石头"愿望"的方法，如果把它们正确地放在日本庭园里，就像它们处于野外状态一样，石头就会充满生机。

"自然"一章描述了海岸线、溪流、岩石、岛屿和瀑布的意象在园林设计中显著而生动的运用，并对一系列特征进行了详细说明。例如，石材可以以不同的方式使用——可能是放在溪流中以调节水流，用作底部或孤立的景石，或者用作分水的石头以阻断和转移水流。此外，遣水可以创造出各种风格，例如，仿佛流过山谷，或者仿佛是宽阔的河流或山洪。也有关于不同种类瀑布的创建描述和说明，所有这些都适用于今天的日本造园者。

庭园里的溪流常常以瀑布的形式倾泻到湖或池塘里。这些湖池代表湖泊或海洋，并点缀着岛屿，白色沙滩构成的海角打断了海岸线，让人想起远处的海滩风景。风吹过的小海滩、海湾和起伏的海岸线都种植着柔软的草。岛屿也有不同的外在形式，比如拥有岩石海岸的岛屿，或者有森林、草地和湿地的岛屿。

从书写《作庭记》的平安时代开始，最早的日本园林，对向大自然寻求灵感的现代园林设计师仍有重要影响。这些园林强调我们应该观察自然，而不是盲目地模仿自然，在把自然转化为艺术之前先要参考"地方风气"。正如《作庭记》所说："想象一下我国的著名风景，并领会其最有趣的地方。我们在造园中重现这些兴趣点，只需演绎，不要生硬模仿。"

平安文化与设计

平安时代的文化，有别于后来朴素的禅宗和室町时代，贵族们定居在天子脚下的京都，多年来尽享弥足珍贵的太平时光。他们花了很多时间写诗，日益远离国家事务的管理。贵族们的生活中弥漫着一种忧伤的情绪。他们相信他们生活在"末法"时期（Mappo），即佛陀戒律结束的时期，社会和宗教习俗正在衰落。为了永享天堂之乐，贵族们在庭园里用湖泊和岛屿来描绘西方极乐世界，希望死后被带到净土佛教的西方极乐世界。人的一生被看作是一个短暂的插曲，一个介于两个现实之间的梦。

平安贵族密切观察大自然，留意大自然的变化无常和表现方式，抽象为符号和象征，与爱、死亡、荣誉等人类的各种情感相比较。这些情感往往以植物来象征，早期的平安庭园使用了许多开花灌木，如棣棠花、溲疏属植物、胡枝子、杜鹃花和桂花，以及樱花、槭树、野玫瑰和鸢尾。在当时两部伟大的小说中，清少纳言的《枕草子》（公元995年）和由村崎实所著的《源氏物语》（11世纪早期），都使用树木、花朵以及天气等来象征人类的思想和欲望。

季节及其植物

京都周边地区，季节很容易预见，山顶的第一声雷鸣，预示着仲夏雨季的到来。那时，樱花、

最上图：樱花预示着春天的到来，是日本最受欢迎的游园季节。

上图：大叶绣球生长在浓荫密布的林地，是一种典型的夏季花卉。

紫藤和杜鹃花早已凋谢，绣球花也开始变色了。与此同时，九州的亚热带南部地区将闷热难耐，而在本州北部和北海道，山坡上的积雪正在融化，积雪下面的树木尚未长出叶子。除了北部地区外，日本大部分地区的夏季炎热多雨，酷热难当。这就是为什么平安时代京都的上层人士如此强

调两个主要的庭园季节——春天（最重要的季节）和秋天——这一点至今仍然存在。四季也被认为是风水系统的一部分，花卉用来描绘能源的主要方向线；良好的种植和设计有助于保护家庭免遭不幸。

在现代的日本，梅花和桃花是春天的号角，紧接着是樱花。

最上图： 在日本庭园里，树木因其秋天叶片变色而被广泛种植，例如爱尔兰的塔利花园里这棵连香树。

上图： 在白雪覆盖的庭园里，日本传统的鸟居色彩生动、引人注目。

日本园林中的四季

春天

天气：温暖宜人——最佳生长季节和游览日本的最佳时间。

植物：梅花、桃花、樱花、杜鹃花、紫藤、山茶花。

节日：许多与春花有关的节日，包括庆祝樱花盛开的黄金周（4月／5月）。

夏天

天气：潮湿多雨伴有雷雨，昼夜酷热。

植物：鸢尾、绣球、莲花。

节日：5月下旬的鸢尾节；盆会（Bon），纪念祖先的佛教节日。许多日本人离开城市，去北方较凉爽的山区旅游。

秋天

天气：气候温和，天气晴朗，较干燥，夜晚凉爽。台风季节。

植物：日本枫树和日本吊钟花。

节日：与水稻收获有关的地方节日。

冬天

天气：很冷，经常下雪，但在晴朗的日子里，有冬日的阳光。

植物：竹子、松树、雪松等常绿乔木和灌木。

节日：日本新年，全国都放假，所有的企业都关门了。

然后是当地的茶花、杜鹃花和紫藤花，而在初夏，全国各地都在庆祝鸢尾节。莲花是佛教经久不衰的象征，也是夏天的花卉。秋天的标志是日本枫树，日本枫树生长在森林里，像日本吊钟花一样，在这个时候映红了山坡和山坡上的寺庙。菊花是皇室、长寿和好运的象征，是为庆祝深秋的节日而特别种植的。冬天，松树、雪松和竹子引人入胜。

在日本庭园里，会经常使用一些乡土植物，如樱花、杜鹃花、松树和竹子，但往往忽视了日本原生植物区系以外范围广泛的植物区系。这表明是设计者的克制，而不是可用的素材有限。因此，树篱可能由许多常绿灌木组成，但不会混合大量鲜艳的叶子。这样，即使使用了大量的植物，最终的效果也是朴素的。

禅宗的影响

禅宗佛教是 13 世纪由僧侣从中国传入日本的。一经建立，就对日本文化艺术的各个方面产生了持久的影响。禅宗哲学的"空性"，对园林设计影响深远，推动了一些重要园林风格的发展——枯山水，这种园林风格与许多佛教寺庙密切相关，也是日本园林设计师灵感的丰富源泉。枯山水象征性地在沙砾中使用耙制效果，巧妙地放置景石，这种简单、克制风格的影响，在东方到西方的园林中都能感觉到。

上图：粗凿石面的毛石板取代天然的石材，并由岩石碎块填充。山的意象和空旷的空间是禅宗园林的典型特征。

禅宗的到来

最初，对文化艺术不感兴趣的镰仓幕府（今天京都的南部）对最早把禅宗介绍到日本的僧侣们回应冷淡。然而，两三代人之后，禅宗在敌对的幕府和皇室中找到了新的赞助人，到了 13 世纪初，镰仓和京都大约有 300 座禅寺。这些寺庙被称作"五岳网"（the Five Mountain Network）的一部分，促进了对中国艺术和哲学的研究。除了学习理学玄学，僧侣们还精通诗歌、绘画、书法、陶瓷、建筑和园林设计。一个文化水平不高的农村僧侣群体（他们被称为林火，意思是"森林"）在另一个禅寺网络中修行，并严格致力于参禅，或坐禅（冥想），以及公案写作。林火僧侣们的自律和对主人的忠诚，深深吸引了正在崛起的武士阶层，他们的修行对武士们来说，是最严苛的布道说教。这一哲学为其他禅宗信徒所认同，他们的老师或大师也将他们的价值观传递给自己的弟子。不过，当时没有成文的经文，也没有密宗佛教的装饰，比如曼陀罗、吟诵与背诵经文，这在过去 500 年里一直主宰着日本人的生活。

禅宗与枯山水园林

道元（Dogan，1200—1253），一个生活在镰仓时期的僧侣，以强调所有事物的"空性"（空无、空或无实体）而闻名。禅宗的这一方面意味着找到所谓的"纯洁心灵的完美表达"。园林设计师在枯山水庭园里，用沙砾的空旷空间来表达这种"空性"。沙砾已经在神道教的神圣范围内使用，然后在宫殿前用于宫廷仪式，后来演变成海洋的象征或画家和园丁的白色画布。在禅修者的主持下，这片空旷的沙滩代表了一个冥想的精神空间。有时，这些庭园看起来像熟悉的风景，或水墨画，如果持续长时间冥想，冥想会带给你一种平静。

被称为枯山水的特殊空间，通常由禅宗僧侣设计，已成为日本园林的同义词，在著名的枯山水庭园中，尤为突出的是龙安寺和大仙院。禅宗对日本园林产生

左图：一棵巨大的日本雪松树桩，右边是一座神龛。神道教认为树木、岩石和其他自然物体都具有灵性，这一信念被纳入禅宗园林设计中。

上图： 沙砾"海"中的景石代表了神秘的岛屿，传统禅宗效仿的古代神话传说。

右上图： 中国儒生隐士（scholar-hermit）的世界吸引了禅宗僧侣。他们建造了茶室（teahouses），比如等持院（Toji-inTemple）茶室，进入茶室前的小路充满了禅宗精神。

了强烈的影响（现在仍然如此），它还赋予了园林设计艺术更高的精确度和纪律性。即使没有沉浸在禅宗的神秘之中，你也可以欣赏到这些庭园里非凡的美和时尚感，以及对大自然简约抽象的自然观。

禅宗与茶庭

茶庭的演变与禅宗僧侣有着密切的联系。最初茶是他们在长时间的冥想中用来帮助清醒的，很快就成为佛教仪式中必不可少的一部分。作为造园者和饮茶者的禅宗僧侣，将这两种艺术结合在一起仅一步之遥。因此，起初只是一条通往茶室的质朴小路的茶庭，变成与重要的传统联系在一起。

禅宗与现代园林风格

当创建一个禅宗风格的枯山水庭园时，考虑每一个造景元素的影响。许多当代庭园是由几块岩石、一层沙子或砾石和一棵竹子或松树组成的，却常被描述为正宗的日式，或者更糟的描述是，真正的禅宗。然而，只有在没有多余暗示情况下的枯山水庭园，才名副其实。任何一个景观都不应该占主导地位。禅宗风格的枯山水庭园，或茶庭，应该充满纯洁和克制。

禅宗园林的精髓

尽管11世纪最初的日本园林是对自然的诗意解读，15世纪的园林是对山水画家的灵感解读，

右下图： 在加拿大驻东京大使馆，用天然石材和沙砾建造的枯山水庭园，既表达了向过去致敬，也展现了勇于探索现代前沿。

上图：位于京都的天授庵禅园（Tenju-an），建于 14 世纪晚期，是几何式、人工修建和不规则的自然式融合的杰出范例。

但这两个时期园林设计都很克制，设计者都尝试着去理解自我和宇宙。这实际上意味着在设计中避免陈腐、平淡无奇和过于突出重点，同时也避免了不必要的干扰以及颜色或形式的滥用。13 世纪禅宗艺术的基本要素定义为以下 7 个方面：

· 不均齐
· 简素
· 枯高
· 自然
· 寂静
· 幽玄
· 脱俗

这些特质还应用于禅宗风格的其他艺术形式，例如书法和诗歌。

即使没有修禅或禅宗经验的人，也可以欣赏禅宗庭园的宁静之美。如果您想让庭园充满禅宗的精神，则应尝试使您的庭园反映出安静、冥想的世界，并避免因喧闹使头脑过度兴奋而产生的各种矫揉造作。艺术就是要避免过度刺激感官，这可能和您在西方园林中的体验不同。

禅宗庭园应谨慎避免色彩搭配得不协调，使用奇形怪状的岩石、喷涌的喷泉或色彩艳丽的建筑物。例如，您在某些日式庭园中能看到红色中国桥，但在禅宗庭园中不会出现，因为这些景观是为了转移视线和刺激大脑，而不是让人平静下来。

无论是在庭园设计、绘画，还是武术中，如何运用禅宗艺术都是很重要的。禅宗的精神，即枯园中被耙过的沙砾区域所传达的"空无"，应该和那个手拿耙子的人脑海中浮现出的那一片洁净的沙砾完全相同。虽然修禅的心境需要多年才能臻美，但庭园设计师仍可以按照禅宗精神来规划庭园，将静谧作为主要特征，避免鲜艳的色彩，并确保园林美化和种植都保持在绝对的最低限度。

将沙砾耙成波浪的禅宗庭园

位于京都的龙源院，1980年在一座古老庭园的原址上重新设计和建造。庭园风格如绘画，其"画布"呈长方形，以沙砾为颜料，耙为画笔，将沙砾耙成平行的波纹来象征大海。这座枯山水庭园延续了以往此类庭园的风格，但处理得更夸张，造园的基本要素和15世纪的完全相同。耙沙砾成平行的波纹，当波纹绕着枯海中的主要景观环绕时，变为很深的同心波纹。枯海里的主要景观背对着的是禅宗庭园中最高的景石群，代表着神仙群岛中最重要的蓬莱山。据说这些岛屿要背在海龟背上，所以主要的苔藓岛被设计成龟岛。神仙们生活在这些岛屿上，拥有长生不老药，青春永驻，仙鹤是他们的坐骑，所以设计摆放的又一组景石是鹤岛。

长方形的框架由镶边石和瓦片构成。镶边石和墙壁之间种植苔藓，同时在前景中，寺庙游廊和庭园毗邻的狭长地带以鹅卵石铺就，并栽植松树，将寺庙游廊和庭园分割开来。

庭园可以被解读为一种富有艺术性的印象画，对欣赏者来说，突出的轮廓和深深的波纹创造了一种夸张的效果。尽管如此，设计质朴和主景的含义给人一种永恒之感。

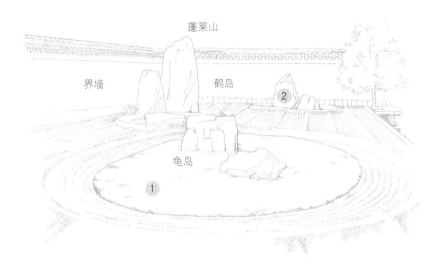

右图： 在龙源院的枯山水庭园里，神仙岛的3个主要象征景观被布置在用沙砾象征的大海中。前景是一个龟岛；左后是神仙岛中最高的蓬莱山；后面是一个鹤岛。

建筑要素

直到江户时代（1603—1867），所有主要的园林风格都在城镇中逐渐形成，并由主要建筑物、庭院、入口和边界的布局来确定。后来，大型园林在更偏远的富有田园特色的地方选址，园林内经常放置小型建筑物，如廊架、亭和茶室，观赏者坐在其中专注欣赏风景，同时可以保持建筑与庭园之间的和谐关系。建筑的另一个作用是可充当借景手段，建筑物、树木或灌木构成取景框，可以远借园林之外的景观。

建筑互感

日本园林与主体建筑、寺庙或园林建筑之间的关系与西方规则式园林完全不同。在西方，建筑的细节和形式往往会影响规则式园林的设计，但相比之下，规则式日本园林中的自然曲线和建筑棱角却可以相映成趣。尽管枯山水庭园和坪庭以笔直的园墙为界，但日本园林本身的形式更像是放在画框中的一幅画。

在日式庭园的其他风格中，自然形式的步石、景石、松枝和竹子与建筑物非常接近。有时可以将茶花或杜鹃花剪成几何形状，以强调或模仿建筑，但在设计中

上图：东福寺的枯山水庭园。北条方丈的建筑线条，围墙和沙被耙成直线条，让人很难准确界定建筑在哪里结束和庭园在哪里开始。

下图：从寺院游廊俯瞰正伝寺庭园，不仅可以看到庭园，还可以看到远处神圣的平山。对园外风景的捕捉是园林设计方法之一，被称为借景。

右图：莫林·巴斯比（Maureen Busby）的当代设计展示了建筑与周围庭园之间的强烈互动。

通常首选不对称性和动态自然式。

中国的影响

奈良时代（710—794）和平安时代（794—1185）的日本建筑，和庭园一样，或多或少都是中国建筑的翻版。但在平安时代，风格的不同开始显现：日本人已经表现出对木材自然饰面的偏爱，而不是当时中国常见的更华丽的彩绘建筑，屋顶也没有中国同样式的那么整洁和弯曲。

平安贵族住宅的主要风格被称为寝殿造（直译为"睡房"）。这

园林建筑

日本园林建筑和结构具有与大多数西方风格不同的特点：

· 首选材料为天然材料，例如竹、芦苇、锯材或原木（有时带有树皮）；

· 材料不上漆，但看起来尽可能自然；

· 在中国影响力很强的时代，尤其是奈良时代早期（8世纪初）和江户时代晚期（19世纪初至19世纪中叶），建筑物和构筑物（如园桥）有时被漆成明艳的橘红色，这与园林中其他部分非常柔和的外观形成鲜明的对比。

个正厅，或称寝殿造，位于一座方形建筑的中心，两侧有两个相邻的厢房，供妃嫔和妻子们使用。从这两个厢房的两条走廊（东侧和西侧）向南通向主庭园。在这两条走廊之间的空间是一个沙砾覆盖的开敞庭院，这里是举行仪式和进行娱乐的场所。一条小溪穿过该开敞庭院的部分区域，蜿蜒流淌，流入远处的主池塘。

在东西走廊的尽头是凉亭，通常以其主要功能命名——例如，钓鱼亭通常建在主池塘上方的支柱上，但也有可能供音乐家使用。另一个凉亭可能是为了遮盖水井或池塘的泉水源头。

此后的200多年里，日本的建筑演变成了更小更精致的城市住宅。到了室町时代，僧侣和武士表现出明显的书院风格偏好。书院是一个术语，指的是嵌在主楼外墙中的小阁子，上面有一个

纸窗，以便让自然光照亮一个特别设计的书架或书桌，供阅读和写作之用。书院是一种图书馆或书房，对于武士和方丈来说，象征着他们作为知识分子或文人时代的到来。这种新的建筑风格在许多庙宇和房屋中都有发现，这些庙宇和房屋也有阳台和滑板，打开后可以观赏庭园。

茶室也吸取了书院风格的某些特征，特别是壁龛，但茶室建筑的总体风格更为朴素简约。日本茶室，最初被称为"城市中的高山之地"，结合了茅草屋（草庵）的乡村韵味，更具文学的高雅和城市建筑的书院风格。在建造茶室和园林建筑时，这种混合风格一直最受欢迎。茶室的壁龛是展示艺术品的地方，特别是展示书法卷轴和诗歌，同时配置一些质朴的乡野情趣插花。

借景

　　许多老房屋和庙宇的游廊都带有支撑屋顶的柱子。这些支柱可以作为勾勒庭园景色的画框。您从室内看庭园的景色，就好像在欣赏一幅画。当可以捕捉到壮观的远景时，例如，在东京附近的富士山或在京都附近的比睿山的景象，取景的艺术就显得尤为重要。这种技术被称为"借景"，或"借来的风景"，但曾经以更令人回味的术语"生捕"闻名，意为"捕捉活物，观察并捕捉大自然的景色变化"。这是一个重要的技法，它所涉及的不仅仅是从您的房屋中"欣赏美景"。借景的意思是，可以将显着遥远的景观有效地吸引到庭园本身中，从而成为庭园整体组成的内在部分。

　　尽管大多数希望复制日式庭园的西方人不会拥有日式房屋，

但他们可能会使用阳台、落地窗或其他形式的框架来捕捉自己的庭园，也许还有更远的视野。通过这种方式，建筑可以用来使庭园成为房屋的一部分。

上图：支撑庙宇和茶室走廊的柱子可以像风景画的框架一样将庭园框起来。这种设计突出了建筑和自然形式之间的对比。

下图：打开滑动的宣纸板门，从奈良依水园的榻榻米茶室向外观看到的风景。方形开口与日本枫树树干交织在一起，相映成趣。

框景
（FRAMING THE VIEW）

如果要在西式房屋周围创建日式庭园，请考虑一下日式房屋如何与庭园对接。您应该致力于：

· 创建一个主要观赏点，将庭园和远景框成一个完整的构图
· 使用大落地窗来构图庭园以及更远的风景
· 使用阳台或凉亭的支柱来框定焦点
· 要格外小心地勾勒出枯山水庭园的景色

等持院茶室

足利义政,15世纪末的幕府将军,激发并促进了日本艺术的繁荣。据说他设计了等持院庭园中的草庵茶室。

这座庭园与众不同之处在于它有两个并排的茶室,这有助于说明茶室的设计原则。这种风格是古老的书院建筑中衍生出来的,包括滑动板、宣纸窗和一个学习的地方,以及山区农民草庵风格的乡村小屋。茅草屋顶的建造方式与农舍或谷仓相同,通常还包括通风口,为放在阁楼里的蚕通风。这种质朴的魅力暗指住在这些建筑里的道家隐士僧侣。

像这样的传统茶室,往往会直接使用原材料。用树干做的柱子,不剥树皮,旁边是一根根竹条和天然灰泥制作的屏风。茶室里面还会有一些精致的雕花书架,放在壁龛周围,壁龛里摆放的装饰物品是茶道的重要组成部分。榻榻米芦苇垫围放在地炉的周围,以便于把开水加热泡茶。虽然茶室简素,外观上看起来甚至有些粗陋,但却非常精致。等持院茶室的位置可以俯瞰花园,茶室还可以放在庭园里更僻静的地方。

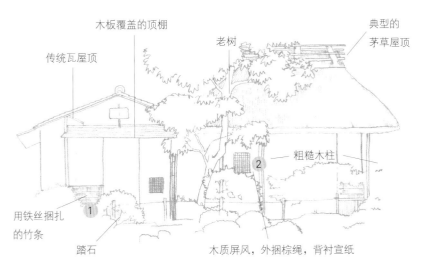

木板覆盖的顶棚

老树

典型的茅草屋顶

传统瓦屋顶

粗糙木柱

用铁丝捆扎的竹条

踏石

木质屏风,外捆棕绳,背衬宣纸

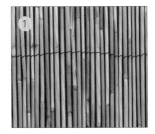

右图: 京都等持院中并排坐落着两座使用对比鲜明的材料建造的隐居式茶室。简朴的建筑和茅草屋顶是仿效乡村农舍的野趣。

了解日本庭园

尽管日本庭园种类繁多，但西方的普遍印象仍是：一个狭小的、精心培育的风格化空间，充满了修剪过的灌木、岩石和石头制品，如石灯笼、宝塔和佛像。实际上，最好的日本庭园比许多西方城市庭园都要大，但这些手工艺品对西方的城市庭园设计来说是多余的。什么是日本庭园的精髓？不同的元素是如何和谐统一的？风格优美的日式庭园应遵循以下原则。

上图：带有简单笔触的单色水墨画，是禅宗枯山水庭园创作者经常模仿的对象。

自然与宗教气息

许多日本大型庭园之美丽在于其对大自然崇高的憧憬。很显然，11世纪的人们就享受着鲜花和樱花绽放时诗意般的美感，直至今日，庆祝樱花节中仍可以体会到这种愉悦感。日本人非常敬重他们的山水神仙，通过描述大自然唤起人们的敬畏之情，认识到幽玄的力量。这种崇敬一直深刻影响着日本园林设计，激发人们的创造力，例如，对于辽阔的海洋、河水流动的方式以及山脉怎样被雾气笼罩等的再创造。

石景和水景

石景和水景是园林中的标准要素，设计和摆放尽可能模仿在自然景观存在的方式。因此，水池应该模仿自然风格来修建，并带有水湾和砾石滩，就好像自然形成的一样。不应像在中国园林中那样将石景定位为许多岩石堆砌在一起形成的独特景观，也不应像在基座上的雕塑一样被孤立地欣赏。石景应该作为自然景观的一部分来呈现。

天然元素和人造元素

水和石是庭园的基础，任何手工艺品和建筑物的布局都应事先仔细观察，进而精心设计，确保天然元素和人造元素之间的和谐关系。茶室精抛光木板上应该填充粗糙的灰泥，而木制支柱上也许还保有树皮。侘寂的概念同样重要。这是茶艺大师所采用的诗意性术语，用于描述经过岁月洗练的质朴美感。

对称和均衡

在日本园林中很少见到对称性，园林要素通常以奇数排列，让人联想到大自然的不对称特征。

有时，入口是一条笔直的小路，两侧栽植树篱，或者是由粗犷的松树围合的一处风景，日本园林设计师通常会认为对称限制想象力。

设计方案中不使用对称形式，您需要创建的设计方案应该让人感觉自然又均衡，并在开敞区域和密闭区域之间具有良好的分寸感，要有足够的空白空间以使想象力自由遨游，并且易于从庭园的一部分过渡到另一部分。自由流动的需要不仅适用于观察者从

下图：卡尔斯鲁厄日式庭园。平坦的砾石、树篱的水平线和一些平置景石与数个垂直的景石和远处的鸟居形成微妙的平衡。

右图： 该风景没有对称性，但是所有元素都完美平衡。汀步穿过大型池塘，将视线引向树木，背景是奈良的大佛寺。

一个区域到另一个区域的通过，而且还适用于特定元素。因此，小径和溪流必须像在野外一样蜿蜒曲折，池塘必须看起来具有自然形成的轮廓。

创建空间景致深度和层次

过去，日本园林设计师的设计灵感来自日本古代绘画。画面空间景致深度和层次的精心布局和光影的巧妙运用，促使园林设计师体悟到风景的本质，框住并将其分为前景、中景和远景。

日本园林每一个造园要素都是作为整体的一部分而存在的，无论是一棵美丽的樱花树还是安放在步石小路上的石磨。

色彩的重要性

尽管日本园林中的所有元素都服从于整体，但这并不意味着梅花还是樱花的亮丽，或者枫树的秋叶对设计有损害；设计者应仔细考虑它们在每一个值得庆祝的季节里所起的作用。同时，植物的颜色决不能在设计中喧宾夺主，所以艳丽的、杂色的、金色的或紫色叶片的植物一般应排除在外。一个较好的设计指南是，使用日本枫树装点秋色，用杜鹃花点燃春色。

其他自然景观

规划日本庭园时，可以采用绘画大师的方法，首先将场地划分为不同的层次：

• 前景可以是沙子、砾石、苔藓或草丛，以水钵、石材或植物为主要特征

• 中景可以包括池塘、岛状石群和风化的松树或修剪的灌木丛

• 在背景中，仅用奇特的石材以留出更多的开敞空间，并使用任何可借的远景

• 用常绿植物、墙壁或竹篱笆以不规则式围合庭园

下图： 位于日本伊藤静冈的一座花园，暖色调的杜鹃花形成了温暖的氛围，很好地展示了如何在景观中精心地整合色彩。

解读庭园

日本高梁赖久寺。赖久寺周围的庭园是由17世纪的园林大师和茶道大师小堀远州创建的。中央岛屿坐落在沙砾海中，象征着蓬莱山和神仙岛，并沉浸在艺术修剪的杜鹃花海中。环绕主岛的灌木修剪成圆形，旨在突出它们周围景观的形态特点，即庭园外的岩石和丘陵景观。效果既非常抽象，又趣味十足，还非常复杂巧妙。

庭园层次分明，每一层都以前一层为基础。耙过的沙砾、景石和绵延的杜鹃"山峦"构成的前景，常绿树、枫树舒展的树冠构成的背景，所有这些都构建出远处爱宕山的轮廓。

虽然这个庭园本质上是不对称的，但却非常庄重，需要精心养护。林木造型艺术，尤其需要专业的眼光和熟练的手法来保持形态的统一。设计的每个方面都需要作为整体的一部分来考虑。

还包括茶庭的造园要素。一条步石小路从寺院开始，蜿蜒穿过沙砾之海，在神仙岛后面，庭园周围的树荫深处，精心放置一个石灯笼，照亮道路，形成整体布局的另一部分。

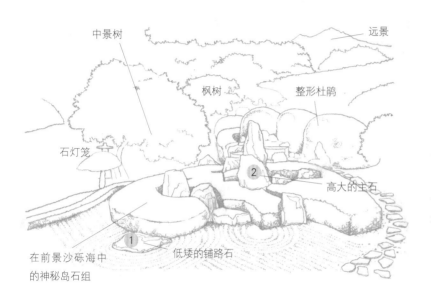

中景树　　　　　　　　　　远景

枫树　　　整形杜鹃

石灯笼

高大的主石

在前景沙砾海中的神秘岛石组　　低矮的铺路石

右图：赖久庭园，小堀远州（1579—1647）的杰作之一。赖久庭园融入了多种日本园林造园要素，优雅和谐。

风格的转变

日本的园林设计是一种古老的艺术形式，与日本的文化和历史发展保持一致。而且日本其他历史艺术品经常受日本园林的启发，例如丝绸或羊皮纸上的绘画、瓷器装饰和诗歌。这种园林风格的经典遗产在日本国内外仍被保存和珍视，但在现代园林中也有不同的诠释。接下来是对 19 世纪的评价和 20 世纪演绎的诠释，以及在现代园林中使用这种既定风格及其传统元素所面临的挑战。

上图： 大卵石通常会精心放置来模仿水流，但在此庭园中放置的大卵石，侧重点是要产生更艺术的效果。

早期的诠释

19 世纪末，当欧洲和美国的园林设计师接触到日本园林时，他们中的大多数人只能在他们自己的文化或当代日本时尚的背景下来"体会"他们所见到的日本园林。那时的日本已经忘记了园林的历史。这个阶段没有真正理解禅宗的价值，直到 20 世纪末，日本园林的真谛才开始得到更确切的诠释。

在 19 世纪末 20 世纪初，西方园林设计师早期仿建的日本园林装饰了很多手工艺品，包括许多在真正的日本园林中发现的手工艺品，如石灯笼和宝塔，但这些手工艺品往往放在池塘周围，当时的欧洲池塘周围非常流行栽植郁郁葱葱的植物。同时期英国的一些"日式"花园相当漂亮，有盛开的杜鹃花和木兰花，但它们远非真正的日式园林。

这些园林很重要，它们展示了所处时代的风格。柴郡塔顿公园的日式花园也许是最好的例子。虽然在英国维多利亚时期和爱德华时期日式花园中可以欣赏到日本园林自身的美，但它们的创建者对日本园林设计背后的原则却知之甚少，那些希望遵循日本传统的人不应该把这两个时期的日式花园当作典范。

极简主义和艺术性

作为一种抽象概念，日本园林已成为现代设计师的跳板。设计极简主义园林的灵感很大程度上归功于禅宗及其"虚无"哲学。虽然这在一定程度上是正确的，但这些园林往往未能捕捉到日本禅宗园林的精髓。极简主义园林倾向于依靠人造材料而不是天然材料，并且缺乏日本园林精神中至关重要的两项构图原则：精细的比例感和平衡感。

园林材料

那些热衷于建造日本园林的人所面临的问题之一就是如何找到合适的材料。这可能是相当棘手的，因为在一个真正的日本园林中看到的材料，您要购买这些

左图： 日本京都上野神道神社，坐落着这对沙锥。在许多以沙砾表现大海的禅宗园林中可以看到一对沙锥，作为斋戒的象征。

一模一样的材料有时是非常昂贵的。在您的地区找不到的最好的石材，要想购买但运输成本可能令您望而却步。因此，您可能会问自己，石材是否是我设计中的一个基本元素，并考虑这种可能：修剪过的植物（如杜鹃花）或许是一个可接受的替代品，尽管会产生完全不同的结果。

砾石也是如此。寻找适合枯园，且颜色、大小和质地都合适的完美砾石，并不一定总能成功找到，如果您确实使用非常细的砾石或沙子，就避免不了要定期仔细维护。

要解决这个问题，您需要问自己一些基本的问题。如果您想避免一次又一次经常用耙耙砾石的麻烦，您可以使用更普通的砾石，选择更简单的设计，这样更易于后期维护。

毫无疑问，日本人已经将砾石和自然石块运用到了艺术的巅峰，以至于任何需要大面积沙砾和巧妙放置岩石的园林设计都将明显受到日本的影响。

上图：东福寺这座当代的庭园，以极大的创造力诠释了传统灌木绿篱和自然石块所传达的具体象征。

下图：重森三玲是第一个打破传统设计的日本园林设计师，这个枯园可以追溯到20世纪中期。

创建任何脱离自然背景风格的园林，都将需要诠释，需要一种适合您当地条件、您当地资源、您的预算和可用空间的诠释。实际上，这些限制可能有助于专注您的创造力，并激发您设计真正具有个性的日本园林。

现代诠释

有一些日本风格的花园建在屋顶上，配置有轻质但仿真的玻璃纤维制成的自然石块，还有用金属雕刻的经典日本松树形象。同样，混凝土、不锈钢和玻璃纤维已全部用于当代日本园林中，并且作为现代园林设计的一部分已被广泛接受。这种方法是对传统风格的不同诠释，但日本园林的精髓仍然显而易见。

在巴黎的安德烈·雪铁龙公园中，法国花园设计师吉尔·克莱门特（Gilles Clement）用砾石和矮小的柳树（以银叶灌木为边界）创建了河床花园。就像日本禅宗园设计一样，花园是矩形的。他也把步石放在砾石中，但他用凸起的方形木块代替随机摆放的石块来表现河床的"枯流"。该设计灵感来自日本园林中使用的砾石、步石和矩形边框，但整体上不再像日本园林那样可识别，它已经变成了完全原创和独特的设计。

位于巴黎的吉尔·克莱门特花园，将枯山水庭园进行如此有想象力的转化，是学习设计枯山水庭园的一个可以仿效的典范。枯山水庭园可以很小，只需要最少的植物，以及基本造园材料砾石或者沙子、石材即可。在当代，茶庭是一个非常开放的概念，它反映了沿着山间荒野的小路，最终到达了一个隐居处的这段历程。

传统上，池塘和回游园包含许多手工艺品，例如石灯笼和宝塔，这些东西似乎不符合西方人的口味。不过，可以使用这样的原则来进行当代的诠释：园林围绕池塘展开，不再使用手工艺品，以极简主义的方式来实现。现代园林中潜力最大的可能是坪庭，因为本质上它是城市文化的一部分，且只需要很小的空间。在日本江户时代当坪庭逐步形成的时候，这种园林的风格与今天的城市园林类似。

上图： 亨廷顿植物园的日本黑松树经过修剪，呈现出一种被风吹拂过的样子，还有凹凸不平的碎石坡和粗犷的岩石。

下图： 阿金图伊尔花园，位于巴黎雪铁龙，是一个现代的、具有原创设计理念的花园，其核心具有鲜明的日本庭园精神。

古典园林式样

当您开始考虑从日本园林设计的5种主要式样——池泉园、枯山水庭园、茶庭、回游园和坪庭——中选择一种，您应该明白，无论选择哪一种，它们都是对更加综合的艺术形式的高度简化。但这些类别确实提供了一种很好的最初方法，在你做出选择之后，可以添加其他风格的造园元素。

首先要考虑的是什么样的式样最适合你的庭园或场地。池泉园至少需要1/4公顷的面积。枯山水庭园可以布置在一个非常小的空间，但适合平坦的场地修建。与其说场地的大小和质量决定茶庭，不如说是时尚生活来决定的。传统上虽然很复杂，由仪式引导，但实际上茶庭可大可小，路径可长可短，地形可起伏也可平坦，茶室可以在僻静之处或显眼的位置。回游园一般需要相当大的空间和供水稳定的水源，最好在高低起伏的地方选址，利于堆山，小路可以在山丘周围蜿蜒环绕。最后，坪庭可以小到几平方米。这个传统风格的概述将有助于你在开始设计园林之前做出选择。

上图：这块岩石让人想起一艘漂浮在海湾里的中国帆船。

左图：京都天授庵枯山水庭园，对称的布局与日本枫树的自然形态形成对比。

了解日本庭园

水池、湖泊和溪流一直是日本园林的中心景观，给人一种安宁、欢乐和平静的感觉。即使是人工建造的水景，例如水池和溪流，也要与周围景观融为一体，尽量避免使用具有明显人造特征的景观，如喷泉。假若您有能力建造一个具有一定规模和丰采的园林景观，成效将会更加令人印象深刻，您也不需要拥有广阔水面的大型园林。

上图：驮着蓬莱的龟岛，建于平安时代的毛越寺，灵感来自不朽之岛的神话。

池泉园的历史

在日本，人们普遍怀念日本历史上的一段浪漫时期，紫式部创作的长篇小说《源氏物语》中的故事便是例证。虽然写于11世纪，但这部小说仍然很受欢迎。你会发现书中写到许多种类的植物，以及划船派对等活动。无论是17世纪，在桂离宫，还是19世纪，在恢复皇帝的国家元首地位后，都要创建园林，以重新唤醒那个时代的精神。因此，尽管池泉园的风格非常古老，但它在今天的日本人心中仍然占有一席之地。自然主义美学，在自然界受到如此巨大威胁的时代，尤其是在日本，更具现实意义。

毛越寺池泉园

简要回顾一下日本过去的一个著名例子——岩手县平泉市的毛越寺。我们可以从当今的池泉园设计中汲取灵感，这是12世纪以来仅存的少数具有池塘和岛屿的园林之一。时至今日，您仍然可以看到毛越寺的大泉池，驳岸由规则式的鸢尾花带和摆放的岩石构成，令人印象深刻。宫殿和庙宇建筑群的遗迹已荡然无存，但值得注意的是，这座庭院的遗迹足以让人联想到它的用途。通过这些可以看到古人的趣味。参加大型"曲水"宴会的客人坐在溪水旁，溪水穿过草地，然后流入湖中。华丽的游园会在彩绘的龙舟上举行，满载着身着精致服装的音乐家，在湖上划船游览。在特殊的仪式上，人们可能会祈求降雨来浇灌稻田，或者进行其他的祈福。

诸如毛越寺等早期池泉园的湖泊宽阔明亮，在日月星光的照耀下波光粼粼，垂柳摇曳，荫蔽河岸。飞鸟和游鱼为这令人陶醉的景色增添了动感和色彩。湖底是鹅卵石，湖边是银色沙滩，背靠低矮的山丘，上面种着乔木和灌木。这种池塘花园的风格不同于后来的池泉园，没有更熟悉的

上图：西芳寺苔庭，是12世纪的池泉园，岛与岛之间由木桥连接。以天鹅绒地毯般的苔藓而闻名于世。

左图：德国莱茵河公园，规模宏大的瀑布群、通过精心放置的岩石群以及水溅到岩石上，创造出戏剧性的效果。

茶室、石灯笼或手水钵。取而代之的是，早期的池泉园里有岛屿，通常由桥梁连接。

左上图：可回收材料，诸如这些磨盘，可以作为漂亮的步石。在日本，古老寺庙的柱基和部件也很受欢迎。

上图：京都平安神宫庭园（平安神宫的花园），始建于19世纪末，以重现平安时代10世纪和11世纪庭园的精神。

后期的池泉园

　　池泉园在日本仍然很受欢迎，但随着庭园面积的逐渐缩小和轮廓变得越来越复杂和凹凸不平，岩石的排列也越来越艺术化和绘画化。平安时代的女士们穿着华丽的礼装，她们不可能在大型湖边的园林里漫步，因此在镰仓和室町时代，湖池面积变小了，成为最初的回游园的组成部分。回游园是日本园林风格的一种，我们稍后会探讨。再后来，这些布置了水池和溪流的庭园大多被限制在墙内，这意味着它们的规模相当有限——这一因素使我们更容易想象在面积较小的西方花园中创建一个庭园的可行性。

　　在尝试重现这种风格时，人们必须想象那个充满诗意的时代，以及对自然的崇高敬意。后来的园林风格受到画家和禅宗哲学的影响，而平安时代的池泉园把具有非常明显的自然风景形式作为设计的主要特征。

重要的注意事项

选址　选择园林最低的部分挖掘水池，因为它看起来最自然，而且您可以欣赏到水的美景。

水池内衬　如果有足够的空间修建一个大水池，可以用黏土作衬里，并将其挖得足够深以便能划船。如果水池很小，使用丁基橡胶内衬。

周围环境　使用修建水池挖掘出的土壤来堆积外观自然的小山丘，山丘周边地形起伏。

边缘　沿着水池的自然轮廓，使用鹅卵石或沙子制作碎石滩或沙滩、洞穴或石窟。小型沙滩只可能是小船停泊和下水的地方。

水流、水池　通常由天然的或人造的溪流补给。通过电动泵将水循环使用。从平缓的蜿蜒流动到飞流直下的瀑布，各种类型的补给水流都可以很好地发挥作用。

岩石　在补给水流或瀑布中，以及水池边缘附近放置岩石时，必须小心处理。遵循石头的"要求"或"愿望"，并记住水流的方向，尝试放置每块岩石，直到其位置看起来完全自然为止。岩石也可以作为岛屿的一部分，特别是当您在制作一只鹤形或龟形岛屿，或者岩石作为岛屿和大陆之间的桥梁时。

附加功能　鸢尾是日本水池中最常见的植物。您也可以在水池中选择非对称的位置建造一个岛屿，也许要用一座桥梁将其连接到大陆。

左图：如天授庵的一个水池（可以用来举办游船和聚会活动），是所有园林中最重要的景观，直到出现枯山水。

遵循自然形态

《作庭记》，成书于平安时代，书中列举了多种形式的池塘、岛屿、溪流和瀑布，甚至还提到了植树的最佳技术。即便在今天，在设计当代池泉园时，我们仍可以从这部古老的作品中获得灵感。例如，当放置岩石或选择溪流时，您需要遵循石头或水的"需求"或"要求"。在日本，人们曾经认为，今天也依然如此，那就是无生命的岩石是有个性的，而且个性必须受到尊重。通过这样做，您将为您的花园实现平衡、和谐的设计。

同样需要记住，即使相邻的建筑可能是对称的，水景园也应该不对称设计。建筑的规整严谨和园林的自由活泼，两者之间的相互映衬是日本庭园的部分特征。池塘的设计是关键，池塘是否成功修建，令人愉悦的轮廓线至关重要。

龟岛和鹤岛

池泉园另一个常见的特征是具有代表神仙岛的岛屿群，其中一些采取了龟岛和鹤岛的形式。今天的园林中也可以设置龟岛和鹤岛，然而必须要指出，日本人对鹤或乌龟的描绘很少是写实的。鹤岛由一组岩石组成，其中一块较高的岩石通常像翅膀一样竖立着。在代表海龟的岩石群中，有时可以辨认出头部和鳍状肢，但更多时候图像是完全抽象的，只有训练有素的眼睛才能欣赏所描绘的东西。

对于池泉园来说，乌龟和仙鹤的图案并不是必不可少的，但是如果对其进行小心处理，就可以在园林里布置。要重现鹤岛或龟岛，请多看一些著名的例子。您会发现其中的一些完全是由岩石组构成的，其他的则是石包土的岛屿，岩石伸入湖中，可以看作是鳍状肢、尾巴或头部。但您的目的不是对这些动物平淡乏味地复制。

松树岛

松树岛是日本园林中最受欢迎的元素。它会让人想起日本北部风景名胜松岛（Matsushima），迎风而立的松树遍布该岛。大型池泉园可能包括几个大小不一的松树岛，但如果只有一个岛屿，可以通过一座中国传统的红色桥到达，这是松岛园林修建时最流行的桥。

下图：蜿蜒的溪流模拟了天然的溪水，岩石的位置可以调节水流。

上图：本州北部海岸著名的天桥立半岛（Aminoshidate Peninsula）自然风景区，在一个沙嘴的尽头放一盏石灯笼仍然是一种热门娱乐活动。

规划池泉园

　　水池或湖泊是这种园林风格的中心景观，水面应该足够大，湖水应该足够深，足以容纳一艘小船，小船可以系泊在石头上，或在一个开放式的、豪华的中国风格的船屋里进行展示。湖中至少应该有一个岛，通常是两个，用桥连接起来。到了 14 世纪，那时的池湖面积变得很小了，弧形的中国桥已不适用，取而代之的是很质朴的材料（如岩石或未上漆的原木）建造的小桥。小岛上可以栽植松树或种草。

　　利用小水湾、沙滩和人工洞穴创造出犬牙交错的湖池岸线。池湖周围的土地或许是丘陵地带，丘陵地带种植着自然式树丛。你可以很容易地创建一个池泉园，园内有种植鸢尾的花带，精心摆放的岩石点缀其中，可能有一个平缓的沙滩。想象一下在户外的池湖边为朋友们准备一顿露天晚餐，或许还可以点亮几个纸灯笼，以此来重现那些精彩户外庆典的情景。

围绕主题进行阅读

　　一系列有用的背景阅读材料，可以帮助造园师了解池泉园风格的根源。尽管年代久远，以下书籍仍在日本人心目中占有一席之地。

　　•《作庭记》 包含了许多启发造园师的实用想法，并描述了溪流、瀑布，以及岩石形式的象征意义。

　　• 由村崎实所著的《源氏物语》 与《作庭记》成书时间大致相同，为园林风格提供了另一个重要来源。

　　• 清少纳言的《枕草子》 也和《作庭记》是同时代的作品，作者对这一时期的文化和园林进行了有趣的观察。

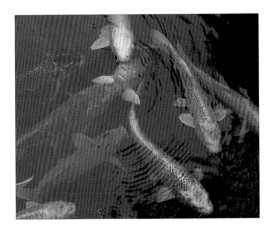

上图：日本锦鲤，被认为是繁荣和好运的象征，是由最初的黑鲤鱼培育而来的。

上图：京都平安神宫，在宁静的湖泊中修建的松岛。

枯山水庭园

枯山水庭园通常被称为"枯山水"，字面意思是"干燥的山水"。这是一种由沙、砾石或卵石代替水的园林式样。这些庭园也成了我们现在常说的禅宗庭园的同义词。枯山水庭园是日本人用抽象的设计构思出来的，通常只是由砾石构成，并作为一种具有深刻精神和象征意义的景观。游客们可以在宁静质朴的环境中欣赏枯山水庭园平静的美。

上图： 京都诗仙堂的枯山水庭园非同寻常的处理手法。树桩周围的细沙被扫帚刷过。

枯山水庭园的历史

枯山水庭园启发了世界各地的园林设计师。对禅宗的理解，或者更好的，对禅宗的体验，将帮助找到枯山水庭园的精神实质。还有另一种看待枯山水庭园的方式，是把枯山水庭园视为极简主义景观艺术。

在研究枯山水庭园主要特征，以及如何在西方成功地营造枯山水庭园之前，先探讨一下这种独特园林式样背后的一些历史、艺术和宗教原则将是有益的。这种枯山水庭园的确切起源仍然有些模糊。枯山水景观早在 11 世纪就出现了，但它们指的是在草地或苔藓中自然放置的岩石，而不是水的干燥表征。

早期的神社可能是一个起点。巨大的长方形砾石中，矗立着伊势神宫。作为更新和净化仪式的部分内容，每 20 年更换一次砾石，而岩石过去（现在仍然是）用来代表佛陀和佛教三位一体。在枯山水庭园出现之前，最早的布置干燥岩石可能是在山口附近的常荣寺，在那里，寺庙和水池之间的苔藓区域有一堆岩石。这座庭园建于 14 世纪中期，是由日本大画家雪舟创作的，他在庭园里用平顶和棱角分明的岩石再现了他棱角分明的笔触。雪舟是一位僧侣，也是一位画家和园林设计师，是难得的人才，集多种才华于一身，即使在今天，看他的画也能成为灵感的源泉。

这些枯山水庭园并非由于自然缺少而形成（实际上，京都周围的许多寺庙庭园里水资源都十分丰富。例如龙安寺，仅一墙之隔，这边是枯山水庭园，那边是一个大水池）。实际上，枯山水庭园的创作是出于艺术和哲学的

下图： 京都南禅寺庭园中该区域的岩石被精心布置以展示岩石的内在品质。

双重原因。第一个原因是以日本画家作为范例，他们的艺术作品启发园林设计师使用单色处理园林景观；第二个原因与禅宗哲学有关。

上图： 东福寺神仙岛，岩石的摆放显示出巨大的力量。设计者是重森三玲，相比传统摆放的岩石，设计者使用了更大、颜色更深的岩石。

上图： 这个庭园位于京都附近，创建在一个小的矩形框架内。耙过的白沙和栽植在长满苔藓小丘上的一棵枫树，证明了你不需要什么就能创造出一个完美的风景。

禅宗的影响

大多数枯山水庭园都出现在禅宗庙宇中，因此，枯山水庭园与禅宗佛教和冥想密切相关。

禅宗寺庙里的枯山水庭园往往被框限在禅院方丈住所附近的矩形庭院里。可将枯山水庭园视为绘画，描绘出"悬挂"在矩形框架内的遥远而理想化的风景。随着园林风格在整个15世纪的演变，枯山水庭园的影响从把艺术作为自然景观的灵感来源转向把艺术作为传授禅宗教义的手段。

在禅宗中，一个人通过把注意力从物质世界转移到精神世界，去达到真正的自我。通过冥想，一个人可以体验所谓的"虚空"，一种无我的无形状态，禅宗将其定义为人类的原始状态。花时间冥想是一种精神更新的形式。这

种"冥想的虚空"可以等同于图画禅宗将其定义为人类的原始状态。花时间冥想是一种精神更新的形式。这种"冥想的虚空"可以等同于图画中那些未涂色的留白区域，也可以等同于枯山水庭园中耙沙的空白空间。世俗之人观看禅宗庭园时，可能会看到海洋中的岛屿或云雾缭绕的山顶，而禅修者只会看到空间，这是我们内心深

处无限空间的反映。许多禅宗艺术利用空间来激发这种自我意识。耙沙砾的行为是禅僧的一种冥想练习，还有一些禅宗庭园包括象征佛教各个方面的石组摆放，供僧侣沉思冥想。

龙安寺

位于京都的龙安寺庭园是一个永恒的典范，被认为是在15世

右图： 京都天授庵庭园，是人造的几何形式和不规则的自然形态相互作用的绝佳范例。

上图：京都南禅寺，沙砾覆盖面积超过枯山水庭园面积的 2/3，剩余的面积就专属于这组岩石和灌木了。

下图：在龙安寺庭园中被耙过的石英砂圈代表波涛汹涌的大海，而岩石则代表着神仙群岛的神圣山脉。

纪晚期建造的。该庭园展示了那个时期画家、僧侣和造园家们非凡的艺术水平和对艺术的深刻理解。龙安寺是一个长方形的庭园，三面以黏土油墙围合，第四面是方丈住所，在那里有一个长檐廊，高出庭园地面约 75 厘米，在长檐廊处可俯瞰庭园。这片区域大约有一个网球场那么大，四周整齐地镶着蓝灰色的瓷砖。整个内部空间都铺上了一层银灰色的石英砂，每天都沿着矩形长边把石英砂耙成平行的波纹。这片"砂海"是 5-2-3-2-3 五组 15 块岩石的背景画布（见 p.66），边缘是苔藓。这种模式在整个远东地区反复出现，甚至在音乐的节奏和佛教经文的吟诵中也是如此。耙过的石英砂的平行波纹打破了它们的模式，在岩石群的周围形成了同心圆，就像海浪拍打着岛屿海岸一样。

岩石组合和间隔的神奇方式吸引了一代又一代游客，而不仅仅是僧侣、艺术家、诗人和园林设计师。没有人知道这些分组的确切含义。有些人形容它们是一只老虎带着它的幼崽们过河，而另一些人则将它们视为雾中的山脉或大海包围的岛屿。造成这种困惑的原因之一是，禅宗修行者的设计可能始于一个想法，但最终却专注于普遍真理和抽象自然形态的表现。在做自己的设计时，请记住，岩石的放置应遵循它们自己的"愿望"。岩石本身不需要特别与众不同，不应该作为单独的雕塑作品。

设计枯山水庭园

在设计枯山水庭园的最初阶段，首先想象一个遥远的雾蒙蒙的山脉景观、一条瀑布汇入的溪

右图： 京都二条城，一个简洁质朴的枯山水庭园，布置了一块粗犷而有趣的岩石和一小片精心修剪的竹林。

流或一条岩石海岸线。观察小溪和河流是如何流动的，海浪是如何拍打岩石的，你将学会如何利用大自然的灵感在岩石周围制作相应的图案。

一旦在脑海中形成了一幅画面，那就放开多余的东西，仅仅让构图的精华占据主导并将其最小化。请记住，未填充的空间与包含对象或植物的空间一样重要。这种"极简主义"启发了许多当代园林设计师在现代城市环境中再现枯山水庭园。毕竟，不仅仅是在禅寺，家庭的庭园里也常营造枯山水庭园。可以创建一个简单的构图，用一两块岩石、一盏石灯笼、一个水池和一段竹篱嵌在一片沙滩上。

在枯山水庭园使用植物

建造枯山水庭园的材料不仅限于沙、砾石和岩石，还包括植物。在京都西北部的正伝寺庭园里，岩石已经被一堆堆整形杜鹃所代替，其形态与龙安寺的岩石差不多。杜鹃由于重剪，导致开花效果不佳，但是在这种类型的日式庭园中，形式被认为比色彩重要得多。如果把这些庭园比作激发他们灵感的单色画作，那么很明显，色彩几乎不重要，或者根本不重要，而构图和空间则是至关重要的。

当代的诠释

枯山水庭园看起来是典型的日本风格，但其简约、极简风格的魅力既具有普遍性又具有现代感。当明白了 15 世纪最初的枯山水庭园是如何创建以及为什么创建时，可能想要使用新颖的、令人兴奋的方法来表达相同的观念，但是所用的方式和材料应与自己的文化和景观更加相关。

上图： 枯石通常围绕着一块主石来摆放，主石可能象征着佛陀、圣山须弥山或神仙岛的蓬莱山。

上图： 巴黎雪铁龙公园的"银色"枯山水庭园，吉尔·克莱门特 (Gilles Clement) 设计，受日本风格启发，栽植银色的灌木代表干枯的河床。

茶庭

茶道是一种饮茶仪式，为欣赏茶道而设计了专门的场所——茶庭。茶庭是进入茶室内的一段空间，被视为代表从繁忙城市中心到僻静乡村静修之旅的一次休息。茶庭的设计和理念可以很容易地适应现代园林，并适合城市生活，就像茶庭在 16 世纪一样。茶庭的每一个元素——例如步石、石灯笼、手水钵，甚至茶室本身——都可以很容易地用现代材料创建出来。

上图： 每个茶室都有一个蹲踞布置——装满清水的一个低矮水池，并配有一个石灯笼。

茶庭历史

茶叶，自中国进口，从 9 世纪起就在日本朝廷中饮用，但直到 13 世纪才在日本开始种植。把禅宗和茶树种植带到日本应归功于从中国朝圣归来的佛教僧侣荣西。

饮茶，是为了帮助佛教僧侣在长时间的冥想中保持清醒。在 15 世纪末，饮茶便在诗人、知识分子、武士和商人中流行起来。僧人和知识分子把禅宗、诗歌、精美的瓷器和艺术鉴赏汇集到饮茶的舞台，创造了众所周知的"茶道"，把简单的饮茶行为带入了高雅艺术的境界。到 16 世纪中叶，茶道、茶室和茶庭已成为日本文化的一部分。

16 世纪，日本最早的茶艺大师们仿效中国圣贤位于山腰的隐居处建造了他们的茶室。茶艺大师们在艺术、哲学和宗教等方面向当时的中国圣贤们学习。日本人还建立了自己的隐居风格，这种风格后来演变成茶室，但不是在高山上，而是在如今大阪附近的京都、奈良和酒井港等城市的后花园。

众所周知，"城市里的高山隐居处"周边的这些庭园，最初只是几条小路，象征朝圣者为觐见圣贤，去圣贤隐居处所走的小路。茶庭或露地（意为"有露水的地面"），会让人想起这些山间小路，并逐渐演变为一系列精心打造的具有象征意义的元素。

最伟大的茶道宗师是 16 世纪的千利休，他偏爱简单质朴。千

下图： 茶室通常是用天然材料建造的，这些材料可以经受风雨。这间茶室有瓦片屋顶，而其他许多茶屋是茅草屋顶。

下图： 两根树枝做成的框架，用黄麻绑在一起的竹板固定于框架之内。在台阶上，客人在进入茶室前脱下鞋子。

利休茶庭作风的继承者，如17世纪早期创建园林的古田织部和小堀远州，都来自武士阶层，对精美的人造材料更感兴趣。到了17世纪，露路通常由规则式的方形铺路石和磨石建成。此时的茶屋也发生了变化，变得更加精致、更加开敞，不再那么简陋。

茶庭仪式

后来，茶室演变成了茶亭，人们可以一边喝茶，一边眺望庭园。从室町时代到江户时代，审美的变化呈现出一个缓慢的演变过程，从表示枯竭品位的"侘寂"（"枯萎的孤独"），到更有趣、更艺术的"游戏"风格。一般经过大门之后，客人将进入茶庭的前半部分，即外露地。可能会要求他们通常在一个小的待合或腰挂处等待，然后再深入庭园，最后到达茶室。在途中，客人们可能穿过茶庭中部的"屈身门"，也许在附近有石灯笼，旨在迫使客人微微躬身——这是一个强制谦卑的时刻，刺激客人们对留在身后的物质世界的认识，以及他们在茶屋里会遇到的更高、更纯净的知觉境界的认识。

从屈身门经过后，客人们会进入环绕茶室的内露地。庭园的这一部分是"荒野"，代表着可能环绕中国人隐逸处的山野景观。然后，客人需经称为蹲踞的矮盆（或"弯腰盆"）净手和漱口。蹲踞较低，手水钵的样式较高，手水钵更经常布置在主体建筑的游廊附近。因为许多茶道都是在晚上举行的，所以通常蹲踞旁设置石灯笼。

客人们净手、漱口后，走到茶室前，脱下鞋子，从一个像舱口一样的小入口——躏口——进入茶屋。这个入口太小了，以至于一个带佩剑的武士无法进入，所以在一些茶室的外面修建了专门的架子来装剑。一旦进入茶室，客人将欣赏到季节性插花和挂在壁龛中的卷轴。然后最重要的客人要背对着壁龛。茶道仪式开始。

茶室的建造

茶室通常被建造得像一座乡间茅草屋，但总是用最好的光面木料来建造的。优雅的灯心草床垫，叫作榻榻米，铺在地板上。茶馆的质朴外观，加上民居和寺庙建筑的改进，创造了一种全新的园林建筑语言——这门学科至

下图：茶庭里的种植通常不做造型修剪，任由其生长，风格更倾向于荒野。

今仍在研究。

茶庭景观

茶庭可以包括一系列的装饰景观，如大门、手水钵和石灯笼，并遵循一定的美学规则，例如，注重细节和清洁，这在所有日本园林中都是显而易见的。

茶屋本身的外观可能很传统，有茅草屋顶和滑动面板。有一个

幕府将军甚至建造了一座便携式茶屋，整个茶屋都镀金，以示他的力量。因此，可以根据茶庭主人的期望和品位修改茶庭的基本做法。

微型茶庭

在小城镇的花园里，空间可能不允许建茶屋，日本人会把房子里的一个房间改造成铺有榻榻

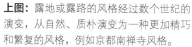

上图：露地或露路的风格经过数个世纪的演变，从自然、质朴演变为一种更加精巧和繁复的风格，例如京都南禅寺风格。

米的茶室。对于茶庭，仍然会设计一条小径，或者露地，它穿过一片"荒野"，离一扇门只有几步远，然后从一个侧门返回，也许还有一个蹲口，进入茶室。主旨是能够创造一种在荒野漫步的幻觉。客人们有义务去领悟他们正在进行的旅行是"真实的"，但是园林设计师有责任去设计标识帮助他们领悟包括关于每个元素的象征意义。

如果整个露地的长度减少到几米，仍然可以放置一些步石、手水钵、石灯笼和一两株植物，例如山茶花或竹子，以暗示荒野。一块石料可能表示一座山，而一

左图：在茶室内有一个特别设计的壁龛，上面装饰着简单的"乡野情趣"插花和书法卷轴。

右图：京都附近竹林院茶庭的一个坐等处。这种类型的坐等处位于露路的起点附近，是客人们被邀请到茶室之前聚集等待的地方。

根柱子可能足以暗示中部有一个需要爬过的大门（见 p.172）。这就是茶庭的精髓，创造一场精神之旅，而非文字之旅。

茶庭的灵活性

一旦把握了茶庭的意义，您就可以随心所欲地创作，您就可以像 16 世纪的设计师一样发挥自己的创造力。虽然一位茶道大师可能喜欢自然的外观，但另一位茶道大师可能更喜欢人造和自然的创意组合。正是这种适应性，才是茶室和茶庭从未真正消失，至今在回游园和庭园中仍在重现的主要原因。

一个茶庭不一定要充满禅宗教义才能引人入胜甚至绮丽。事实上，当禅宗在日本失宠，儒家思想占主导地位时，茶道仍继续蓬勃发展并逐步演变，表现出一种更为外在的和文化修养的改进，而不是禅宗更深层次的内在变革力量。这说明了茶道和茶庭的概念是多么灵活，而且可以很容易地被重新解释以适应几乎任何文化。当您创建自己的茶庭时，您

可以做一个简单的布局，仅零星使用一些石料、竹子，自然铺装和竹门，或者更复杂精巧的设计。您可以建造自己的茶室，达到您想要的复杂程度和真实程度，或者您可以简单地把任何园林建筑

改造成茶室，甚至还可以布置桌椅，不过空间应该保持洁净，并以崇高的敬意来对待，这样您就可以在安静和尊重的气氛中招待客人了。我们真正需要的茶庭，其实就是一条小路。

左图：京都智积院内茶庭或内露地的一个坐等处（内腰挂）。这个质朴的正方形建筑上有茅草苇竹屋顶，内有一对长凳。

茶庭　53

回游园

回游园是鼓励漫游者沿着环绕小水池或小湖泊的小路放慢脚步细细观赏的庭园。尽管自14世纪以来日本一直有回游园，但在17世纪及以后的江户时代才崭露头角。早期具有水池和溪流的庭园重视的是宽阔的水面，划船是其主要的活动，而回游园则不同，其重点关注的是在新的庭园图案组合中蜿蜒前行的小路。经典的例子都是大型园林，但是，只要有漫游的空间，较小的庭园也有可能成为经典。

上图： 大多数回游园都有一条环绕着中心池塘的小路，在最佳观赏点要有特别设计的景观。

回游园的历史

回游园是最常见的日本庭园形式之一，部分是因为它融合了其他形式的许多方面。可以找到茶庭里的步石小路、石灯笼、手水钵和茶室；通常可以看到枯山水里主体建筑附近大片的白沙，里面放置一两块山石；可以看到水在池泉园里的溪流、瀑布和池塘中的运用。其他园林要素还包括竹栅栏和各种类型的园桥。茶室、茶亭、石灯笼、园桥和从日本甚至中国各地的历史或著名景点复制来的人工景观都可以在回游园里看到，供散步者欣赏。

当回游园在17世纪发展起来时，这个时代普遍的审美并不像早期的枯山水和茶庭那样重视"精神内涵"。人们更多的是追求玩乐的感觉，以及对富丽堂皇庭院的渴望，此时的日本庭园主人们为自己对艺术的鉴赏力感到自豪。

尽管如此，回游园并没有过分奢华，仍然很克制，但缺乏茶庭的多种雅致。园林设计中的这种克制被称为"涉味"，意思是"素雅"，突显了其极简主义、朴实而柔和的美感。"涉味"是一个术语，也可以用来描述许多当代日本园林。

虽然大名（即地主）有一些宏伟的庭园，但也有一些小型庭园，小型庭园在植物、水和建筑的运用上非常有趣。一个回游园可以占地200000平方米，也可以在25平方米的面积内建成。通过谨慎使用空间和蜿蜒曲折的小路，可以使较小的区域看起来比实际的更大。回游园中普遍采用的一种方法是"借用"庭园边界外的风景，如远处的建筑物和小山，作为庭园平面图的一部分，这种方法被称为借景（见 p.30）。

江户时代末期德川幕府倒台后的几年和天皇恢复为国家元首（明治时代）之后的几年中，回到了更浪漫的理想状态，就像1000年前的平安时代。人们开始回归浪漫主义的理想。19世纪晚期的一些回游园采用了一种更为自然的形式，其中的溪流被设计成类似于在树木繁茂的山中流动的溪流。与早期规整修剪的回游园相比，这种风格对西方园林设计师更具吸引力。

左图： 京都诗仙堂内的小型回游园，杜鹃花正在盛开。这是一个简单的庭园，有细沙小路、修剪为圆形的杜鹃花和一个种植鸢尾花的小池塘。

上图：建于 19 世纪的无邻庵庭院，充满了幻觉。这一自然风貌的山间溪流看起来就像流经杜鹃花"山丘"的大河。

山石和植物修剪

在大多数回游园中，山石所起的作用远不及早期的镰仓时代和室町时代，部分原因是江户时代新幕府建立在江户（即今天的东京），这里的山石远比前幕府京都附近的稀少。这种稀缺性导致园林设计师更多地依赖整形灌木来形成引人注目的形状这种独特的修剪形式，被称为刈込，是一种至今仍广泛使用的艺术。各种各样的植物被修剪，灌木被修剪成树篱或像小山丘一样的圆形，有时巨型的常绿树被修剪成抽象的形状。这些修剪过的灌木丛主要是杜鹃花和山茶花，但可以使用任意数量不同种类的常绿植物，偶尔也可以使用落叶灌木，例如日本吊钟花，在秋天其叶子会变成炽烈的红色。回游园中的山石可能是沿着池塘缘呈串珠状分布的较小的石头（或者作为小路的铺石以及穿过水湾的飞石）。这些石头中有一些是回收的建筑碎片，比如寺庙的柱基、建筑碎片，比如寺庙的柱基、旧桥墩或磨石磨盘。这种回收材料的做法被称为"重见"。

左图：大量修剪的杜鹃花，这是江户时代回游园的典型种植风格。一些山石散布其中，但山石景观不如早期风格突出，这是因为当时的新首都江户（即今天的东京）周围山石稀少。

右图：京都江户时代初期的回游园。园内山石引人入胜，象征着幕府将军的力量，他在二条城建造了这个庭园，巨石林立，以彰显德川家康的威望。

下图: 较大型的回游园里绿树成荫,通常栽植有樱花、梅花或桃树,春天开花时特别受欢迎。

上图: 14世纪的天龙寺庭园是最早的池泉园之一,有回游的小路,但这一时期的主景是自然式设置的山石。

观景点

尽管回游园的设计是为了在动中观景致,但也应从主要建筑或庭园的凉亭里静中观景。

传统的日本建筑都有高出地面的游廊,从那里您可以看到一大片被刷过或耙过的沙砾,一直延伸到池塘。靠近池塘的边缘,您会发现修剪过的杜鹃花和奇特的山石。遥远的岸边可能被松树环绕,它们的树枝被支柱支撑。远处的海岸可能长满了松树,松枝由支柱支撑。

溪流

在水池的另一端,可能会有一条溪流汇入,飞石横跨宽阔的河口。飞石由天然石头或规则的石板固定土中而成。跨过溪流或水湾的园桥可以是一块弯曲的木板、雕琢过的花岗岩,抑或是一座弧形的木桥,有时漆成红色,就像中国园桥一样。在更自然的环境中,可以使用独木桥或天然石头。溪水在卵石上潺潺流过进入池塘。溪水的上游变得狭窄,飞瀑跌落岩石水花飞溅,消失于蕨类植物和莎草之中。

如果幸运地拥有自然下降的坡地,可以沿着地面的坡度修建一条溪流。如果庭

左图: 一盏石灯笼坐落在海角上,扮演着灯塔的角色。各种样式的石灯笼通常被策略性地放置在回游小路周围、门口附近和山脚处。

重点考虑的因素

池塘 池塘通常是回游园的主景，经由一条蜿蜒的路线，所有小路最终都会通向这里。池塘内可能修建有园桥的小岛，也可以由溪流或瀑布提供水源。

道路 主要道路的设计基本上是环绕池塘来展开，参观或穿过途中各种景观，欣赏风景和建筑物可以从这条主路分出数条小路，分别通向茶室或其他主要庭园景观。

植物 设计师可以通过许多奇妙的日本植物来庆祝季节，如樱花、杜鹃花、紫藤、枫树、鸢尾、绣球花、各种松树以及大量的如芒草和日本银莲花等草本植物。樱花、梅花和枫树可以成片种植，以产生最大的影响；鸢尾在池塘的河口或溪流中生长良好；绣球花在柳杉或枫树的树荫下最繁茂；而芒草、银莲花和硬毛油点草可以从山石间或水边向外伸出。

园是平坦的，那么仍然可以营造出溪流在山间或山坡自然流淌的幻觉。在大多数情况下，需要使用水泵来对水进行循环和充氧，尤其是当水池里有鱼，如锦鲤和鲤鱼等时，但水应该保持相当浅，只有约60cm深，这样能更好地欣赏到水中的鱼。应该建造一些更深的水湾和庇护，所以在极高的温度或极冷的天气下为鱼类提供一些荫庇和保护。

通往茶室的路线

如果您打算建造茶室或茶亭，您的访客将会踏着步石路径，在竹篱笆的引导下进了大门，经过石灯笼和手水钵，到达茶室。茶亭比茶室更开敞，因为茶亭用于非正式场合，重点是对庭园的俯瞰。其他建筑可能包括遮阳茅草伞或中式六角形凉亭。道路也许会穿过樱花林或枫树林，时而在开阔的林中草地上穿行，时而在荫蔽处布满了厚厚的苔藓地毯里通过。

回游园设计

尽管回游园可以包含许多设计元素，但各个组成部分不应分散整体的注意力。该规划可以简单地包括一条道路、一个池塘、一些修剪好的灌木、一个石灯笼和一些树木，例如枫树、松树或樱花。应当小心翼翼、有限制地使用装饰性元素，例如开花的植物或雕像。

尽管回游园可能缺乏其他风格的精神内涵，但它们遵循一定的平衡法则，并从大自然或著名风景中获取灵感。在规划这种风格的庭园时，应着重于一个简单的设计，该设计应包括轮廓优美的池塘和一条有趣的道路，而不是各种各样的日本手工艺品的混杂。

上图： 虽然总体上回游园更加精致和令人印象深刻，但它们通常具有早期池泉园的特征，例如此处的石桥。

右图： 无邻庵回游园中的杜鹃花剪成了抽象的形状并随机栽植。

坪庭

坪庭的历史可以追溯到 17 世纪初，对于当代设计师而言，这种与建筑物相连的小型封闭空间，仍然提供了绝佳的设计可能性。设计通常很简单，有时规划为带有大型门窗的房屋的轻度扩建部分，有时规划为可用的室外空间。从大型博物馆、公司总部，到私人住宅，小型坪庭无处不在，可通过玻璃板观赏坪庭或将坪庭设置在露天的中庭内。

上图：当代环境中的坪庭可以给设计师尝试新材料的机会。

坪庭的产生

在平安时代，坪庭或称壶，是简单狭小的封闭空间，也许只能栽植一株植物。俯瞰壶的空间和壶本身都是以这些栽植的植物命名的，京都仙洞御所仍然有一个因栽植紫藤而命名的藤壶。尽管中世纪的武士住宅里已经出现了壶，但正是由于 16 世纪末以及整个江户时代商人阶级的兴起，才促使 17 世纪早期坪庭艺术的发展和完善。

江户时代的小坪庭，与同时期面积大得多的回游园一样，都是先前庭园风格的混合体，这个混合体往往缺乏其母体风格背后的连贯性原则和哲学体系。例如，当灵感来源于茶庭时，却很少设置露路，宗教也不发挥作用，取而代之的是坪庭沿用了以前风格的图案和手工艺品。在不可能建茶室的地方，可能使用了房子的

一个房间。可以通过"小路（露地）"进入这个房间，这条小路会引导客人在庭园的"荒野"中曲折前行，以保持他们的幻觉，即他们正在前往一个很特别的地方。

随着江户时代的发展，幕府将军政策的狭隘性使得地主贵族（大名）更加贫穷，而商人们却积

下图：坪庭借鉴了其他风格的主题元素，例如枯山水的岩石和沙砾以及茶庭的步石小径。

累了大量财富。尽管商业在国民经济中很重要，但商人们却不敢炫耀他们的财富，因为他们的财产可能会被没收。在当时，商人处于社会最低阶层，这是为了防止商人们利用手中的财富对社会施加过多的影响。因此，商人们建造了简朴的店面去隐藏一个复杂的世界，里面有幽深的房间和矮小的围墙、通道和坪庭（町屋）。坪庭以一种非常经济利用空间的方式隐藏在公众之外。在日本各地的城市中，仍然可以看到一些原始的坪庭，但如今正在建造越来越多这样的小游园，这往往是因为缺乏空间，而不是出于任何隐藏它们的需要——这使得这种形式的园林在今天显得尤为重要。

如果有的话，除了入口庭园，大多数商人的故居都会有一个起重要作用的小型中央庭园，该庭园将营业区与生活区分开，甚至

上图： 京都银阁寺的入口庭园，展示了自然形态与几何图形相结合的独特艺术。

下图： 这个禅宗风格的酒店庭院沙砾中有两种图案：草圆圈和草葫芦。这些图案是公认的好客的象征。

还有一个更小的庭院园林，称为坪庭。

坪庭

"坪庭"一词源于相当于2块榻榻米垫的量度。今天，许多日

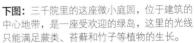

下图： 三千院里的这座微小庭园，位于建筑的中心地带，是一座受欢迎的绿岛，这里的光线只能满足蕨类、苔藓和竹子等植物的生长。

左图：这个郁郁葱葱的庭园位于冲绳。庭园后院被 L 形的建筑和靠着陡坡连续层叠的庭园围合。

这里有林荫小路和散置的岩石，也经常有苔藓覆盖。

坪庭还可以采取另一种形式，即创建一个风景如画的微缩景观（缩景），可从围合庭院的任一房间看到该景观。

当代的诠释

在许多方面，这种庭院式样——一种介于枯山水庭园和茶庭之间的混合体——非常适合现代世界，而且往往非常雅致。其中一些庭园应有尽有：从石灯笼、手水钵、小桥、沙砾和岩石，到喜阴植物以及用作隔断或创造私密环境的围合构件。错综复杂的路途都有暗示，但也不过是暗示而已。如今，常常以极简主义的风格来诠释坪庭，可能仅由一丛偏离中心种植的竹子或一组带有蕨类和苔藓的岩石组成。事实上，如今的极简主义风格非常流行，对于当代园林设计师来说，坪庭

本人仍然在用榻榻米的尺度来度量他们的房子和房间，一个榻榻米大约 1.85m×0.9m，尺寸接近人类躺着时的平均值。因此，一坪大约是 $3.3m^2$——这表明这些庭园有多小。

坪庭的元素

除了它们的艺术感染力，微小庭园还起到了将光线和空气带入房屋的重要作用，而环绕庭园边缘的檐廊则将町屋的各个区域连接在一起。尽管规模很小，但是庭园里的石灯笼、岩石和其他组成部分的品质，过去是，现在也依然是町屋居住者的品位和富足程度的清晰标志。

通过使用滑动屏风、围栏板和竹百叶窗，可以从不同的角度观看这些内部庭园，利用门和窗

形成框景，室内和室外之间的区别消失了。19 世纪中叶，探索日本的西方人对回游园感到惊讶，同样，对这些美丽的小镇庭园感到惊讶。

寺庙建筑群也有坪庭园林，通常是简单的枯山水庭园，有一两块岩石和被耙成"水池"的沙砾。餐厅也是如此，狭窄的通道被做成了精致的庭园，石板路两边是石灯笼和整形的常绿植物，如杜鹃花、十大功劳、南天竹和竹子。对于大多数开花灌木来说，这些庭园过去是，现在仍然总是过于阴暗、过于狭小，从而限制了植物的范围，只能是叶片有光泽的常绿灌木，如桃叶珊瑚属、八角金盘属和山茶属植物，以及喜阴蕨类、竹类和大吴风草属植物。像在传统茶庭里看到的那样，

上图：龙源院枯山水庭园给几乎没有植物生长的内庭带来盎然的生机。巨大的沙砾波纹增添了动感。

右图：京都东山区高台寺，建于16世纪的佛寺。寺内一座宁静的坪庭，庭院够宽敞，有几棵小树。

是表现该风格的理想媒介。

屋顶花园也可以归类为坪庭，尽管它们可能包括外部世界的景色。建筑物顶部未开发、开敞、无土的空间非常适合做枯山水景观的处理，尤其是担心来自植物、花盆、土壤和水的过重的可能损坏建筑物结构的地方。解决这一问题的理想方法通常是使用沙砾、重量小的植物，甚至日式风格的玻璃纤维岩石。

坪庭风格的多样性

从某种意义上说，坪庭可以提供任何想要的东西，可以是枯山水、小茶庭、缩景，或仅仅是一个以自然为主题的区域，抑或又是一个恬静的冥想空间。坪庭既可以作为远离闹市的静居处，又可以是实现世外桃源的机会。只需将更多的光线引入围合的房间，坪庭就能以平凡务实的方式发挥作用。

在设计上，坪庭吸收了日本文化的精华，人们经常看到一种艺术形式对另一种艺术形式的影响。正如插花会影响茶室一样，茶道也会影响庭园的性质等。一旦领会了一种艺术形式，将有助于更好地理解另一种艺术形式。这种相互影响也是坪庭风格的核心——一种艺术形式本身就是一个不断演变的过程。

上图：坪庭角落处枯山水风格的岩石和沙砾结合了一盏织部式石灯笼，这是茶庭的一个流行景观。

上图：大多数日本庭园都使用灰白色石英沙砾，但是这个现代庭园使用红色沙砾。20世纪50年代，重森三玲在东福寺建筑群中设计了这个庭园。

天然材料

在日本园林中，自然的形态受到赞美，尤为突出的是在做工精细的有色沙砾中设置的一块造型优美的岩石或巨石。本章着眼于日本园林中常见的天然材料，说明如何获取、使用这些天然材料。本章还提供了有用的每个步骤要点和实用的插图，以演示具体的技术和设计。铺路石和步石既可用于装饰，又可用于铺砌道路。砾石、沙砾和沙子也是必不可少的，在传统庭园设计中用来模拟画家画布的留白和水流。岩石、砾石和沙子组合形成了日本园林常见的枯水景观的表现形式，例如瀑布和溪流，本章也进行了说明。

地被植物，尤其是苔藓，以及植物的使用都做出了重要贡献。苔藓在日本生长繁茂，是一种比观赏草更容易种植的天然地被植物。虽然有些庭园完全避免使用植物，特别是枯山水的设计，但某些特定的庭园植物，如杜鹃花，用作岩石的替代品，或运用整形修剪艺术修剪来模仿远山。

上图： 鹅卵石在枯山水园林中占有重要地位。

左图： 日本园林的魅力在很大程度上与自然形式有关，巧妙地模仿自然。

岩石和巨石

从最早的时候起，岩石就奠定了日本园林的基础。没有其他文化能使岩石成为其园林艺术的中心。可以追溯置石的历史：从最初置石用于神庙，到后来分组放置在水中或水边作为圣山的主题。在随后的室町时代（1393—1568）的枯山水庭园中，水被沙子取代；而在江户时代（1603—1867）的庭园里，岩石被整形灌木取代，用来模拟丘陵和高山。

上图： 这种布局中，主石代表佛陀，还有两块副石代表侍者。

下图： 在二条城的这些岩石的规模和数量，旨在显示 17 世纪初期德川家康（1543—1616）的武家力量。

精神特质和象征意义

最初人们认为岩石具有灵魂，能吸引神仙下凡到人间。后来岩石被用来代表神仙的高山住所，以及佛陀和他的侍从。但是，禅宗僧侣们没有时间去理会那些迷信思想，他们拒绝接受岩石许多深奥的象征意义，而是赋予岩石更多的哲学色彩和装饰功能。

尽管岩石过去是，现在仍然是以象征性手法成组地放置，但现在更倾向于按照一定的美学法则来布置。要读懂一组石头的象征意义，需要一双训练有素、经验丰富的眼睛。看似宛自天开的石组实际上可能具有许多可能的

象征意义。这就是日本置石匠师的高明所在。不要让这个阻碍了在自己的庭园里创建象征性的置石。似乎历史学家和禅宗修行者喜欢解读经典置石中的复杂信息，但成功创建置石组群并不需要对复杂信息有特别深刻的理解。毕竟，对中日两国极简主义水墨画的研究激发了他们的灵感。看看那些水墨画，要记住的重要一点是，少即是多，并且不要使用过度修饰的方法。删减的内容几乎比放入的内容更为重要，石头和植物本身都不需花哨或引人注目。

创建岩石园

幸运的是，日本人一直高度重视岩石，因为对古代庭园的发掘仍然可以很好地了解岩石的样子，这有助于对岩石进行分组和布局。在 20 世纪 70 年代京都以南 48 公里的奈良市发掘出来一个庭园遗址（见 p.10 图片），经研究发现该庭园有 1000 多年的历史。令人惊讶的是，在那里岩石自然地安置在水池和小溪周围，提供了一个可效仿的好范例。

避免使用形状奇特的岩石。这些岩石在日本从未流行过，除非在一个短暂的江户时代或儒家时代。一般来说，中国的造园家更热衷于使用形状奇异、鬼斧神工而成的岩石，其中许多是从湖床里打捞出来的，将它们立在基座上作为不朽的象征。另一方面，日本人更感兴趣的是发现岩石的

右上图： 在冈山后乐园中的"庭园茶馆"中，闪闪发光的岩石成为引人注目的焦点。

右图： 岩石的放置，是大多数日本园林建造过程中的核心创造动力，岩石通常设置在沙砾中，后者经常代表大海。

天然内在本质。

从设计的角度来看，在处理较大岩石时，设计空间是无限的，但不要被设计思想所左右，要记住岩石的内在本质。如果希望达到一个自然的效果，就不与在庭园中创建的其他场景相冲突。

布局石组

岩石通常成组放置。对中国人来说，7 是一个吉祥的数字，就像在许多文化中一样，也是神秘岛屿的最初数量。作曲以 7-5-3 拍子为单位，而向阿弥陀佛诵经的次数依次为 7 次、5 次、3 次。到了 15 世纪，包括岩石在内的各种各样的物体被分成 15 组。例如，龙安寺是 5-2-3-2-3 的布局。

大多数石组由 1 块主石和最多 5 块辅石组成，用 1 块或统一在一起的多块石头

来使石组稳定。另一些则可能被用作连接石头，将一个群体以及不同群体的成员连接在一起。辅石可以放在主石的前面、后面或侧面，靠在主石上或与主石有点儿距离，但决不能遮住主石。试着让旁边的石头回应或呼应主石

的角度或位置。这些石头对主石的能量的反应有以下 7 种方式：

接受： 一块岩石被放置用于接收向它倾斜的主石的能量。

传输： 一块侍石将能量从主石传递到组中的其他岩石。

牵拉： 有一定角度以抵消向

外倾斜的主石的岩石。

追求：这块岩石远离主石，并在主石后面放置，与主石倾斜方向相同，就像跟随主石一样。

制动：通过伴随石使直立的主石稳定。

进攻：伴随石向中立、直立的主石倾斜。

流动：这块岩石是被动导体，而不是主动传播者，它通常是扁平的，作为一种与其他岩石沟通的渠道。

这些术语并不是严格的，但它们有助于描述石头之间的关系，并阐明在特定的石组中可能起作用的因素。这些术语还强调了使这种石组发挥作用所需的巧妙方法。如果石组看起来不对劲，那么就要通读这些术语，让石头具有真正的日本风格。

然而，到目前为止，学习如何放置岩石的最好方法是学习好的实例。由于岩石的静态性质，可以通过看照片来学习。但请注意，置石必须从任何角度看起来都很好（这是照片可能显示不出来的）。同时也要记住，最好不要只是复制一种置石，而要有创意，遵循特定岩石自身的特点来放置。

在日本庭园中使用岩石

岩石的放置和分组对于日本庭园的真实性至关重要。以下准则可以为您提供帮助：

· 通过图片或参观好的范例来研究日本庭园

· 去野外、有巨石的溪边或海边看岩石。如果可以的话，画出它们自然排列时的草图

· 避免奇怪形状的岩石。最好寻找看起来能很好组合在一起的岩石，而不是一个有特色的标本

· 相信自己的直觉，不要因为这是一门古老的艺术，或者认为岩石是一种精神的象征而被吓到

· 在远处观赏，拥有好的欣赏角度的几块岩石会比孤置的一块岩石效果更好，因为这几块岩石之间可以相辅相成

· 置石的布局应该从各个角度看都较完美，在对石头的位置做出最终决定前，从各个方向和房间里对其进行审视

· 想象一下岩石之间能够互相交流，调整它们的位置，使它们更和谐

· 不要太刻板，给自己的艺术表现留出空间

左图：在京都松尾大社，重森三玲挑战传统的自然主义风格的岩石使用手法，但仍使用自然形式创造出不同寻常的戏剧感和神秘感。

选择岩石和巨石

　　无论是在设计一个自然主义的溪流庭园、一个禅意的枯山水庭园，还是一个小型的日式庭园，在选择岩石这种要素时，所付出的关心和关注都会对空间的最终外观和空间感产生深远影响。岩石为日本园林提供了强烈的阳性（积极的、有活力的和阳刚的）元素，更大、更具雕塑感的岩石作品会充满个性。在枯山水庭园中，岩石往往是焦点，所以一组岩石中单个岩石的大小、形状和质地是至关重要的。

上图： 在日本庭园中这3块经典的岩石具有象征意义，同时也是一种雕塑般和谐的布局。

　　在为日本庭园选择岩石时，选择那些觉得有趣，但形状不太古怪，并且可以部分掩埋的岩石。值得一提的是，著名的龙安寺庭园中的岩石并不是那么引人注目，它们的催眠力量在于它们的排列方式，灵感来自岩石和巨石从大海或湖中探出来的状态。

　　最受欢迎的岩石通常是棱角分明的，顶部要么是尖尖的，要么是扁平的。这些形状与画笔的棱角笔触相呼应，即使从远处看，这些独特的形状也很突出。当你使用岩石作为象征时——例如，可能象征蓬莱山、须弥山或三尊，或者鹤岛和龟岛——要确保它们巧妙地排列，使它们静止、安静地存在。

风化石

　　在日本各类型的庭园中，具有风化迹象的石头尤为珍贵。这些石头中，植物的表面定植——苔藓、地苔和地衣，或者根植于裂缝中的更大的植物——在表现整体景观效果上是非常有益的。这种自然风化作用在更疏松多孔的岩石类型中表现得更为明显，比如吸水的石灰岩和砂岩。然而，也可以通过在岩石上涂抹酸奶或稀释的肥料来促进地衣的生长，并保持岩石湿润以达到老化效果，对任何类型的岩石都可以这样处理。

　　有时可以购买再生石材，例如石材商或建筑回收场拆除的干砌石墙上的石块，然而，不要从野外景观中拿走一块美丽的石头：这可能对环境和个别的生态系统造成破坏。

水景用石

　　较坚硬的岩石，如花岗岩（日本庭园的最爱）、片岩和板岩，往往会缓慢风化，但这对水景内部及其周围的环境是有利的。砂岩和石灰岩在水景园中就不那么理想了，因为多孔的砂岩在潮湿时会因藻类而很快变黑，使周围干燥的石头变得更苍白，而石灰岩溶解到水中，会提高水的pH，对鱼类产生不利影响。

　　大而圆的巨石非常适合自然溪流景观，因为它们具有被水磨损的特性，并且始终与鹅卵石和卵石完美融合在一起。在为瀑布或其他景观建造峭壁和驳岸时，请确保岩石的颜色和沉积岩的地层方向相匹配，看起来尽可能自然。

左图： 在这里，有着美丽古铜色的圆形巨石被深深地埋在地下，周围植物环绕。

枯山水用石

板岩和片岩的薄层切割，形成了引人注目的有锯齿状轮廓的石片——非常适合枯山水庭园中高山般的"岛屿"。板岩被雨淋湿后，颜色可能会变得很深，对于更抽象的、用于冥想的布局（包括黑白方案）而言，这是一个特别好的选择。可以购买紫红和绿色调的板岩，以及色彩更丰富的带红褐色铁沉积物的种类。花岗岩具有各种各样的色调，从类白色到粉色和棕色，再到类黑色，并且带有细微的斑驳和斑点。虽然许多不同类型的岩石中充满了盐和矿物质，随之也增加了颜色和纹理趣味性，但选择更安静的色调，比如灰色和褐色，可能更安全，尤其是在小空间里。

天然石材的来源

当地的园艺中心不太可能有大小和形状合适的石块作为焦点，尽管可能有更小的石块供选择。石材商人（列在当地电话簿上）通常可以提供帮助，但对于非常大型的项目，建议去采石场看一看。在那里，可以发现已经存放了一段时间的石材，不同于新开采的，这些石材具有最重要的老化品质。

当从石材商或采石场按吨购买时，请确保指定石材的尺寸和质量，以避免掺杂无法使用的石材废料。当石材运送到时，必须在家，以便监督交货过程，这一点非常重要。粗暴搬运石材可能会破坏表面的铜绿或导致石材片层脱落，露出更明亮、未风化的内部，石材可能需要数年才能复原。

在石材送到之前，请尽可能多做准备，挖坑或挖建旱溪水道。可能还需要租用推土机或挖掘机

上图：像这些彩虹鹅卵石等装饰性石头可以少量使用。

上图：对于日本园林来说，假山石可能太小了，一直是手工挑选。

上图：威尔士绿色花岗岩巨石提供了一个增加任何庭园景观崎岖感的完美方式。

上图：这些片麻岩巨石上的斑纹更加巧妙，使巨石更容易放置。

上图：光滑的、被海水冲刷过的巨石有着令人愉悦的纹理，和鹅卵石很搭。

上图：建议用较厚的石板作步石，因为任何压力下薄石板都会碎裂。

将沉重的石头移入土穴中，或者可以使用一个滑轮组滑轮系统。确保新石材得到良好的保护和缓冲，以防在吊装过程中因缆索引起的任何可能性破坏。

人造替代品

如果石材进入庭园受限或存在重量问题，例如在屋顶和阳台等承重面上，则使用树脂或玻璃纤维岩石和巨石替代。这些人造替代品都是中空的，很容易吊装。当被植物，可能还有一些鹅卵石覆盖和环绕时，它们看起来非常逼真。可以在网上买到，也可以在景观展会上买到。

搬运岩石和巨石

石头在重量、大小和形状上差别很大。对岩石的选择可能取决于预算，也取决于如何将其移动到位。在小庭园中，或者在一间只有一个窄门入口的房屋后面，将岩石摆放到位可能会很难。在更开阔的空间里，就没有这样的限制了，但是仍应考虑大块岩石的重量和潜在的难处理性，并准备聘请专业人士进行移动。如果移动较小的岩石，请多加小心，避免背部受伤。

上图：蓬莱山是神话中神仙岛屿中最高的山，通常由最高的岩石来表现。把这么大的岩石移动到位需要仔细思考和设计，以及合适的装备。

用杆搬运小型岩石

您将需要

- 抬岩石的两个人
- 结实的绑带（从出租店租赁）
- 一个脚手架杆和卸扣

1. 如果一块岩石的大小适合捆绑，则将绑带的两端缠绕在脚手架杆上，用卸扣固定。

2. 确保绑带的长度略小于搬运人肩部的高度。这将意味着岩石只需要离地面一小段距离，就足以抬走它。岩石悬挂在离地面尽可能近的高度，以防从绑带上掉下来，这样会更安全。

用手推车搬运中小型岩石

您将需要

最好是一辆带充气轮胎的底板手推车，因为这样可以更容易在松软的地面上推车——硬轮很容易陷下去，即使是在沙砾中也是如此。

1. 抬起岩石的一端，把它竖立起来，然后将手推车挪滑到尽可能靠近岩石的位置。

3. 将把手向后拉时，一只脚抵在手推车轮轴上。像这样的把手成 45 度角左右，就很容易到处搬运小型岩石了。拉比推容易许多。

2. 把岩石滚到手推车的底板上。也可以将底板挪滑到岩石下面，而不必通过将岩石的一端抬离地面一点儿来滚动岩石。

狭窄的入口

如果庭园入口狭窄，用底板手推车搬运小型石材会很好用。对于大型的石材，可能需要租用一台起重机越过房子吊运石材。虽然价格昂贵，但起重机会吊运更多的重量。

3. 脚手架杆两端各一个人，将杆扛在肩上，两个人就可以抬起并移走岩石了。

使用防滑装载机搬运岩石

您将需要
- 一台租用的防滑装载机
- 中型石材

1. 可以在不动岩石的情况下将铲斗推到岩石下。

2. 除此之外，可以用一根支柱或撬棍支撑住岩石的一端，同时铲斗挪滑到岩石下面。或者，如果岩石偏大，借助他人将岩石滚入铲斗中。

选择最佳方法
需要搬运的岩石的大小将决定使用的方法：
- 徒手搬运岩石，岩石必须很小，可控制定位
- 底板手推车用来运载中小型岩石，并适合狭窄通道
- 防滑装载机适于运送中型岩石，设备承担岩石的全部重量
- 小型挖掘机或前置装载机搬运的岩石可达其最大载重量

使用小型挖掘机或前铲装载机搬运中大型岩石

您将需要
- 小型挖掘机，或拖拉机上的前铲装载机，或反铲挖土机，外加一名熟练的持证司机
- 安全帽、钢头靴和手套
- 一块木头或栅栏立柱
- 带环形端头的吊带——可以租用，并根据其设计承载的重量进行分类。选择比认为需要的更结实的吊带
- U形卸扣，用于捆绑吊带的末端

1. 如果岩石是平放的，则支撑住顶端，以便将绑带滑到岩石下面。使用挖掘机将岩石一端提起，并在岩石下面塞进一块木头来支撑岩石。

2. 在距离岩石顶端大约 1/3 的位置，将绑带缠绕岩石两到三圈。当绑带收紧时，这个位置应该可以保持岩石稳固。将绑带的一端穿过另一端的环，将两端系紧。使绑带的两端等长备用，并确保分别位于岩石的两侧，这样就可以把岩石更垂直地悬挂起来。

3. 将备用的绑带的两端缠绕在提升铲斗的牢靠的位置，并使缠绕的两个带圈彼此足够靠近以便固定在一起。使用合适的卸扣将两个带圈夹在一起。

4. 抬起装载机铲斗，直到吊带绷紧，然后缓慢地轻轻提升铲斗，直到看到岩石从铲斗上垂下来。

5. 可能需要两到三次尝试，直到绑带牢固，岩石被悬挂起来，这样便可以把岩石吊运到位。

安全注意事项
在搬运岩石之前，确保岩石悬挂牢固，并且每个人都在安全距离内。

铺路石和步石

铺路材料是日本园林的另一个重要元素。穿越日本庭园的小路可以由不同种类的石材建造而成，从新的或人造铺路石到各种来源的再生石。步石通常用于水景或砾石区域。最好避免铺成直线和直角的园路形式，因为曲线和自然形式会更好地补充日本园林的理念和风格。如果在设计阶段就仔细考虑，最终的结果看起来完全是天然形成和自然呈现的。

小方格铺砌

这种使用不规则切割石块来铺路的方法在日本园林中很流行。石材通常按吨购买。需要精心铺设以适应不同厚度的石块，并尽量减少砂浆接缝的宽度。小方格石可以作为园路的"填料"，填充直边、矩形石块和与几何图案部分相邻的空隙，例如紧挨着铺路材料设置一条菱形线。路缘石和方石也被用来界定园路和分隔不同颜色、图案或功能的区域。

再生石

具有粗糙外观或磨损、风化表面的再生铺路材料是很受欢迎的。日本的造园师通常会把曾经

其他用途的物件组合在一起，包括原先的磨盘、旧门柱和磨损的石门楣或台阶。建筑回收场是再生石的好来源。

步石

步石是日本园林的一个特别常见的景观，在潮湿和干燥的地方都可以使用。一条之字形的园路可能巧妙地将圆形的步石与矩形元素结合起来，通常还夹杂着鹅卵石。手工制作的花岗岩步石，宽圆形且有柔和的斜边，按照老模式铺设。

无论是在什么地方——穿越水池、长满苔藓的林地地面或在砾石区中——这些石头总是比周围的表面稍突出一些。步石应该很好地嵌入基底中，以使园路稳定，同时也要创造一种"扎根"的品质。这意味着每一块石头可能需要至少15cm的深度。

用于铺路的天然石材类型

某些类型的沉积岩很容易沿着上覆岩层剥离，使它们成为铺路材料理想的备选材料。其中包括浅灰色或奶油色的石灰岩，这些石灰岩通常具有可见的生物化石和贝壳残留物。如英国的浅黄色约克石铺地材料和磨石粗砂岩、美国薄层砂岩和青石等砂岩也都用于铺路。优质的再生约克石价格昂贵，但如今，进口的印度砂岩可以更经济，也同样好用。砂岩的颜色范围从类黑色到带有粉红色或黄色的米色。如果可能的话，在做出选择之前，请查看不同颜色类型的铺路材料在干铺和湿铺时的铺筑样品，因为当石材潮湿时颜色可能会发生巨大变化，这样的石材终究不是一个完美的选择。

印度砂岩具有各种尺寸，可广泛使用，并且经过手工切割，留下一个斜角和粗糙的切割边缘，比钻石或机械切割的石材具有更质朴的外观。然而，在劳动力与印度砂岩开采方面的一些规范，意味着这些材料不能保证是合乎要求的。因此在制定更好的标准

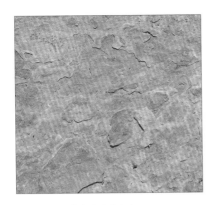

上图：印度砂岩有多种颜色。

上图：覆盖着地衣和苔藓的约克石铺路石板。

上图：石灰石是一种沉积岩石，为地面增添了古老的铜绿。

上图：传统的花岗岩步石通常呈圆形或不规则形状。

上图：雨后的板岩步石看起来颜色深暗，颇有光泽。

上图：带有刻印符号或图案，可以增加趣味的步石，但应有节制地使用。

之前，可能希望寻找替代品。

当购买任何普通切割的石材时，应按平方米购买，而不是按吨购买，并指定最小和最大厚度。

花岗岩是日本园林中的传统石材。由于花岗岩是耐磨性最强的石材之一，所以它很受欢迎，尤其是当岩石表面出现意味着年代久远的腐蚀痕迹时。在阴凉或潮湿的铺砌面区域，花岗岩和其他无孔岩石类型比石灰岩和砂岩更具优势，因为多孔石材的吸湿性会导致湿滑藻类的生长，为了安全起见，必须定期清除这些藻类，吸湿性较差的花岗岩就不适用了。为了自然的效果，选择手工整修的花岗岩铺路材料或滚磨面花岗岩铺路方石。

板岩是另一种很好的可选的铺路材料，然而片材往往被切割得相对较薄，因此必须将其铺设在完整的砂浆层上，以提供足够的支撑。在购买进口板岩之前，请检查并确保石板具有可供外部使用的足够厚度，并且达到户外品质，这意味着它们在自然环境下不会碎裂或剥落。

人造替代品

现在，混凝土铺路材料制造商使用废旧的、以提供自然外观效果的铺路材料作为模具，生产出令人非常信服的石材复制品，但这些产品会磨损和剥落，从而露出内部的混凝土，混凝土板的厚度往往不及天然石材。但是，车道小方石（小砌块）是在建筑物附近和更正式区域铺设路面的良好选择。

如果小心使用，浇筑的混凝土可以是一种有效和廉价的材料，用于制作大型步石或类似裸露基岩的地方。使用弧形模板将混合物倒入一个足够深的模具中，以防止开裂。在混凝土完全变硬之前，用湿尼龙毛刷和各种工具对其进行纹理处理。或者，可以在混凝土中添加卵石和瓦，创造一个有趣的纹理表面，然后使用软刷和喷壶暴露一些区域，从而反映了自然侵蚀的过程。

鹅卵石、卵石和桨石

光滑、圆润外观的鹅卵石、卵石和桨石，通常用于开阔地带或水景边的园路，与粗糙表面的普通铺路石板或平坦的步石形成了令人愉悦的对比。它们可以绝妙地陪衬出植物，尤其是那些有线形或带状叶子的植物。不同的方案需要不同大小和类型的卵石或鹅卵石，以符合庭园的规模和性质。记住，石材的美丽可能只有在潮湿的时候才能显现出来，所以当购买石材的时候，要多看看水里和水外的样品。

上图：分级的卵石掩饰了丁基橡胶内衬的水池或小溪边缘，创造出海滩或天然河岸的效果。

鹅卵石

用于从大型圆润巨石到小型卵石的过渡，普通家庭花园方案中往往需要相对少量的鹅卵石。实际上，在紧凑的城市空间如封闭的庭院或屋顶花园中，可能只需要一把，这就不错了，因为鹅卵石往往是单个出售的，而且可能非常昂贵。

一些鹅卵石相对来说没有标记，颜色范围从白色到棕色、红色和灰色再到类黑色，反映出了不同的岩石类型。浅灰和棕色的鹅卵石也可能显示迷人的条纹，为此将支付额外费用。手选少量鹅卵石时，请仔细查看以确保选出的石头是您想要的颜色、形状和质地，因为大卵石有时会在运输过程中裂开或损坏。

有时可从废品回收场获得原先用于铺路面和老场院的大鹅卵石。较大型的园艺商店通常也会出售一些大鹅卵石，存放在板条箱里或面板上。商业上可以从海底打捞鹅卵石或砾石坑中挖取鹅卵石。如果大批量购买，恰好当地有石材商或砾石坑，建议去看一看。然而，不能去沙滩私采，法律通常禁止从沙滩或溪流岸边取走鹅卵石或卵石。

卵石

本质上，卵石通常相当于各种类型岩石的混合体，岩石碎片在水或冰的作用下被磨得光滑圆润。受潮后卵石会润泽闪亮，并且可能会显示出令人意想不到的

左图：重要的是徒手放置较大的石头和鹅卵石来创造自然效果。这里给人的感觉是涓涓细流，汇入更大更深的水池。鹅卵石按大小分级，其间用沙砾填充。

各种颜色、斑点和条纹。供应商通常会将样品放在桶中供人查看。也可以选定卵石的颜色和自然调和的深浅，对于特别的项目，能购买到纯白色或深黑色的卵石。

小批量的卵石是装在袋子里或麻袋里出售的，尽管如此，重量还是很大——一般的汽车一次只能安全运输三四袋。也可以按吨购买袋装的或散装的卵石，并由石材商人负责运送。卵石是按大小分级出售的——在较大型的园艺商店，通常能找到至少两到三种大小的卵石。

鹅卵石和卵石的混合使用

在日本庭园中，鹅卵石和卵石有时会一起使用，以营造出令人愉悦的自然外观。当将这些石头用作地面覆盖物时，请把不同大小的鹅卵石和卵石混合在一起。若要在丁基橡胶内衬水池的边缘或旱溪河床中营造沙滩效果，请在河岸渐变地带和弯曲的地方铺设鹅卵石、卵石和粗砾，以反映自然界中水冲刷形成的地层。检查想用的石材类型在颜色和质地方面是否协调。如果打算在水池内或水池周围，或溪流边使用鹅卵石和卵石，请检查它们对鱼类是否无害，并在使用前彻底清洗，以免污染水质。

桨石

这些扁平或桨状的石块，边缘柔和圆润，大小从 15cm 到 60cm 不等。虽说这些石材有时被用于地面覆盖和创造有趣的表面纹理，但它们是表现溪流的理想材料，因为这些石块可以重叠放置，并朝着假想的水的方向"流动"。也可以用它们来表现微波涟漪的池面，或者更大更宏伟表现

湖泊甚至海洋。桨石的外观与鹅卵石和卵石明显不同，因此最好铺设一些视觉屏障，将桨石从这些更圆滑的石料中分离出来。

准备场地

不要在土上直接铺鹅卵石、卵石和桨石，因为土中可能含有多年生杂草根和一年生杂草种子。要使用黑色的园艺或景观膜，这种膜可以透水，却能阻止土壤和杂草显露出来。

上图： 从建筑商那里购买袋装或散装的按大小分级的卵石。

上图： 在购买卵石之前，要先看看它们是否是湿的，因为它们干、湿表面会很不一样。

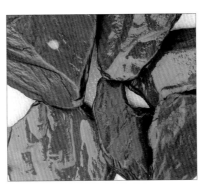

上图： 受水侵蚀的石板卵石看起来比石材碎块更柔和。

上图： 桨石的特点是块大、扁平、宽椭圆形。

上图： 放置在水泥中的红色大理石卵石，创造一个有纹理的表面。

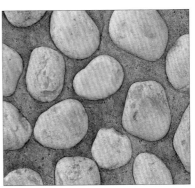

上图： 白色大理石卵石有时用于更具有风格化的设计中。

鹅卵石、卵石和桨石　75

沙、沙砾、砾石和板岩

在日本园林中，空间感是非常重要的，开阔的沙或砾石区域有助于保持庭园结构的简单，如果精心铺设，则易于维护。沙或沙砾可以被耙成图案，正如在传统的禅宗花园中一样，尽管砾石不能耙成如此清晰的图案，但砾石可以成为有趣和巧妙的彩色背景，来映衬大型岩石或巨石。无论选择哪种地面覆盖，都要确保进行细致的准备，才会得到一个自然的外观、易于打理的区域。

上图： 天然石材形成了一条轻松惬意的小路。使用黏土砖来分隔两种类型的砾石。

沙和细沙砾

许多日本园林都有一个大家熟知的景观，即由一片沙或细沙砾被耙成漩涡状，以表现自然界的存在形态（有关示例，请参见下页）。如果考虑到材质、区域大小及其在庭园中的位置，铺设沙或细沙砾区域对于新建的日本庭园来说是一个实用的选择。在枯山水庭园中，图案代表水的流动。更抽象地说，在禅宗传统中，这些耙过的沙子或砾石图案也可以代表平静的心灵。

在有遮蔽的庭园或庭院中，是完美体现沙或细沙砾区域效果的最佳位置。传统上使用的精细材料不适合非常开放、多风的空间，因为图案会很快被打乱。经过一段时间的暴雨或强风之后，就会发现图案需要非常频繁地重新耙或者刷。

可以使用多种等级、多种颜色的沙或沙砾来实现自己的设计。在明亮、阳光充足的地方，尤其是在较大的区域，请避免使用纯白色的沙，因为这会产生令人不适的眩光——颜色越深越让人内心宁静。但是，浅色的沙可以将光漫反射到荫蔽的走廊或庭院区域，或者漫反射到通过窗户可以看到的一个围合空间。

通过使用景观膜将沙、基材与下面的土分开，铺设好沙砾区域。确保沙或沙砾远离草坪区域，因为沙或沙砾会损坏割草机刀片。

粗沙砾和砾石

铺路材料相比较而言，砾石是一种相对便宜的地面覆盖物。即使铺设在景观膜上，砾石的维护成本也低得惊人。在枯山水禅宗花园的岩层周围，可以使用细一点儿的砾石作为替代表面，但不允许被精细地耙成图案。

可以购买各种等级的砾石。较粗的类型（直径 2cm）最适合铺设步行路，尤其是在靠近房屋的地方，因为它们不会嵌入鞋底花纹中，还会很好地保持在原来的位置。应该尽量避免在树下使用细沙和砾石，因为在秋天很难清除落叶。然而可以在较大直径的砾石和卵石上使用吹叶机，还不会扰动砾石和卵石。

较细的砾石会被行人踢来踢去，而且很容易成为杂草种子的温床，因此相比粗径品种而言，它需要更多的维护。

就水景园而言，会发现河流的砾石和沙滩的小圆石给人一种自然的感觉，这些圆润的水磨石材，受潮后会润泽闪亮。它们通常是棕色和灰色的组合——色彩柔和、中性色，很适合宁静的日本庭园，也能与卵石和鹅卵石完美结合（见 p.74～p.75）。避免使用看起来不太自然的金色砾石或彩色碎块。

上图： 在使用细沙的地方，即使在有遮蔽的区域，也要做好定期维护的准备。

上图： 在日本园林里，砾石常常用来代表水。

不同的货源

要购买用于耙图案的沙或沙砾,可能需要联系专业的日本园林供应商,因为在普通的园艺商店、石材商或建筑商那里很难找到合适的等级或者颜色。日本使用的沙砾类型是由直径约为 3mm 的降解岩石碎片制成的。然而,如果找不到,某些类型的园艺沙砾可能是可以接受的替代品。

尽管从园艺商店可以很容易买到袋装的砾石,但从建筑商那里购买会更经济。用袋子或卡车运送也可避免对车造成不必要的磨损。既然这样,请告知供应商计划覆盖的区域以及铺设的厚度,他们将准确计算出要交付的砾石数量。

其他地面覆盖物

花岗岩等硬质岩石的碎片也适用于地面覆盖,岩石碎片的颜色范围要比砾石要广,包括黑色、不同色度的灰色、紫红色、绿色、棕红色和白色。可以购买一系列等级的碎片。无论选择哪种颜色,请确保能与用作主要景观的岩石类型融合或形成适当的对比。一般来说,带有锯齿状锋利边缘的碎片在枯山水庭园中比在水景园中效果会更佳。在水景园中,会期望天然基底是光滑且经过流水冲刷过的,而不是带有尖刺和霜冻碎裂的。

现在,板岩废料作为用于道路和空地的铺面材料砾石的替代品,在园艺商店随处可见。扁平的碎片可以很好地保持在原来的位置,不会像细砾石一样被踢来踢去。这种材料还可以抵抗杂草的生长,不过像其他地面覆盖材料一样,它也是受益于被放置在园艺或景观膜上。板岩通常是袋装出售,有深灰色、紫红色或绿色系产品。

大点儿的板岩石片可以像桨石一样铺设,在旱溪景观中创造出流水的效果。更细等级的可用作植物周围的护盖物,或者在枯山水庭园中创造静态水体的错觉。高质量的板岩可以很好地建造一个旱"池",桥或步石穿过,或在石瀑布的底部。

沙或砾石的选择

沙或砾石的直径可达 3 ~ 10mm。如果太细,就会被吹得到处都是,不能很好地耙成图案。但在京都著名的诗仙堂庭

上图: 这些直径为 5mm 的花岗岩碎石非常适合传统风格的庭园。

上图: 珍珠般的石英碎片可以使阴暗的庭园变亮。

上图: 蓝板岩"废料"易于获得,对于创建旱池和溪流非常有用。

上图: 深色的威尔士花岗岩碎片可与浅色鹅卵石一同使用,以形成鲜明的对比。

上图: 始终在可渗透的景观膜上铺设石材碎屑,能够限制杂草问题。

上图: 在十分自然的环境中,尽量少用彩色或浅色花岗岩碎屑。

园，沙子非常细，用小扫帚刷成精致的图案，而不是用耙子耙。沙或砾石的理想尺寸是直径4～6mm。不同大小和粗糙度的沙或砾石混合将有助于隆起纹路上的石头相互联结在一起。如果沙或砾石太圆太光滑，石头就会滚动，隆起的纹路也很容易变平。

可以将沙铺在混凝土基层上，但重要的是要确保整个场地都排水良好。另一种方法是在坚固但开敞的硬底层上，覆盖粗糙石块和沙混合物（称为粗沙或筛出粗块），以利于表面排水。

在京都，最受欢迎的砾石是由银灰色花岗岩和石英砂制成的。这种砾石非常珍贵，甚至在日本也很难获得。尽管情况会有所不同，但在其他国家可能很难找到

上图：使用合适类型的细砾石，可以创建一系列清晰线条的图案。

此类理想的砾石或沙。避免使用白色大理石碎片，因为碎片过亮，看起来有点儿悲哀。也可以使用

较深的颜色，但看起来更像是浑水而不是庭园中那种理想的反光纯度。

下图：在东福寺庭园中，砾石的"波浪"被耙成抽象的形式。主要线条平行贯穿整个庭园，而那些最靠近边缘处的线条弯曲后与主要线条交会。

使用砾石：关键要素

砾石选址　砾石"水池"应始终铺设在一个平坦的场地。即使是场地坡度平缓，也不要在此选址。

砾石颜色　不要使用亮白色的砾石，在强烈的阳光下会发出刺眼的强光。尝试找到淡淡如水，在月光下还可引人注目的颜色。

砾石规格　砾石直径可小至3mm，最大可达10mm，具体规格取决于想要制作的图案以及覆盖的区域。需要耙的砾石理想直径是4～6mm。如果砾石太小太光滑，图案很容易滑塌。

砾石深度　砾石铺设深度至少5cm，才能足以耙成图案。

耙时不留脚印只需从"画布"的中间开始向外耙。制作令人满意且真实的图案大部分空间应该是虚无的，被耙成平行线。在世界上最著名的枯山水庭园龙安寺中，除了围绕15块岩石的15个同心波纹之外，其他线都是平行的。

保持简单 避免使用太多种复杂的图案，让空间过度杂乱，因为这将打破水景平静的效果。简单是最好的。

模仿水流 围绕着岩石和植物，可以像海浪拍打着海岸一样耙波纹。在其他地方，可以"画"漩涡式、起波式图案，或模仿河流中多变的水流（始终记住，整体格局应该是简单的）。用砾石做成的旱溪，也可以耙出图案，以模仿溪水的流动。

水流

程式化波浪

海浪

冲浪图案

小河

程式化海浪

同心海浪

组合：漩涡与水流

同心波纹

漩涡

椭圆同心波纹

如果不喜欢经常耙图案，那么选择任何不太粗的砾石都可以。然而，即使在这种情况下，也需要不时地耙一下，以保持图案看起来干净整洁。如果享受耙的过程，可以把它作为一种常规练习。需要多久耙一次枯山水庭园，取决于图案被大雨、风、鸟和小动物的搅乱程度，或者在秋天取决于落在上面的叶子的数量。在重新耙之前，用扫帚、木板或干草耙的平边整平整个场地，这样就可以在空白画布上工作了。

沙和砾石图案

在禅宗寺庙的枯山水庭园里经常会看到沙子或砾石被耙成精致图案的景区。这些是波浪在水面上运动的简单抽象模拟。简洁和节奏也是精神生活的象征。它们创造出一种空间感和惊奇感，帮助心灵进入沉思和安静的状态——这是禅宗的目标之一。耙沙是禅僧修行的一部分，他们在后退时进入一种"无念"的状态，他们用耙子把沙子耙成沟壑。

僧侣们制作的传统图案是一个严守的秘密。如果喜欢这些枯山水庭园的氛围，但对禅宗冥想的崇高目标不太感兴趣，那就简单地想象一下，正在沙中"画"一片大海。沙既可以是辽阔的大海或河流，也可以代表一幅风景画的白色"画布"背景。了解这些，就可以给抽象图案的创作带来无限的可能性，但要保持整体格局简约，否则会分散观赏者的注意力，而不是将其安抚到平静的状态。

枯流

　　最初的枯景观庭园侧重于在苔藓或草地上放置岩石。在后来的枯山水庭园中，岩石被安置在沙、砾石和卵石中，布局和分散着沙、砾石和卵石，以模拟水的特性：要么是平地上的一条小溪，要么是斜坡上精心建造的一个瀑布（见 p.82 ~ p.83）。枯瀑布的重要设计是在布局的后面安置高大的石头，来代表瀑布的高度。在坡脚，枯瀑布以汇入旱溪或水池中而结束。

上图： 在京都东福寺，20 世纪的艺术家和设计师重森三玲用沙模拟水，唤起人们对惊涛拍岸的想象。

旱溪：关键元素

评估坡度 可以沿着缓坡修建一条旱溪。在较陡的斜坡上，需要创建一系列的枯瀑布，或者让溪流蜿蜒而下。

修建蜿蜒曲折的旱溪 可以使用与蜿蜒曲折的溪流（见 p.98 ~ p.101）相同的原理，建在地势较平、石头较多的地方。

园路和园桥 设计能穿越溪流或看起来能穿过溪流的园路，这样就可以在溪流上建造一座石板桥。园桥将增添真实溪流的错觉。

添加"跌水" 可以在溪流中建造小型"跌水"，使溪流看起来更加逼真。

夸大效果 请记住，那是在模仿溪流，而不是打造真实的溪流，所以理想的效果应该是看起来源于自然又高于自然，如果过于自然，溪水看起来就像干涸了一样。

种植 在溪流边放置一簇簇具有"湿润"外观的植物，例如莎草、玉簪花或者三叶草。

岩石和卵石

　　14 世纪的西芳寺庭园（又名"苔寺"庭园）以及天龙寺庭园，是两座最早将岩石嵌在苔藓或草地上的庭园。天龙寺庭园有一个壮丽的枯瀑布，被称为龙门瀑布，创造出了一个真正瀑布的所有气势。在西芳寺，有一块象征性的大龟石和石组排列奇特的山坡。创造这种枯山水庭园的禅僧们意识到，想象更容易被暗示，而不是被现实所吸引。或者，可能正如他们说的，想象中幻影的力量产生出比被禁锢在现实中的更大的真理。这就是诗学术语"幽玄"或"深藏的精神"。

　　溪流与静水不同，被描绘成"干枯"的形式，使用河流冲刷过的卵石，通过精心排列、交叠摆放图案，来象征水的流动。采用一些较大的巨石或岩石，以及由大石板制成的小桥来完成这种

下图： 位于康沃尔郡圣莫根的枯山水庭园，展现了重森三玲许多作品中所看到的那种同样的进取精神。效果就像内河流域被洪水淹没一样。

景象。

现代诠释

对于当代设计师来说，使用采石场爆破岩石，不用自然风化的岩石，利用枯石—沙庭园创建更抽象的模式有很大的设计潜力。这将枯景观的"暗示性"本质带进当代设计领域。如果仔细考虑组成、空间和布局的均衡性，这些庭园将会非常成功，并且非常容易管理。并非所有的现代日本园林设计师都尊崇禅宗戒律，这些设计师设计理念更加西化，然而这些现代庭园的整体设计基本上仍是日式的。

上图： 伦敦文莱画廊屋顶花园的枯山水庭园，可以理解为一条带有天然巨石的河流，河面上一座交错的浮雕石桥连接两岸。

下图： 邱园枯瀑布显示了一块放在瀑布底部的鲤鱼石，这象征着个人努力奋斗，超越自我。到达瀑布顶端的鲤鱼变成一条龙。

枯瀑：关键要素

利用平坦场地 在平坦的矩形庭园环境中，可将枯瀑设置在一个角落。

使用丘陵场地 在自然环境中，应该在山坡或陡坡上修建枯瀑，这样看起来效果会更好。

夸大效果好的枯瀑应该有一种"庞大"的感觉，从而让人印象深刻，仿佛大量的水同时从瀑布上倾泻而下。不要害怕夸大这种效果。有些枯瀑布使用非常大的岩石。

选择顶石需要找一些顶部扁平的石头作为水流经瀑布的点。顶石的两侧应始终有两块较大的石头。对于一个简单的布局，这三块石头可能就足够了。

想象一下水总是像瀑布一样流动，就好像里面真的有水一样。这将有助决定如何置石。

建造水池有些瀑布中段有小水池。在枯瀑中，这些小水池用砾石填充以模仿静水。

建造枯瀑和旱溪

日本园林中，瀑布可以是真正的水源，也可以是分段旱瀑，其中的石头只是暗示瀑布。分段旱瀑以各种形式存在，从单段瀑布到更复杂的多段瀑布。分段旱瀑的每一种形式都被记录在日本最早的园艺手册《作庭记》中，该手册描述了10种不同形式的瀑布构造，规定了每一段瀑布适宜的高度和宽度，并向读者建议使用适当类型的石头来建造这样的景观。

分段旱瀑适合于有自然坡度的庭园，使用塑料内衬，从瀑布的顶部到底部分段来选择岩石。日本园林大师认为这样的枯瀑极具象征意义，且岩石的审美定位（通常是3块一组）是关键。枯瀑布是枯景观的一个组成部分，其他组成部分可能还包括常绿乔木和灌木、苔藓和被耙过的象征着流水的沙。位于枯瀑底部的旱溪由砾石和放置位置得当的岩石表现。

上图：枯瀑通常修建在一系列水平高度的场地上，这样做是为了当分段枯瀑沿着斜坡下降时，模拟流水的砾石得以留在"水池"中。

对面图片：岩石周围的莎草和蕨类植物，会令人想起山间溪流旁生长的植物。

您需要

- 2人搬运石头
- 1块大的背衬石
- 2块侧石
- 其他各种大石头和巨石
- 混凝土
- 塑料薄膜
- 砾石
- 代表园桥的长基石
- 铁锹

1. 按照拟定瀑布和溪流的形状挖地，准备好位置。接着挖一个适合安放背衬石的洞穴，并将背衬石移到洞穴里。

2. 放置好背衬石，并将其周围的土壤压实，使其保持稳定。较大的石头和巨石应该在洞穴中用混凝土固定，以确保它们在原地保持稳固。

3. 在完成了从背衬石到较低层石头如基础汀步的塑造后，整理地面留出放置两块侧石的空间。

4. 摆放石头，形成池塘的形态结构，池塘定位在4块瀑布石正下方。

5. 摆放石头以形成水池结构，如此处所示，位于4个主要瀑布石的正下方。

6.放置更多的石头来框定溪流的形状，在摆放的过程中来判断石头的位置是否合适。

7.石头结构摆放好之后，切割塑料薄膜，为每个封闭区域做内衬。这样可以确保植物不会在砾石中生长。

8.用铁铲将砾石铺到塑料薄膜上，使其完全覆盖。确保象征溪流的砾石层至少2.5cm厚。

9.作为画龙点睛之笔，在溪流周围的两块基石上放置另一块长而平的石头，代表一座园桥。

植物和种植

庭园的"硬质"元素——砾石、岩石和建筑景观——在日本的庭园设计中很重要。然而,"软质"元素——植物、乔木和灌木——也至关重要。许多人认为日本的庭园很少使用植物,日本庭园植物确实并不像我们所想象的那样起到主要景观的作用,例如传统的英式村舍花园,但许多日本庭园使用的植物种类还是很繁多的。关键的一点是,这些植物总是服从于整体规划设计,并在此目的下进行精心布置和管理。

上图: 欧洲的西海岸,由于靠近大海,空气中的水分充足,地面和树木上长满苔藓。

地被植物

作为大多数日本庭园中用于地面覆盖的重要组成部分,苔藓需要日照和遮蔽均衡才能生长良好。例如在京都,由于夏季雨水充沛,苔藓几乎会在任何地方生长。不同种类的苔藓使庭园绿意盎然,地表呈现出美丽的天鹅绒般质感,如果苔藓在树下生长,通常会在斑驳的阳光下显得更加突出。相比之下,在日本庭园里,西方流行的地被植物草坪却未被

广泛使用。种植苔藓而不是草坪的好处是,日本设计师在种植定位方面具有更大的自由度,因为苔藓不需要像草坪一样修剪。但是,要想苔藓保持良好的状态,就必须要进行打理和除草。在以草坪为主要基底的庭园里,岩石也可以不受限制地放置。如果处于不适合苔藓自由生长的气候,则可以临时使用地被植物沿阶草,或者用一些修剪的竹子来代替苔藓。

草坪在日本庭园中很少见,只有在特大型公园中才会种植抗旱的结缕草作为草坪。深根性的草不必修剪得紧贴地面,应该留出高于地面大约8cm,这样就形成了一个稠密、有缓冲的草皮。然而,深根性的草在冬天确实会变成棕色。在日本园林里,河岸上和岩石之间的草应该修剪整齐,

下图: 三千院,许多种类的苔藓混植编织成一块地毯。苔藓有适当的光照和遮蔽很重要。光照太多,苔藓会焦枯;光照太少,苔藓会消亡。

下图: 东福寺庭园,方块石组成凹凸不平的方格图案,淹没在苔藓的海洋中,边缘镶有瓦片。这座庭园将自然形态、建筑艺术和现代风格融为一体。

就像在西方园林一样。

象征性植物

虽然植物在日本园林中不像西方那样被广泛使用，但当某些植物被选择使用时，这些植物不仅仅是一种设计元素，往往还被赋予象征意义。因此，大多数日本庭园都会种植一种或多种最具象征意义的植物，如梅花、樱花、竹子、松树或枫树。日本梅花（红梅 *Prunus mume*）是纯洁和希望的象征，日本樱花（山樱花 *Prunus serrulata*）的易逝令人想起人生的短暂，而日本枫树（鸡爪槭 *Acer palmatum*）则是长寿的象征。

日本天然植物群落

尽管日本的山脉中、溪流边和海岸线上到处都是极佳的植物群落，但日本园林植物选材严谨克制，只重点关注某些类型的植物。在京都植物园的乡土植物区，到处都是西方园艺师喜欢的植物，但这些植物在日本庭园里却大多难觅芳踪。

许多西方国家模仿的日式庭园并不成功，问题就在于，西方设计师无法抗拒使用有吸引力的日本植物，例如那些被认为色彩过于艳丽或不符合形状要求的植物，这样的植物日本设计师通常不会选择。

然而，这种克制并不意味着日本人不重视植物。相反，日本人庆祝开花植物的次数可能比其他任何国家都多，尤其是那些象征季节变化或与某些节日有关的开花植物。

季节变化

随着春天最后一场雪的融化，梅花（或日本杏）开始飘香，人们心怀敬意前来欣赏。樱花盛开的季节，花开最繁茂的公园会吸引成千上万的人在树下举行聚会。尽管有许多乡土灌木在晚春开花，如一些溲疏属、绣线菊属和棣棠属植物，但吸引力远远不如樱花、紫藤、牡丹、杜鹃花和茶花。

水池源头的低洼湿地里，以及栽在花盆中呵护有加的鸢尾开始生长时，预示着夏天已来临。蜀葵、绣球花、荷花和牵牛花都是为了尽可能延长夏季花期而种植的。在日本炎热潮湿的夏季，原产于不同气候带的许多植物生长不良，但在春天和秋天会复苏。

在日本历中，秋天的枫叶和春天的樱花一样重要。枫树炽烈的红色与四季常青松树的深绿色、秋天开花山茶花期的短促，三者形成鲜明的对比。胡枝子、桔梗、硬毛油点草和大吴风草都增添了更多的趣味。

能耐寒的竹子和松树是冬季最受欢迎的植物。白雪覆盖的松树构成一道美丽的风景。得益于日本酸性土壤和温带气候，常绿灌木资源得天独厚，数量众多且生长繁茂。

种植风格

日本庭园里的大多数灌木都是随机种植的，可以是具有自然群落外观的丛植，也可以是单独的标本树。日本园林很少使用规则式、对称的种植设计风格，种植灌木和花卉也不是为了观赏纹理或颜色。在茶庭中，您会发现类似于蕨类的植物，给茶庭的设计增添了野趣。与此形成鲜明对比的是其他类型庭园种植的植物，都是修剪过的常绿树，一看便知是 17 世纪最精美的刈込艺术，灌木树丛通常是杜鹃花和山茶被修剪成抽象的装饰形状（见 p.88 ~ p.91）。树篱是庭园的另一个重要景观，各种各样

的灌木都可以修剪成树篱。从远处看，好些树篱整齐划一，但实际上树篱可能由多达 20 个属或更多属的灌木组成，其中包括胡颓子属（*Elaeagnus*）、马醉木属（*Pieris*）、山茶属（*Camellia*）、杜鹃属（*Rhododendron*）、榕树属（*Ficus*）、桃叶木属（*Aucuba*）、桂花属（*Osmanthus*）和南天竹属（*Nandina*）。

日本庭园一点儿也不缺乏色彩和香味。城市庭园中的色彩和香味，可能包括种植在门外花盆里的绣球花、蜀葵、甜豌豆、牵牛花、铁线莲或杜鹃花。在任何一个小城市庭园里都很容易重现这样的种植效果。可以选择各种形状和大小的花盆作为容器，但在日本通常都选用很小的花盆。堆肥（土壤混合物）要每年更新一次，以确保养分的良好供应。

种植技术

尽管一年中的任何时候都可

上图： 与粗糙的黑松相比，矮小的日本红松看起来更加柔和。

下图： 加利福尼亚州萨拉托加的箱根庭园。一条小路穿过庭园中的竹园，这里种植了许多非常珍贵的竹子，包括一种黑茎竹子。

四季观赏植物

春

梅花

樱花

溲疏

绣线菊

棣棠

紫藤

牡丹

杜鹃花

山茶

夏

鸢尾

蜀葵

绣线菊

荷花

牵牛花

秋

日本枫树

常绿的松树

秋季开花的山茶

胡枝子

桔梗

硬毛油点草

大吴风草

冬

竹类植物常绿的松树和其他灌木

以种植盆栽植物，但如果在晚春或夏季种植，就得需要很频繁地浇水。一年中最理想的播种时间是秋天，但如果您选择的植物很娇嫩，尤其是幼苗的时候，最好等到冬末春初。当地面很硬很干，很湿很泥泞，或者是冰冻的时候，最好不要尝试种植任何植物。

规范种植技术如下所示，应根据种植的植物种类和大小的不同，以及植物的根系类型进行调整。在您开始种植之前，需要准备配套的园艺铲和园艺叉、一些腐熟的肥料、一把耙子和一个洒水壶。

右图： 种植某些种类的竹子时要小心，因为可能具有入侵性。根障围着植物根部放置，以防止根系侵入庭园。

1. 在庭园中，把盆栽植物放到想移植的地方，用铁铲或竹竿在花盆周围做标记。然后把盆栽植物放在一边，挖一个比花盆宽50%、深5～7.5cm的种植穴。把种植穴底部的土壤取出、打碎并放回原处。

2. 拿起花盆，把它翻过来。用一只手握住花盆底部轻轻挤压，并小心取下花盆。如果花盆和土球不容易分离，沿花盆边有坚硬土壤处轻轻敲打，并检查是否有根系已经穿出花盆底部的排水孔，妨碍花盆与土球分离。

3. 在移植之前，检查种植穴的深度是否正确——通常，种植深度与在花盆中的深度相同。在很黏重的土壤中，种植稍微浅一些有助于避免内涝，而在轻质土壤中，可以种植得更深一些，更有利于保水。取几园艺叉类肥，与种植穴里挖出的土壤混合。

4. 如果植物生长良好，则无须梳理根系，但如果植物根系已经长满了花盆，则需要将根系舒展开。移植时，仍然用一只手扶住土球上部的植物，另一只手放在土球的下部，将植物翻转过来，然后小心地将其放到种植穴中。

5. 将肥料/土壤混合物回填到植物周围。没有必要把这种混合物放在植物下面，因为大多数"吸收"根都是侧向生长的。

6. 用脚把土壤踩实。如果土壤非常潮湿，请等土壤干燥些再进行此操作，因为紧实的土壤会导致板结和排水不良。移植后要大水漫灌，促进土壤在植物周围沉淀，并去除气窝。每周至少浇水一次，直到移植成活。

花木修剪术

日本人喜欢修剪花木。通常，修剪只是为了控制乔木或灌木的生长，防止树木生长过快，或是为了让更多的阳光进入庭园以及长满苔藓的林地。在许多日本庭园里，几乎每种灌木都被修剪成圆头形的灌木堆，分层或方形排列。这种修剪被称为刈込，是西方人一想到日本庭园就非常熟悉的庭园艺术。但是，不要误以为这样精巧的修剪艺术起源于日本，事实上，这种风格更中国化。

上图： 赖久庭园，这些大块的造型由杜鹃花修剪而成，像巨大的波浪、云层甚至山脉。

正宗风格

从奈良和平安时代最早期的庭园开始，花木修剪术就一直是日本人抽象表现大自然的一种方式。日本人是如何处理花木修剪的，很值得我们深入研究。在日本最著名的传统庭园中，您经常看到各种乔灌木，如刺柏、黄杨木等，都会被修剪成连续的圆形"云片"，然而在海外的日本庭园复制品中，尤其是在美国，您几乎找不到有"云片修剪"的例子。

这些雕刻的植物可以很壮观，但在不合适的环境中，看起来会相当滑稽。花木修剪需要丰富的经验和独到的眼光；没有这种经验和眼光，这些植物看起来更像是剪毛的鬈毛狗，而不是优雅设计的一部分。这就使我们回到了日本庭园反复出现的主题：整体构图不应被过多的形式或色彩所毁坏，这些形式或色彩会过于分散欣赏者的注意力。

"云片修剪"是东方人的做法，最初（现在仍然）在中国和韩国高度发达。

这些国家的实践影响了日本的艺术，但是日本人的方式却有所不同。修剪灌木的艺术，就像日本的许多其他艺术一样，当由优秀设计师修剪时，花木造型要表现朴实无华且富有意义。同样的，日本人喜爱朴素自然类型的岩石，而中国人欣赏奇特怪异类型的岩石，日本庭园设计师运用花木修剪术时也同样敏锐而克制。在 16 和 17 世纪，刈込这种修剪艺术达到了艺术史上的顶峰。由此看来，在日本庭园中，无论主体风格是什么，都运用刈込修剪艺术，对各种各样的植物造型。

松树通常经过修整，而不是修剪成引人注目的形状，但这并不是严格意义上的刈込。修整是对这些树木枝条形态的重构，以模仿那些生长在狂野海边和山顶的松树，在历经日晒雨淋、大风侵袭后所呈现出的外观——这是许多庭园所青睐的特征。

左图： 刈込修剪艺术在 17 世纪达到顶峰。尽管庭园中的修剪模仿自然形态，但艺术痕迹却十分明显。植物由杜鹃花、山茶花、马醉木和石楠组合而成。

上图： 这种自然山丘形式在西方风格的园林中很流行。有时您所要做的就是跟随植物的"欲望"。上图展现出群山轮廓柔和流畅的效果。

下图： 种植杜鹃花或黄杨，把杜鹃花或黄杨修剪成不同大小的圆球形，从而创造出动态设计，在岩石的自然轮廓映衬下尤为明显。

上图： 云片修剪曾使植物具有不寻常的个性。尽管很吸引人，但这些修剪形式有时并不能很好地融入整体设计中，最好是作为单独的标本树来种植。

小堀远州

公认的刈込大师是小堀远州（1579—1647）。远州是一名士兵、城镇规划师、茶艺大师和园林设计师，他向人们介绍了如何将大面积的常绿植物群（通常是大面积的杜鹃花，但有时也使用混合种植的植物群）修剪成抽象形式，这些形式暗示了海浪的运动、山岭的褶皱，甚至漂浮在海洋上的宝藏船（位于京都附近大池寺庭园中）。在高梁的赖久寺庭园中，远州将刈込艺术与借景艺术结合在一起，将庭园中的杜鹃花修剪成两种形式，一种形式是模仿神话传说中神秘岛周围的海浪，而另一种形式是勾勒和描绘周围群山的轮廓。整体效果造就了一部精彩的作品。

花木修剪术中的杜鹃花

耗时费力的修剪方案并不是最常见的花木修剪术。花木修剪可以很简单，就是将小山坡上、小路旁、池塘边或花园中几乎任何地方的常绿杜鹃花修剪成圆头形。这些形状应相辅相成。正传寺枯山水，修剪成圆头形的杜鹃用来代替岩石，15棵圆头形杜鹃花，按3棵—5棵—7棵分为3组，进行组丛式排列，和龙安寺庭园中组丛式排列的岩石相同。圆头形的杜鹃花通常与修剪整齐的方形树篱或修剪成一根主干一个圆头的山茶花搭配在一起，这种形式可以在大原三千院看到。

杜鹃花有两个品种，修剪方式不同。"平户"是大叶常绿杜鹃花，花朵通常粉红色或白色，可修剪成大型杜鹃堆，而"皋月"生长更紧密，花朵深粉红色，可以剪得很低，有时距地面仅15cm。花木修剪可使杜鹃花沿山坡如瀑布般流下，或贴近岩石的底部。通常在春季和秋季进行修剪，以去除一些饱满的花芽，留下足够

上图： 花白色的茶梅，修剪成三层，这样修剪不会影响秋季开花。

的花蕾用于展示。与未修剪众多花蕾相比，修剪后的花蕾数量适中，若花朵过多，色彩常常会完全覆盖植株，让人欣赏不到绿色的叶片。

修剪时间

为了保持整洁的外观，请遵循以下准则：

• 杜鹃花、黄杨、冬青和大多数其他常绿植物，可以在秋季到春季之间修剪，但最好是在开花后立即修剪，然后在这一年中的晚些时候进行秋季轻度整理

• 春季重剪，使植物有时间在生长季末期恢复活力

• 避免在仲夏到夏末重剪，因为这可能会刺激后期旺盛生长，而这很可能会受到初秋的霜冻害

左图： 刺柏、圆柏，修剪成精美的中国式"云片"形式。

方形修剪

一些庭园中，运用修剪整齐的线形树篱将吸引力引向庭园，或者作为跨视线分隔前景和背景的设计手法——实际上，这种景观使构图更加统一，而不是将其分割。在西方园林中，矩形整形树或灌木修剪成方形更为常见。在日本，建筑造型的硬朗和自然式景观的柔美，由矩形整形树和方形灌木调和。这可能是受到西方设计文化的影响，因为这种艺术发展于17世纪，当时正值日本人经过数个世纪的闭关锁国被迫打开国门，首次接触西方文化的时候。

到19世纪（江户时代末期），许多灌木丛的修剪失去了远州艺术传统，并且变得过于精细。这种陈腐的风格经常被西方园林设计师模仿。

重森三玲

20世纪，日本造园家和庭园研究家重森三玲（1896—1975）继承了日本园林设计的传统又有所创新，以高度抽象的表现手法将传统和创新融合在一起，他的作品也因运用西式方形布局而闻名。特别是在东福寺禅院方丈周围的庭园中，杜鹃花修剪成低矮的方形，重复种植在棋盘形的图案中。

适合刈込的植物

可以使用落叶灌木，但下面的植物全部是常绿植物，是用于刈込的最常见植物：

属	种	通用名
杜鹃花属	各种杂交杜鹃花	杜鹃花
山茶属	茶梅	山茶
山茶属	山茶和其他种	山茶
冬青属	齿叶冬青	冬青（日本冬青）
红豆杉属	欧洲红豆杉	紫杉
红豆杉属	紫杉和其他种	紫杉
黄杨属	锦熟黄杨	黄杨
黄杨属	日本黄杨	黄杨

对于适合混合种植、可修剪成大型植物块和树篱的常绿植物，您可以选择：

马醉木属	马醉木和其他种	马醉木
石楠属	光叶石楠和其他种	石楠
桃叶珊瑚属	东瀛珊瑚和其他种	东瀛珊瑚
李属	葡萄牙桂樱	葡萄牙桂樱
李属	桂樱	桂樱
南天竹属	南天竹	南天竹
木樨属	柊树	木樨
木樨属	山桂花	木樨
木樨属	大花木樨	木樨
红豆杉属	紫杉	紫杉
红豆杉属	欧洲红豆杉	紫杉
崖柏属	北美乔柏	西部红松
扁柏属	日本扁柏	日本扁柏
柳杉属	日本柳杉	日本雪松
圆柏属	圆柏	刺柏

要将单株植物修剪成云片形式和引人注目的形状，请选择：

山茶属	茶梅	山茶
木樨属	大花木樨	木樨
李属	葡萄牙桂樱	葡萄牙桂樱
红豆杉属	欧洲红豆杉	紫杉
扁柏属	日本扁柏	日本扁柏
柳杉属	日本柳杉	日本雪松
圆柏属	圆柏	刺柏

最左图： 刈込可用于突出现有的建筑形式，或与现有的建筑形式相映成趣。此手法在很多方面都类似于西方风格的花木修剪术。

左图： 东福寺，东京的一座佛寺。重森三玲借鉴西方花木修剪术，创建了杜鹃花块构成的棋盘形图案，再现了中国古代土地利用制度井田制的景象。杜鹃花块清晰的方形轮廓与白墙、白墙的黑色木立柱形成鲜明对比。

水景

　　最初日语用来表示"景观"的词是"山水"。大多数日本园林设计师的灵感源自本国的山岳景观，还有水池、翻滚的溪流和瀑布。因此，水和山石已经成为日本园林设计的最重要的部分。

　　尽管有时水的精髓被概缩在枯山水景观中，例如用山石建造的瀑布、溪流以及用沙砾构成的静水区，但实际的水景为任何应用水景的园林提供生命力。无论是内有大型水池、蜿蜒溪流和天然瀑布的池泉园或回游园，还是具有较小规模的水池、溪流以及如蹲踞（手水钵）、逐鹿（鹿威）和水琴窟（回音室）等独立景观的茶庭和庭院园林，无论何种程度，日本人始终一丝不苟地将水景巧妙地融合到园林景观中。

上图：日本姬路城旁庭园里的瀑布。

左图：这个水池的景色显示借景技巧，这是一种将远景融入庭园的方法。

溪流、瀑布和水池

水具有令人着迷的自然品质，很容易理解日本园林中各种化身的精神意义。选择京都作为 10 世纪的新首都，部分原因是群山环抱该地区的方式，还有部分原因是河流的流向：河水向南和向西流动。用风水学的术语来说，向南的路线朝着太阳（火）会带来活力、增长和好运。据说山具备让人冥想的特质，并被视为神灵和佛陀的象征，而水却是欢喜自在的源泉。

上图：英格兰纽斯特德修道院日本庭园中自然化的溪流。

日本园林中的水景

过去，在日本的庆典活动中，溪流曾被用作诗歌朗诵、饮茶和喝清酒的场所。溪流通常会流经浅水池，浅水池常常放养着锦鲤和普通鲤鱼。水池还与小岛结合在一起，岛上种植松树是日本的一个经典景象。连接陆地和小岛的园桥，为浅水区的鱼和花提供了一个良好的观赏点。

瀑布是第三种水景要素，日本园林设计师认为瀑布设置在最佳处能反射月光。只要用心设置，使瀑布看起来尽可能自然，庭园里就可以重现这种惊人的效果。

溪流

在奈良和平安时代早期的第一批日本园林中，蜿蜒的溪流环绕着庭院，然后流入主水池。主水池和溪流通常是山石驳岸，水景与山石形成了重要的关联。溪流进入庭园时，可以放置一块神圣的石块标记溪流的源头。其他岩石会"跟随其欲望"，对神圣石块的位置和形状做出响应，促进溪水蜿蜒流动，在溪水接近池塘时流速变得平缓。在山腰上，激流式溪流需要在河道里随机散布更多的石头，有助于溪流分散并迅速流经狭窄的河道。

遣水是一种蜿蜒的溪流，可能流经草地，可以在花园中被用来创建一片内含种植芦苇和鸢尾的河口的湿地——这在日本园林中很流行。溪流进入湿地的入口处应不易察觉，并且应保持较高水位，就像河口被淹一样。经常在河口上设置之字形的八板桥（八块木板组成的桥），这些八板桥蜿蜒横跨鸢尾花床或固定在溪流中或池底的鸢尾花筐之上。

（参见 p.134 ~ p.135，修建八板桥）

左图：大原宝泉院，一个典型又完美迷人的日本庭园。水池几乎一直延伸到游廊。

上图：石英岩风化成碎石形成河滩，形状优美的巨石遍布河道。从名古屋山脉飞溅而下的溪流，被野生日本枫树林的浓荫遮蔽。

溪流：关键要素

评估流量　蜿蜒的溪流需要一个大水泵来保持水流的连续畅通。流量越小，水道越窄。但水道狭窄往往会导致水的流速加快。

使用间歇流　如果水流是断断续续的，需要把溪流分成一系列看起来像溪流的小水池，小水池的外观要自然，看起来就像溪流一样。这样，当水泵停止泵水或自然水源供给中断时，小溪里依然有溪水，河床不会干涸裸露。

水的声音　如果溪水流过石头和卵石，会发出令人愉悦的声音。

种植　留意溪边的植物会吸收大量的水分，缺水的植物能将水位大大降低，因此确保水分供应是充足的。

下图：重森三玲的双螺旋溪流非常抽象。自然式放置的山石，与光滑的鹅卵石铺成的路和砾石海滩形成对比。这个构思的灵感来自平安时代的溪流。

瀑布

池泉园和回游园的另一些基本特征：它们通常是为了代表佛教三位一体而建造的，中央一块大石，水在大石上方滚滚流下，两侧有两块附属的石头支撑着，两块石头稍微向前。龙门瀑布是重要的大型瀑布，得名于内含龙和水的瀑布的中国符号。

在瀑布底部可以放块石头来表示鲤鱼，好像它要跳跃一样。从佛教和儒家的角度看，这块"鲤鱼石"象征着心灵和精神上的努力。象征性的是，鲤鱼到达瀑布顶部时会变成一条龙。鲤鱼石指的是一个人为了提升自己而做出的努力。在更实际的层面上，鲤鱼石是瀑布的一部分，当瀑布流到底部时，鲤鱼石作为受水石承受水流的全部力量。

上图：纤细的溪流跌落到扁平的石头上，撞击的声音比落入池水中还要响亮，并具有装饰性。

左图：亨廷顿植物园中的奇石，外观上更具中国特色，但整体设计遵循了日本人的自然精神特质。

瀑布：关键要素

瀑布选址　如果把瀑布堆砌在花园中间，人造气息过于浓厚。尽量建造在靠近庭园边缘的天然小山或山坡上。

进水口选址　尽量掩盖进水口。为此，请选择花园中一个隐秘的角落作为溪流的源头。

安装水泵　人工瀑布通常需要使用循环泵。

瀑布水流失　水花飞溅，水很容易从瀑布两侧流失，因此在任何邻近瀑布的岩石下铺设内衬时都要细致，不留死角，并确保水被引导回瀑布中。

水池

不管是流经小溪还是瀑布，水最终都要汇入水池。在日本园林里，水池深度一般不超过45cm，这样就很容易保持干净和清澈，而且可以看到鱼。为了真实起见，尽量建造一条从水池里流出的溪流，人们相信溪流能够带走邪恶的灵魂。在水池中种植荷花或睡莲时，确保不会太满，否则几年后水池将淤塞。

水池边缘设计方案将决定水的表现形式。例如，水池边缘或表现为海浪轻轻拍打着岩石嶙峋的海岸线，一些孤零零的石头伸入水中；或表现一个宽阔的水

湾，边缘有一处沙洲。其中一处沙洲景观——本州西部的天桥立半岛——非常著名，被称为日本最重要的三大景观之一，在日本园林里经常被象征性地复制。通常在表现海角的山石上放置石灯笼来表示灯塔。水池的形状应该让欣赏者尽可能联想到自然景色，甚至是海边的景象。

可以用山石或木柱来支撑水池的边缘。如果使用了水池衬垫，请确保用边缘的石头、木材或植物将衬垫隐藏起来。日本水池通常被设计采用表意文字的形状，可能象征着文字"心""水""葫芦"等，也可以用海龟或鹤的形状来粗略地勾勒出水池的形状。然而，更常见的是这些代表神秘岛形状的岛屿。

岛屿

日本园林中的岛屿可以再现特殊的景观，例如本州北部仙台附近的松岛湾的数百个形态各异的岩石小岛。有些岛非常小，但大多数小岛都有一些植物，尤其

是在岩石缝隙中生长的松树。松树是一种有韧性的树，在含有盐分的海风袭击下，呈现出奇异的形状。

日本人非常小心地修剪庭园里的松树，使其呈现出典型的海风侵袭后干枯的外观。

除了松树覆盖的岛屿，还有其他形式的岛屿，包括岩石岛和海湾中的海滩岛，在《作庭记》中都有描述。草甸岛由低矮的岩石、苔藓和秋草组成，森林岛有各种各样的草木，云雾岛的沙滩上稀疏点缀着一些植物。日本庭园里这些式样都可以通过种植合适的植物来营造一个有神秘美感的场景来重新创造。

最初岛屿是放置在接近水池中央，稍微偏离水池中心的位置。为营造一种神秘感，因此，无论是划船还是散步，都可以看到水湾、瀑布、洞穴、甚至在这些景观后面会发现另外的岛屿。如果要设计带有岛屿的水池，请使用这种令人惊奇的元素。

下图： 在二条城庭园里，幕府将军使用异常巨大的山石来显示自己的权力。

准备水道

日本园林中流水给人以视觉和听觉上的愉悦，但要使一条小溪或一系列瀑布等水景看起来自然，还需要仔细思考和规划。决定喜欢的景观类型也许容易，但景观的背景及与庭园其他部分的融合方式应该加以考虑。一如既往，场地的准备工作至关重要，需要在周围地区使用各种地面覆盖材料来隐藏贮水池和水泵。

上图：鲤鱼石位于金阁寺庭园中瀑布的底部。传统上的瀑布一般使用这种很高且直立的石头。

准备工作

您无论是在设计一条宽而浅的小溪，让小溪在景观中蜿蜒流淌（对于平坦的场地来说是理想的），还是在设计一个山石层叠景观（适合有坡度的庭园），首先需要尽可能准确地挖掘水道。接下来应该清除所有尖锐的石头。将需要一个橡胶衬垫，但在把其放在河床上之前，应先用细沙和（或）缓冲垫覆盖河床，以防橡胶衬垫被刺穿。可以在专业的邮购公司和大型的水景园专卖店定制一条水道内衬，可以省去人工搬运、切割和密封一块大而重的丁基橡胶的艰巨任务。

如果想在平坦的地面上建造瀑布，就必须在庭园中人为地增加几吨的土壤、碎砖垫层或底土，再覆盖上表土以达到合适的高度。同时，应对瀑布景观的背面进行伪装，以给人感觉似乎瀑布的源头来自庭园边界之外。如果这一切听起来像是浩大工程，为什么不选择在平缓的人造斜坡卜修建更宽阔的溪流呢？在日本庭园中，这样的瀑布和溪流看起来和听起来同样令人愉悦。

造园要素的布置

无论是在自然斜坡上，还是在人造斜坡上建造水景，都应谨慎布置岩石墙，以创建分段瀑布或瀑布景观，特别是在较陡峭的地段。岩石层和岩层接缝看起来应尽可能排列自然。多余的内衬边缘可多折叠几次，以缓冲水池或溪流内衬上大块岩石的撞击。在布置石材时，应注意不要撕裂内衬。

无论使用哪种内衬，都要确保重叠的部分密封良好，不要让水渗回地面。出于同样的原因，在溪流水道的两侧将内衬边缘向上竖起，并塞入土壤中，这样可以将内衬边缘牢牢地固定到位，以保持水分。

左图：在德国奥格斯堡日本庭园中这条宽阔蜿蜒的小溪，两侧是砾石堤岸和大块的山石，营造出宁静的景象。像这样的人造溪流河床都会用丁基橡胶作内衬。

右图：在奥格斯堡的日本庭园中，水幕为整形常绿植物的静态组合注入动态的元素。为了给人以溪流补给水池的效果，放置一块山石作为障景，遮挡后面隐藏的蓄水池，泵水溢出池塘边缘形成水幕。

掩饰水流的进水口和出水口需要一定的智慧。对于一个流经庭院的循环水系统而言，水最终流入地下蓄水池，蓄水池是用埋入地下的塑料垃圾箱（垃圾桶）建成的。蓄水池上面需进行遮挡，可以栽植植物，可以覆盖一块大石板，也可以放置一块镀锌金属格栅，格栅上覆盖着大小卵石。或者，水可以流入补给水池或池塘。通过一段埋在地下并用一排瓦片保护的波纹状塑料输送管，潜水泵将水从蓄水池、补给水池或池塘输送到溪流顶部。

需要请一位水生动植物或池塘建造专家来计算方案所需水泵的尺寸和输送管道的直径。为了达到想要的效果，可以通过在设定的时间内将量好的桶里的水倒入水道，粗略估算所需的流速，从而来计算每小时升的统计数字。

位于岩石堆砌的分段瀑布顶部的蓄水池，可以使用一个小型的预制玻璃纤维池，确保水泵开启时水流稳定，不会突然涌出。如果用石头和植物掩盖输水管道的末端，这条小溪看起来也像是直接从泉水中升起的。

请花些时间选择一块大瀑布顶部所需的山石，因为即使关闭了水源，这块山石本身也是一大特征。顶部扁平的分波石能够确保水幕瀑布均匀地层叠在石头上。石头形状、大小和排列方式的不同，会影响水在分段瀑布上下落的形态，通过精心放置的石头，可以使相对较小的出水量看起来水流更大。最重要的山石黏结固定后，尝试使用松散的石头，观察松散的石头如何摆放，才能更好地改向和引导水流，使水幕下落的方式更加令人愉悦。

可替代的预制品

河道和瀑布景观，可以购买现成的刚性玻璃纤维部件，可从水景园专卖店购买，也可邮购或网购。这些被塑造成类似山石水道的形态，但需要小心掩饰。将预制的水道埋入土中或融入岩石环境中，给预制的水道一个更自然的外观来实现掩饰。从玻璃纤维内衬或丁基橡胶内衬的溪流源头到出水口，添加砾石、卵石和大卵石，特别是添加枝条悬垂水面上方的植物或溪流中偶尔出现的大岩石或巨石，可以使溪流的外观更加柔和。

上图：选择一个可以和周围的岩石和砾石融为一体的溪流预制件。

上图：砂岩饰面的溪流预制件和手水钵预制件。

上图：素色深色的溪流内衬可能更容易融合。可以用砾石来遮蔽。

建造蜿蜒曲折的溪流

日本庭园里蜿蜒曲折的溪流经常修建在坡度很小的自然斜坡上，溪流河道需要铺垫柔性的内衬。溪流中，棱角分明的岩石尽量少一些，而线条更柔和、更圆润的石头和巨石应该占据主导地位，看起来像沿着一条古河床自然沉积下来。如果不想让水泵长时间连续运转，可以将溪流建成一个狭长的水池或一系列小水池，水泵将上一个小水池泵满水，水便会溢出到下一个小水池，形成一段小瀑布。

上图：小溪蜿蜒流过苔藓覆盖的地面。封闭庭园的昏暗笼罩和缕缕阳光的斑驳透入，这样的景观给人一种孤独的感觉。

一条蜿蜒的小溪的头池不必太显眼，它只是提供了一种天然水进入庭园的假象。创造一个自然的设计方案的基本因素是设计一条在局部变宽的漫游路线，并尽可能地遵循水在平面上流动时的自然方向。

首先要做的是检测花园的高程。这是因为，即使相对平坦的场地，坡度无论多么微小，总是有坡度的。如果可以确定最高点，请规划一个以该点为溪流源头的方案。这样不仅避免了在斜坡上建造溪流的麻烦，而且不需要对水位进行微小改变。

下图：蜿蜒的溪流汇入毛越寺里的大型水池，这条溪流已经被修复，以展示 11 世纪和 12 世纪时的日本园林风格：山石和植物布置得很低调，缓缓流淌的小溪蜿蜒穿过草地。

您需要:

- 细绳、藤条或花园浇水用的软管
- 木桩,直径约 2.5cm,长 15cm
- 锤子
- 直边的木片
- 水平仪
- 铁锹
- 一块塑料板
- 耙子
- 垫层和柔性内衬
- 一块薄薄的扁平石头
- 预拌砂浆
- 砂浆抹子
- 鹅卵石或河砾石
- 波纹塑料管,测量直径为 1 ~ 2.5cm
- 屋顶瓦
- 圆形大石头
- 潜水泵
- 流量调节阀

小溪流入池塘

竹圈

草地

鸢尾

狭叶玉簪

溪流河床里的石头和岩石

岩石

上图: 蜿蜒的溪流通常很浅,因此必须注意掩盖溪岸边的内衬,并用不同径级的砾石和大卵石覆盖溪流河床。

1.确定源头后,用细绳、藤条或花园浇水用的软管标出溪流的路线,从任何现有的水池开始下面的工作。

2.沿着小溪的路线相距 1m 的位置敲入一个木桩。在木桩上放置一块直边的木片和水平仪,用来识别地面上任何轻微的凹陷或隆起,以便在必要时调整周围的地面。如果溪水汇入补给水池,溪流出水点的高程低于水池壁,则需要开启水泵将水抽入补给水池。如果先建造这样的出水点,要确保溪流其他边界的标高都高于出水点。

3.当溪流穿过草坪,如果有必要,可以把草皮移到别处铺设,或者草皮朝下,成叠堆放待其腐烂。将标识高程的木桩留在原位。

4.沿着溪流中心区域挖出土壤,挖至 38cm 深。如果溪流宽度超过 60cm,沿溪流两侧向外拓展出很浅的溪岸斜坡,该斜坡深度 23cm。将土壤堆放在塑料薄膜上,待衬垫插入后使用。把溪流底部和斜坡耙平坦,移除尖锐的石头。

5.沿溪流走向放置垫层,然后将一卷内衬根据溪流轮廓进行覆盖。用石头压住内衬

的两侧,以防被风吹散。

6.在溪水流入水池的地方,将一块薄薄的扁平石头用少量灰浆固定在内衬上,形成一个溢水点,以防水土流失。

7.表土堆中取出一些土,放在内衬上挖成浅碟形。这有助于保护廉价的内衬免受紫外线照射,并提供一个植物可以生长的介质。用圆形的鹅卵石或河砾石覆盖土壤,防止土壤被水冲走。

8.在溪流岸边埋一根波纹塑料管,用于从

补给水池向源头输送水。在换土之前,用屋顶瓦覆盖波纹塑料管。

9.在水源处的内衬上放置一些圆形大石头,可伪装成一处小泉眼。

10.在补给水池中安装水泵,将出水口与塑料输送管连接。由于水只能流经这条溪流,可以在输送管上安装一个流量调节器来调节流量。将水池注满水,然后开启水泵,检查水流是否正常。

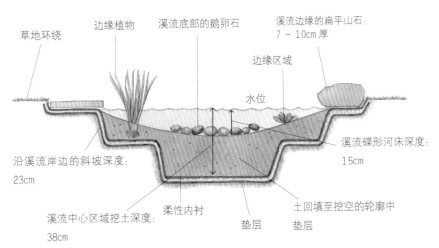

草地环绕

边缘植物

溪流底部的鹅卵石

溪流边缘的扁平山石: 7 ~ 10cm 厚

边缘区域

水位

沿溪流岸边的斜坡深度: 23cm

溪流碟形河床深度: 15cm

溪流中心区域挖土深度: 38cm

柔性内衬

土回填至挖空的轮廓中

垫层

垫层

水池内衬、水泵和过滤器

水池内衬和水泵都是打造日本水景的"隐形工人"。水池内衬和水泵不应该被看到，但却是创建美妙的蹲踞、瀑布或溪流的重要组成部分。为了鱼类更好地生存，确保水泵持续提供新鲜的含氧水，特殊的过滤系统有助于保持水的清洁和处理鱼排泄物。水泵的流量会随着时间的推移而降低，因此请确保水泵前期有闲置的流量。购买能承担得起的最好的"隐形工人"，可以让自然式水景持续正常运行很多年。

上图：要等水池过滤器运转稳定后再购买锦鲤。日本锦鲤通常在 11 月和 12 月出口，但最好的购买时间是在春季，那时水温已经上来了。

左下图：这个庭园里的池塘用柔性内衬做成，正在注水。内衬不应暴露在水位线以上。

下图：使用聚乙烯薄膜作为柔性衬里。只有在确定水位和边缘符合要求的情况下，才可剪下多余的衬里。

水池内衬

现代标准的水池内衬是由黑色丁基橡胶制成的。黑色丁基橡胶不但能抵抗紫外线的降解，而且柔韧、易于安装和拉伸，还能抗刺穿和撕裂。未被用过的、质量良好的丁基内衬可以持续使用30 年。对于日本庭园中的自然式水池和池塘来说，丁基橡胶是实用的、多功能的（适合任何不规则的形状）内衬。比如说，与刚性玻璃纤维水池相比，丁基橡胶相对容易安装。丁基橡胶有不同的品级，所以要和当地的水景园专家讨论哪一种是合适的。对于大型水池，需要较厚品级的内衬，可能非常重，如果没有几个人，很难移动到位。最厚品级的内衬柔韧性差，因此在急转弯和拐角处铺设或折叠更困难。在阳光明媚的日子里，把内衬织物层朝上铺好，待太阳晒热后，内衬会变得更柔韧。

另一种选择是使用天然黏土作为内衬，由压实的黏土制成。还有各种人造复合黏土内衬，是传统黏土很好的替代品，从长期性能来看，人造复合黏土内衬是大型水池或恶劣气候下的水池的理想选择（关于如何为水池做土壤内衬，见 p.152 ~ p.153）。邮购公司专门从事水池内衬或更大的水产中心可以提供定制服务。

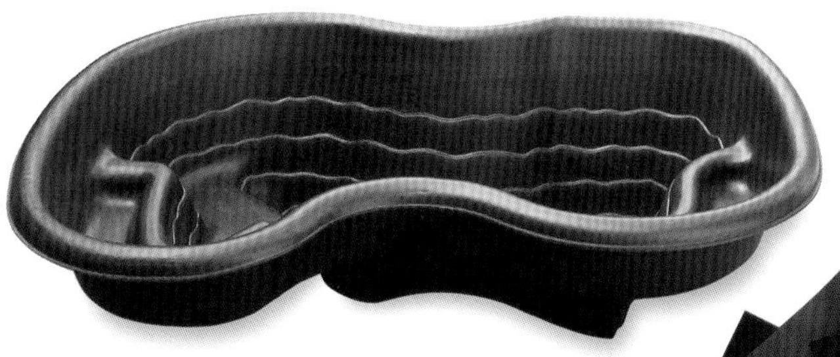

上图： 深水区平坦、有宽大的平台供边缘植物生长的预制件。

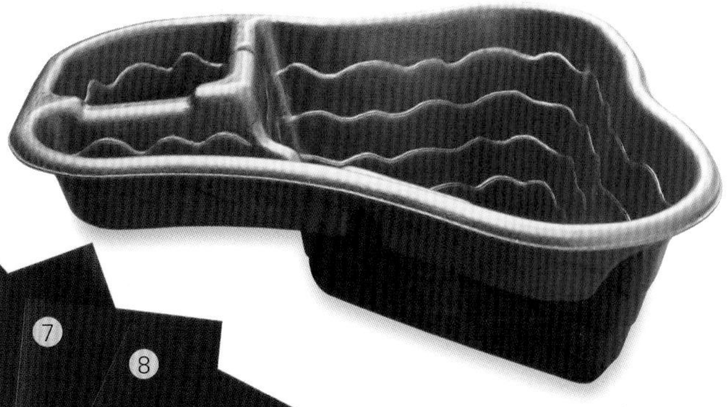

上图： 这种预制件只在一端有深水区域，因此需要挖掘的土方量较少。

左图： 柔性内衬有多种材料、厚度和颜色可供选择。从左至右：1.丁基内衬；2.丁基内衬；3、4.低密度聚乙烯；5 ~ 9.不同品级的 PVC；10.垫层。

在铺设柔性内衬之前，应使用土工布薄膜垫层，以保护丁基橡胶不被锋利的石块和树根刺穿。您可以使用软沙作为土工布薄膜垫层的替代品，但在急弯和陡坡上，垫层更容易固定。剩余的衬垫和折叠的丁基内衬边角料，可以垫在各块岩石和大石头下面起缓冲作用（如何为水池做柔性内衬，见 p.188 ~ p.189）。

水泵

对于移动的水景，如溪流或瀑布，需要一个水泵。水泵设计因水景功能的不同而有所不同，并且功率输出也不一样，因此需要咨询水景园专家。

所需的数据包括：

· 水循环一次的距离
· 坡度
· 出水点高度
· 管道直径、流速（影响瀑布外观和过滤速度）

大型方案将需要一台潜水泵，由主电压运行，因此，与通过变压器运行的水泵不同，电缆必须从埋深60cm的保护管道中穿过，确保为所有电气设备（包括照明设备）安装剩余电流装置或断路器。

如果设备意外接地漏电，剩余电流装置或断路器可确保切断电源。也可以安装室外防水开关。

过滤器

对于有鱼的水池，需要一个过滤系统，或者是安装于水下的过滤系统，或者是在水面上方蓄水箱中放置的生物过滤器，生物过滤器过滤效果最好。安装紫外线净化器可以使绿藻细胞聚集在一起，更有利于生物过滤器提取绿藻细胞。特别是在寒冷地区，鱼类和睡莲越冬需要池塘的最小深度是45cm。可以考虑为鱼塘安装一个热水器，这样可以保持部分水面不结冰。

下图： 潜水泵的输出范围很大。如果要连续不断地使用，要检查一下运行成本。

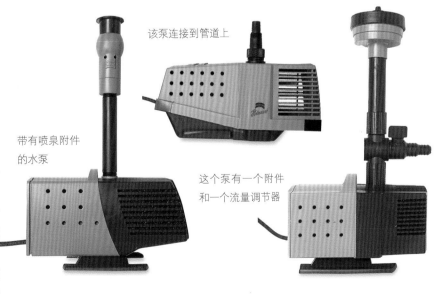

该泵连接到管道上

带有喷泉附件的水泵

这个泵有一个附件和一个流量调节器

驳岸

大多数小水池的岸边，特别是那些在小庭园里的水池，最好嵌上山石。但在回游园中的较大型水池，通常包括大面积的鹅卵石海滩或草地，一直延伸到水池的岸边。水池的岸边总是需要细心打理，因为池水可能会流失或蒸发，还会露出内衬，景色很难看。无论您选择哪种岸边，请确保能完美地覆盖水池的边缘。再有，对于水池类型来说，选择此类型的岸边是一个切实可行的解决方案。

上图： 环绕水池的鹅卵石河滩很受欢迎，有时是零散地镶嵌几块鹅卵石，有时是镶嵌在砂浆里，形成一个平整的表面。

隐藏水池内衬

如果使用的是丁基内衬，请确保用岩石或砾石将内衬隐藏在水位线 10cm 以下，可能显示在水位以上的内衬任何部分都需要隐藏起来。请记住，在夏季，随着蒸发量的增加，池塘水位可能会下降并露出内衬。同样值得注意的是，暴露在阳光和霜冻下的丁基内衬老化更快。

岩石驳岸

水池周围的岩石应部分淹没，以达到自然效果。岩石还需要基础底板或混凝土底脚的支撑。

• 如果使用的是内衬，将内衬从底板或底脚上面和岩石下面穿过，并用一层硬砂浆或混凝土将内衬固定。

• 也可以在内衬的上面和下面各用一层衬垫来做保护。

• 确保内衬的最后部分高于池岸岩石下方的水位。

鹅卵石饰边

要让鹅卵石饰边看起来更自然，最重要的事情是从水线以下到干燥的岸边，不同径级的大卵石如何排列。

• 在铺鹅卵石之前先按粒级分类。

• 为防止鹅卵石滚落池底，应在岸边建造混凝土支撑。

草地驳岸

草地驳岸很好看，适合大型水池和回游园。

• 水池边缘很快就会磨损，这将导致池边碎裂。

• 避免边缘碎裂的方法是，在水池边缘用一块石头或一根木头作为小基础来加固草坪（见右下图）。

木材驳岸

处理水边草地的另一种方式是建造一个垂直的木墙，高度从水线以下延伸到刚好低于草地的

高度。如果用直径为 5 ~ 7.5cm 的圆木制成，木墙看起来最吸引人。圆木并排紧密地放置，形成一个栅栏状的屏障。专卖规格的"原木卷"也可以用来代替完整的圆柱状原木，这些"原木卷"已经通过钢丝绳连接在一起。

• 为了保证原木和"原木卷"这两种木材饰边体系中的任何一种都足够稳定，不会坍塌掉入水池中，必须在水池边缘挖出一条深约 15cm、宽 10 ~ 15cm 的小沟槽。

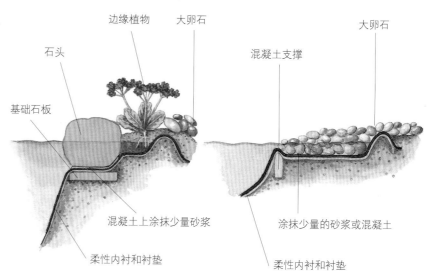

岩石驳岸图标注：
边缘植物　大卵石　石头　基础石板　混凝土上涂抹少量砂浆　柔性内衬和衬垫

岩石驳岸： 水池边上的岩石，最好部分浸没在水面以下，水池内衬下面用基础石板支撑。

鹅卵石驳岸图标注：
大卵石　混凝土支撑　涂抹少量的砂浆或混凝土　柔性内衬和衬垫

鹅卵石驳岸： 为防止鹅卵石滚入水池深水区，在柔性内衬下面做一个凸起的边缘，以提供额外的稳定性支撑。

右图： 环绕水池边缘的铺面材料，微微向水面平挑高悬，隐藏了柔性丁基内衬。

· 小沟槽前应添加混凝土支撑。

· 然后，将水池内衬铺设在混凝土支撑上，并沿小沟槽槽壁和底部铺设，终止于水线上方。

· 在内衬上放置稠砂浆混合物，在稠砂浆硬化前，将原木埋置在稠砂浆中。一旦砂浆凝固，原木就不能再挪动，因此，确保围成一圈的原木是直立的，并且紧密地连接在一起，是非常重要的。

· 一两天后，当砂浆凝固后，可以在原木边缘背面回填土，使内衬垂直压实，内衬剩余部分保持在水线以上。

· 草皮可以直接铺在鲜土上，一直延伸到饰边的原木，现在由水边的混凝土为原木提供支撑。

铺路石饰边

在池塘周边，用铺路石是更规整和坚固的设计方式。

· 铺路石饰边区域需要挖去一些表层土。如果底土不坚固，则要填充 7.5 ~ 10cm 厚的石材填料。在上面撒上 5cm 的湿沙，耙平后覆盖衬垫和内衬。

· 外围的铺路石沿着水边铺设，检查铺设是否平整（fitwell），是否与水面重叠 2.5 ~ 5cm。使用最大的一块铺路石来保持稳定，平整的边缘与水面重叠。

· 在一块木板上搅拌一些砂浆，取少量砂浆涂抹内衬表面，然后把第一批石头砌在内衬上。

· 在砌筑相邻的石板之前，将第一块石板用力向下压，使其牢牢地嵌入砂浆中。

· 用水平仪检查石板是否水平。若要调整石板高度，将一块木头放在石板上面，在这块木头上用石匠锤轻轻叩击。

· 石板之间的间隙，必须用有点儿潮湿的砂浆混合料填充，以便将每个石板固定到位。饰边要有微小的坡度，以减少相邻路面或草地的地表径流。

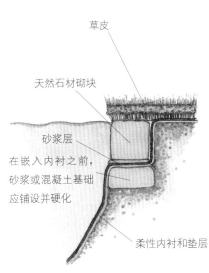

草地驳岸： 草皮边缘很容易磨损。下面需要天然石材砌块支撑，砌块砌筑在稠砂浆或混凝土的深基坑，天然石材砌块支撑砌筑在深基坑上。

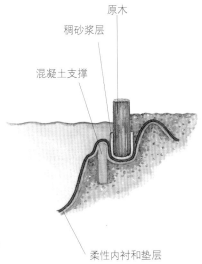

木材驳岸： 并排放置的原木卷或圆柱状原木，在水下的一条窄沟中用砂浆固定住，就可以形成很好的饰边。草皮饰边可以一直延伸到木材饰边。

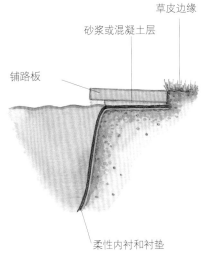

铺路石驳岸： 当使用铺路石板作为岸缘时，应确保石板在水上方有一小段重叠，并将石板用砂浆黏合在以石材填料为基础的内衬上。

蹲踞和逐鹿

　　一些日本庭园包含非常独特的水景，称为蹲踞，或手水钵。这些手水钵经常出现在传统茶庭中，也可以用来提供饮用水。通常，天然泉水作为这些手水钵的水源。以高度区分蹲踞和手水钵，高的为手水钵，一般位于房子附近。另一个传统的日本水景——逐鹿，是一种驱逐鹿的装置，利用流水驱动竹筒撞击叩石发出响声，这种声音很大，足以吓跑要吃掉花园里娇嫩植物的掠食动物。

上图：传统的手水钵是用石头做成的，由一根竹子制作的出水管供水，这种出水管叫作"笕"。

手水钵

　　早期，精神洗涤和身体清洁的观念就被用于日本的庭园设计中。在日本庭园里，经常会发现手水钵或其他静态水景观，甚至会发现两三处这样的景观。

　　手水钵并非单调地装满水，而是从隐蔽的竹管中供水，水一滴一滴地滴入手水钵，不仅保持水的新鲜、泛起阵阵涟漪，还会促使手水钵中的水不断溢出。不能自动供水的手水钵需要清理干净，并补加淡水。此外，正如客人到达之前可以对道路进行清洁和洒一层水一样，石头手水钵的侧面也可以用水淋湿，以加深石头的自然颜色，起到标识作用。

　　手水钵本身可能是一个简洁的圆形盆，是由一块花岗岩雕凿而成的，但传统的设计（仿造自日本的各类历史圣地和寺庙）各不相同，有些是令人惊讶的几何形、立方体或圆柱形，有雕花等外观设计。这些复杂的设计往往比风格质朴的手水钵更突出，与周围的岩石形态和植物形成了令人愉快的对比。现在，人们经常使用除花岗岩以外的石材，这些石材的多孔性越强，用在潮湿的环境中，会越快形成令人愉悦的古铜色。

　　手水钵周围应该排水良好，手水钵经常盛满水并不断溢出。若排水不好，会使该区域变成一片沼泽。如果一根进水管不断地

上图：龙安寺庭院中的一个17世纪的蹲伏式手水钵。这是所有手水钵类型中被仿制最多的一种。

上图：位于大原一处私人庭园中的带有规则方形凹痕的立方体形状的手水钵。这一设计是由花岗岩制成，随着时间的推移，已经失去了光泽并且已褪色。该手水钵是仿制日本京都银阁寺庭园内的原始手水钵制作的。

将手水钵灌满水，就需要一个排水管把水排走。手水钵周围的区域通常用一些大卵石或大径级的砾石填充，即疏水石，疏水石可以快速排水以保持干燥。砾石和手水钵的结合是表达艺术性的另一个机会。可以在疏水石区域放置一块不会弄湿的洗手踏石，供人们站在上面洗手和漱口。

高的手水钵

尽管高的手水钵有各种形状、大小和材质，如切割石材、天然石材、陶瓷和木材，但都可以归结为两种基本的类型：手水钵和振袖式手水钵。

手水钵通常高达 1m，放置在能从房屋里很容易就能到达的檐廊边。在这些手水钵上会有一个漏缝的竹盖子，这样可以阻止鸟儿在手水钵里喝水，也可防止树叶和垃圾落入其中，从而保持水的清鲜。

振袖式手水钵是以一块狭长自然波纹的岩石出现，其形状类似和服的长袖。石头被凿刻成钵形，有时是葫芦的形状（葫芦是好客的象征，是日本米酒和清酒的传统容器）。

在日本的一些庭园中，您可以发现更为精致的高手水钵，如两侧贴有瓷砖图案的"银阁寺"，"银阁寺"是以京都附近著名的银阁寺庭园命名的。

矮的或蹲伏式的手水钵

蹲踞式手水钵是一个低矮的或蹲伏的石头水盆，放置在露路（通往茶室的道路）上或旁边。蹲伏着到达水池的动作，就像中间爬行通过大门和茶屋的像舱口一样的小入口，迫使客人谦逊。一个著名的轶事令人想起伟大的茶道宗师千利休是如何把茶庭中美丽的濑户内海的风景隐藏在茂密的植物中。他的客人和来访者只有在蹲踞躬身洗漱时才能看到这

个风景。这是禅宗意境的完美体现——只有当我们把头（即我们的思想）降低到比我们的心还低的时候，我们才能获得真正的美感。

手水钵的选择

最初，手水钵是由花岗岩制成的，这使得手水钵很重，运输成本很高。然而现在，很容易获得假石头、釉面陶瓷和混凝土形式的，在园艺商店可以找到，特别是那些专门售卖日本园林小品的商店。除此之外，还可以使用陶器或石瓮，这些都是很好的替代品。

再生材料是另一种选择——或许是一些空心的、二手的建筑

上图：朴实无华的蹲踞可以很好地融入自然环境以及禅宗庭园。

上图：还是非常简洁的类型，花瓣式蹲踞最好用在质朴的环境中。

上图：从岩石中直接凿出的蹲踞，表现力强烈，引人注目。

上图：和其他许多复制品一样，这种复制品是以日本原创设计为基础的。

上图：立方体形状的蹲踞，可以成为一个很好的庭园景观。

左图：两个高的手水钵，可以从大原三千院的檐廊到达。这些方形手水钵是放在石柱上的。

左下图：净化是日本人的仪式，在所有的佛教和神社外都有手水钵供洗手和漱口。

确切的位置取决于庭园内的条件——如果庭院足够阴凉，您的客人将不需要躲避阳光。

通常，有一些特别的石头摆放在手水钵周围，主要是磨蚀的圆形鹅卵石和卵石，并有伴石、一个石灯笼、蕨类植物和常绿灌木。通常一个特别的平顶石头放在手水钵边，供客人站在上面或把他们的扇子或包搁在上面。

在林木繁茂的荒野环境中，这种布局绿意盎然且富有感染力，就与茶道紧密相关而言，蹲踞充满了象征意义。这给了园林设计师大量的机会，为了适用于当代庭园，对蹲踞和伴随放置的石灯笼进行创新性、抽象性设计，赋予现代的诠释。

事实上，手水钵象征着清洁和好客，这意味着不仅可以放置于茶庭或房屋的游廊旁边，还可以放置于庭园和通往房屋的过道中。

柱子，或是古老的佛塔（在许多佛教寺庙中占有重要的地位）。所以，可以用任何可能带来新生命的物件作为手水钵，包括古老的石水槽或带有天然深凹的石头。

手水钵的放置

蹲踞应该放在小路旁边，手水钵应该放在房屋附近，但除此之外，没有必要过于拘泥于这样的想法，即一切都应完全按照预定的计划来安排。日本园林设计师认为这并不是真正的禅宗精神。事实上，茶道宗师千利休并不赞成这种意味着一切都过于严格正确的做法。例如，传统的做法是把蹲踞放在阳光明媚的路边，这样客人跪着来喝水时，不会有阳光直射在后背和颈部上。这种传统只是出于尊重，意在照顾客人的舒适，因此没有必要准确无误地照搬。这里需要考虑的关键是，

逐鹿（鹿威、惊鸟器）

另一个传统的日本园林水景，是逐鹿，或称惊鸟器、鹿威，在园林中心区域有时是预制形式的套件，但从专业的日本园林供应商那里，您可能会寻找到造型更加地道的逐鹿，或单个组件和原材料，来动手做一个专属自己的逐鹿。这可以是一个愉快的自己动手的项目，并意味着你可以选择组件，以适合您的庭园。

逐鹿包括一根长 60 ~ 90cm

上图：日本东京明治神社，游客使用传统的竹勺进行清洗和净化。

下图：京都天授庵庭园内覆盖着青苔的石质手水钵或蹲踞。

下图：通常，手水钵会不断地被淡水填满，过量的水会在岩石和卵石中排走。可以在石头下面建一个集水坑来收集水，然后用潜水泵回收。

下图：二条城清流园茶庭，由天然岩石雕凿而成的手水钵。

上图： 使用一个小池塘泵为逐鹿循环供水，水泵放在低于逐鹿水位的一个钵中，用金属格栅和石头隐藏起来。一个出水口激起水面涟漪，另一个出水口则滴滴淌入可上下摆动的竹筒中。

上图： 1996年伦敦的切尔西花展上，霍洛希·纳莫里的展览庭园的逐鹿景观。

下图： 日本的传统喷泉，最初逐鹿是用来驱逐鹿吃稻田秧苗的。

的竹筒，竹筒钻穿后可容纳一个轴木，竹筒沿轴木转动。竹筒的一端可以落在一块石头上，这块石头称为"叩石"，竹筒的另一端装满了水。当水足够多时，竹筒这一端下垂，竹筒里的水流出，然后竹筒的另一端复位，撞击石头，并发出响声。逐鹿的基本构造与蹲踞非常相似，有一个需要遮蔽的地下蓄水池，里面有一个潜水泵，一段塑料管把潜水泵和竹筒的供水管连接起来。

水琴窟的建造

水琴窟是一个滴水回音室，或者更确切地说是一个"水琴室"。水琴窟的构造使您可以通过一根中空的竹筒听到滴水落入地下室的声音，把耳朵紧靠在竹筒的一端，竹筒的另一端固定在地下室上方的一个洞里。水琴窟的声音就像日本传统的弦乐器"十三弦古筝"，这也可能让您想到山洞中溪流的声音。在非常安静的环境中，您不借助竹筒就能听到滴水的回音。

上图： 水琴窟背后的理念是从水声中创造"音乐"，就像山洞中瀑布的声音。

正统主义者认为，水琴窟只能与蹲踞一起建造（见 p.106 ~ p.110），因为水琴窟的水可以来自水滴，也可以来自手水钵流出的水，手水钵的水由竹筒一滴一滴地供给。不过，水琴窟也可以独立于蹲踞而作为一个独立的景观，结构可以很简单，由一根软管一滴一滴地供给水，当有特别重要的来访者或您觉得有必要时，打开软管开关，水滴开始滴入水琴窟。

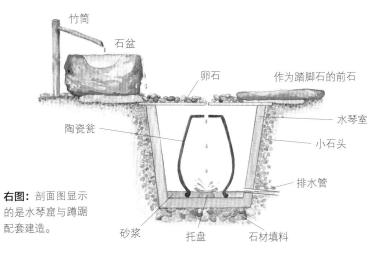

竹筒　石盆　卵石　作为踏脚石的前石　水琴室　小石头　排水管　陶瓷瓮　砂浆　托盘　石材填料

右图： 剖面图显示的是水琴窟与蹲踞配套建造。

您需要

- 1 块圆筒形的模壳或者 1 个旧塑料桶
- 混凝土混合料，1 份沙配 4 份水泥
- 阿里巴巴风格的瓮，高 80 ~ 100cm，直径 40cm，底部有一个排水孔
- 1 个小的陶瓷植物花盆托盘
- 把瓮放进深坑的绳子
- 1 块铺路石板，1m 见方，在中心钻一个宽度为 4cm 的孔

1. 挖一个约 1.2m 深、1m 宽的坑。用一个旧塑料桶或其他一些模具制作一个直径约 70cm 的圆形模壳，用混凝土浇筑围合后，这些模具要能很容易移除。在坑的底部和模具的外部浇筑 8 ~ 10cm 厚的混凝土，确保坑底水平。高出回音室底部 10cm 处设置一个排水口，将多余的水引至渗水井或被批准可以排水的水道。

2. 两天后，待混凝土凝固后去除模具，进入下一阶段。

3. 把陶瓷托盘放在回音室的底部。托盘应该比瓮的外缘小。

4. 在阿里巴巴风格的瓮边缘绑一根绳子（有助于平衡重量），小心地把倒置的瓮放进回音室，瓮要能完全罩住陶瓷托盘，瓮的排水孔正好位于陶瓷托盘的正上方。

5. 把铺路石板铺在回音室上，然后把选取的水源引入铺路石板孔中。

6. 还需要伪装铺路石板和水源（例如使用软管供水）。您可以用小石头和大卵石来遮蔽，也可以在石板上放置一个手水钵，但需要手水钵放置在偏离石板中心的位置，以便使手水钵中溢出的水流入回音室正上方的铺路石板孔中。

修建蓄水池

除非有天然的水源，否则手水钵和逐鹿都需要蓄水池和水泵来形成循环的水系统。蓄水池要位于手水钵的下方（手水钵通常由凿空的岩石制成，但任何足够庄重的盆状的物体，包括石槽，都可以使用）或在逐鹿的溢水端，这会给人一种错觉，即水景是由溪流供给的。如果此处风较大，检查水是否都流回蓄水池，以防蓄水池水被抽空，导致水泵烧毁。

上图：勺子放在手水钵钵口的上方或旁边，手水钵由竹架支撑。客人在进入茶屋前用来清洁手、口和脸。

供给一个手水钵的循环水量和一个逐鹿（惊鸟器）的水量差不多，两者都需要涓涓细流才能达到最佳效果。因此，蓄水池不需要超过 100 升。蓄水池可以直接安装在水景的正下方，但要放在您可以进入，方便清洗的地方，如果水景的水溢出，周围要有一些合适的排水系统。

少量的水溢出，像从手水钵中溢出的水，不需要完善的排水系统，但最好用松散的石头和砾石覆盖蓄水池的邻近区域，以帮助排水。这也会展现出一个更真实的外观。

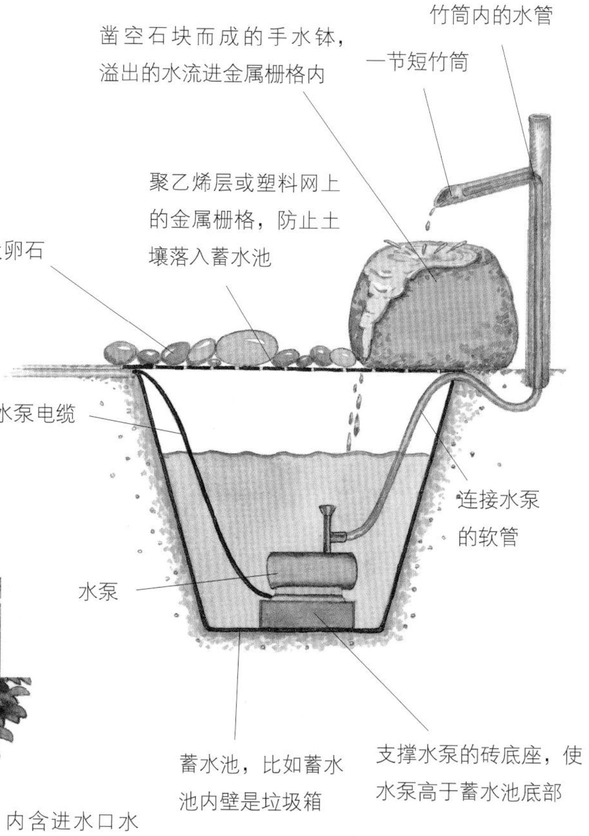

下图：逐鹿蓄水池与手水钵的蓄水池结构没什么差别，都需始终确保溢出的水流回蓄水池。

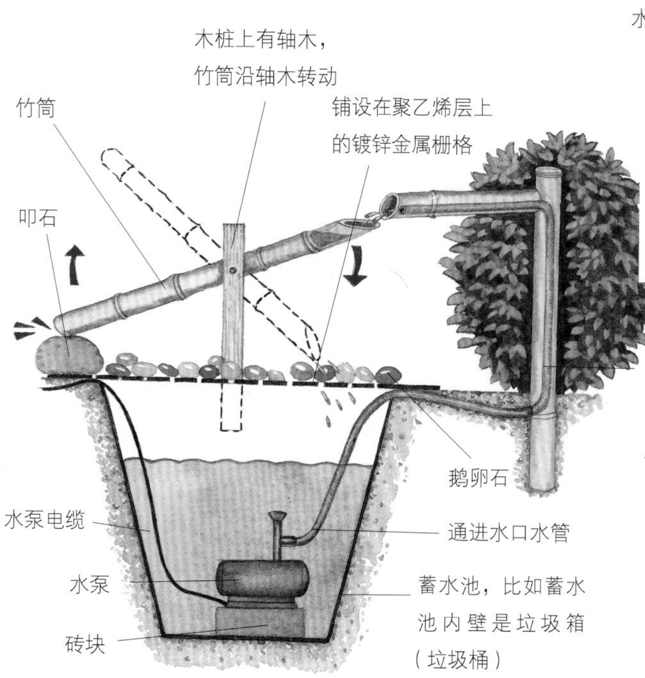

凿空石块而成的手水钵，溢出的水流进金属栅格内

竹筒内的水管

一节短竹筒

聚乙烯层或塑料网上的金属栅格，防止土壤落入蓄水池

大卵石

水泵电缆

连接水泵的软管

水泵

蓄水池，比如蓄水池内壁是垃圾箱

支撑水泵的砖底座，使水泵高于蓄水池底部

木桩上有轴木，竹筒沿轴木转动

铺设在聚乙烯层上的镀锌金属栅格

竹筒

叩石

鹅卵石

内含进水口水管的竹筒

水泵电缆

通进水口水管

水泵

蓄水池，比如蓄水池内壁是垃圾箱（垃圾桶）

砖块

上图：当建造这样的蓄水池时，一定要留有检查水位的空间。水泵应配备浮控开关，否则，如果蓄水池水排空，将导致工作中的水泵烧毁。

您将需要

- 专业供应商提供的蓄水池套件（见 p.248 ~ p.249），其中应包括蓄水池、金属格栅、塑料网片、聚乙烯层、带电缆的小型水泵、连接水泵和逐鹿或手水钵的一段罗纹软管或者您自己制作的蓄水池套件
- 1 个至少 60cm 深、45cm 宽的坚固的塑料箱，例如中央供暖系统的冷水储水箱
- 从当地的水工器材中心获得的小型水泵套件——水泵要有一个可变的压力阀，以便可以调节流量
- 覆盖在箱子上的聚乙烯层
- 1 张塑料网
- 1 片金属栅格，可以用建筑商提供的混凝土钢筋网制成

对于这两个选项，您还需要

- 几段预先钻通的竹管，用来将水输送到水景
- 一些鹅卵石或大一些的砾石
- 用来挖坑的铁锹
- 一些净沙
- 水平仪
- 水泵的防水电源或防水插座

1. 选择一小块平坦的场地。一般来说，大卵石的范围您扩展多大都可以，但考虑到使用的效果，还是以蓄水池为直径的圆周内为宜。标出蓄水池的直径，向外拓展挖一个更宽更深的坑。沿着蓄水池底部和侧壁相交处的边沿填充净沙，以保护储液罐不被石块损坏，并使储液罐保持水平。

3. 回填土填充储液罐和坑侧壁之间的间隙，并用一块木头（如切下的扫帚柄）夯实回填土。用耙子耙平周围的土壤，并清除所有的石头。

5. 在将潜水泵安装到基座上之前，先将柔性输水管连接到潜水泵的出水口。把柔性输水管放在储液罐边上（或通过储液罐顶部边缘的一个洞），然后把柔性输水管插入蓄水池旁边的一根长 60 ~ 90cm 的竹筒中。

2. 在坑底部平铺 4 ~ 6cm 厚的沙层，将储液罐放到坑中，并检查储液罐罐口是否刚好低于坑的边缘。然后用水平仪检查储液罐罐口是否水平。如有必要，您需要调整坑的底部，直到完全平整。

4. 清除储液罐内的土壤，因为如果有土壤残留，可能会使水泵淤塞，导致不能正常运行。在储液罐里用两块砖或一块碎铺路石作为水泵的基座。

6. 柔性输水管穿过竹筒的内部，到达竹筒的出水端，出水端被削成鹤嘴形，固定在水可以流入手水钵里的位置。然后将柔性输水管的末端在合适的位置剪断。将聚乙烯层铺在凹陷处和蓄水池上，并剪出一个直径比储液罐直径小 5cm 的圆形孔洞。

7. 在蓄水池的顶部铺设镀锌金属格栅。金属格栅的尺寸应大于蓄水池顶部的直径。把蓄水池注满水。

8. 在格栅上铺一层塑料网，以防止土壤落入储液罐。将手水钵溢水的部位放置在金属格栅的一侧，但要确保溢水的部位略微探入储液罐罐口区域，以便手水钵溢出的水落入金属格栅的大卵石上。

9. 测试水流，调整水泵上的调节器或移动喷嘴的位置，使水流入蓄水池的托盘部分。把大卵石铺在金属格栅上。调试装置，为确保溢出或飞溅的水量损失最小，需进行相应的调整。

创造景观

    本章着眼于景观元素的设计和创造，以适应日本庭园。人造景观，如园路、栅栏、园桥、石灯笼和手水钵，为庭园增添了表现形式、特色和尺度，如果运用得当，人造景观会使庭园锦上添花。不像在西方园林中，这些艺术品（人造景观）被当作雕塑来欣赏，日本庭园中的人造景观与周围环境融为一体，是整个庭园的固有部分。

    日本的园林设计师对这些艺术品的质量非常感兴趣，非常小心地选择，使艺术品成为庭园设计的一部分。大多数篱笆和庭院建筑都是用原木、竹子、剑麻和芦苇建造的，展现了这些材料的纯天然品质，而石灯笼和手水钵往往是用最好的石头雕凿而成，以适应日本海洋气候。园路和园桥的设计也非常小心并富有创造性，使用天然材料的组合，将园林设计师审慎的艺术技巧与大自然完美结合。

上图： 邻近天龙寺的一条竹林小路。

左图： 以曲桥为特色的日本庭园，秋色绚丽。

园路

日本庭园的园路，已经从最初用于水池周围，只是砾石和细沙的简单路面，发展到茶庭的步石路，对于游客来说，步石路的每一步都有特殊的意义。现在，一些园路的风格简朴自然，而另一些则是使用高度复杂的混合材料和设计。园路设计的唯一要求是，无论选择哪种园路，都要很好地与庭园的自然风格相融合。

上图： 园路上银杏叶飘落。园路镶边的方式常常很有创意。

铺设园路的目的

铺设园路的主要目的是控制游客的视觉感受，每次园路方向的改变都会把游客的视线引入到一个新的景象。从最早期开始，园路的突然终止或转向——是一种促使游客踌躇和浏览风景的设计手段，这些风景是特意为从一个特定地点观看而设计的。曲折的园路和园桥将这一设计手段发挥到了极致。

在茶庭中找到了园路的真正意义，露路最初被称为有露水的小路。露路让人想起朝圣之旅，即哲学家、画家、禅宗僧侣访华时，寻访中国著名艺术家和圣贤，这些人常常独自生活在山中的茅屋中或隐居处。露路上铺设步石，

当茶客在露路上行进时，他们会更加意识到在步石上迈出的每一步。这些步石以前只用于实用的目的，穿越水面和沼泽、泥泞的地面。茶庭中添加步石，是由日本16世纪伟大的茶道大师千利休始创的。

在一条小路上关键位置放置一些较大的步石，让游客可以不太在意自己的脚落在哪里。这意味着他们可以抬起头欣赏庭园的特别景色，或者在手水钵里净化自己。步石总是一尘不染，刷干净，甚至弄湿，给人以山中露水的感觉。把园路打湿，是茶庭或茶室欢迎客人进入，热情待客的方式。然而，必须非常小心，要保持步石上没有黏滑的水藻，如果一旦有水藻，在潮湿时步石会

左图： 贯穿天授庵禅院枯山水庭园的规整的园路，被一层苔藓所覆盖而变得柔和。园路尽头突然转了一个直角弯，一棵黑松生长在园路旁。

上图: 在某些气候条件下,青苔很容易在砾石小路上蔓延生长,创造出理想的效果。

上右图: 在德国波恩莱茵河公园中,一条自然式的步石小径嵌在砾石园路中,在前方与鹅卵石园路相交后,被草坪中更规整的路面形式所替代。

变得非常滑。

    在一些日本庭园里,尤其是枯山水庭园——它们多数设计成被从一个特定的地方来观赏,比如建筑物的游廊、蜿蜒穿过庭园的步石园路。以前,很少有人在这些小路上行走,而是被当时的园林设计师用来暗示流动,并吸引观赏者的目光掠过特定的景色。园路本不应该被绕过,但出于隐私或为了阻止茶客进入茶庭内庭园,铺路石中间会留下一块小的圆的卵石,用打结的绳子捆住,更像一个小包裹。这就暗示,这条小路不供客人穿越。

沙和砾石

    到了镰仓时代(1185—1392)

砾石园路镶边

砾石是一种松散材料,最好用坚实的路缘石将砾石仔细地围合。如果园路不镶边,砾石会嵌入周围的土壤中或被踢来踢去,最终会散失。

镶边材料	何时何地去使用
铺路石和鹅卵石	应选择适合背景环境的铺路石或鹅卵石。铺路石的大小和形状要衬托出周围的庭园。
花岗岩长方石	房子附近,会使用更整齐的花岗岩长方石。
不规则的石材及其他材料	在风格更自然的区域,可以选择使用不规则的石材。在日本的庭园里,经常能看到对各种各样"现成"的材料富有想象力地使用,比如旧瓦片、凿成条石的花岗岩,甚至是烧黑的柱顶。这些材料需要以高度的悟性去放置。
木材和钢材	在任何区域都可以使用易于安装的木板和钢材来镶边,因为这些材料是不易察觉的,可以与周围的灌木或苔藓区域浑然一体,尤其是风化后。为了设计更自然,最好少用钢材。
弯曲的竹材	日本公园和一些私家宅院的小路,都是用弯曲的竹圈来镶边,这样既增添了小路的风格和节奏,又可阻挡游客踩踏庭园。

当建造第一座回游园时，园路很可能是由压实的细沙和轻质砾石铺面材料形成的混合物铺设而成，类似于在平安时代的住宅庭院里举行仪式所用的小路。现在，细沙和轻质砾石这两种材料都很容易买到。尽管砾石路需要维护，但却是庭院内铺设全天候路面最简单最便宜的一种方法，尤其像日本这样多雨气候地区，砾石路更是首选。小径需要不时地铺上新的砾石，需要除草，然后用竹扫帚耙或刷。

块石路面和鹅卵石路面

通常，整条园路是使用块石或鹅卵石，自由式或规则式铺砌的。有多种设计形式可供选择，如 p.120 ~ p.121 所示。块石之间或鹅卵石之间的接缝通常填充压实的净沙，这是苔藓生长的良好基质。在潮湿的气候中，如果不控制，苔藓就会一直生长，直到覆盖整个路面；因为苔藓既自然又美丽，所以即使长满整个路面也不令人沮丧。

许多日本庭园里，小路上面长满了苔藓，确实变得很柔软，这是很适合漫步的完美路面。可以用软质水泥混合料（1 份水泥配 12 份沙子）填充铺面的接缝，使黏合牢固，也可以栽植生长不太旺盛的苔藓和其他植物。如果要避免接缝中长出植物，可以使用强度更高的混合料（1 份水泥配 6 份沙子）填充接缝。

排水

即使在松散的砾石路上，也要考虑路面水的地表径流。路面最好有一个小弧度，园路横坡做成一面坡或中间凸起的两面坡，使多余的雨水可以流到路面的一边或两边。横坡对于坡路很重要，因为大雨会造成路面的侵蚀。在坚实的铺砌区域，尤其是在地表排水不良的区域，需要设置排水沟和渗水井。

园路宽度

可以修建仅 1m 宽的砾石路，但请记住，一次只能有一个人沿着这条路行走。如果路太窄，行人经过时会被雨水浸透的灌木丛弄湿。如果需要两个人并排走，园路最小宽度应为 1.5m，不过两个人更舒适的宽度应为 2m，这样的宽度还可以在路两侧栽种植物。

由步石铺成的露路是为一次一个人行走而设计的。露路的宽度取决于达到的设计效果和在上面行走的舒适度。在日本，要想顺利走过一些露路不是很容易。这是一个有意为之的设置，用来让客人更清楚地意识到他们所走的每一步的意义。如果想要散步得比较轻松，可以把步石的间距控制在 70 ~ 80cm。可以按照自己的自然步调标记出每只脚的落点，尝试一下这个间隔。

如果步行者不知道他们的脚落在哪里，那么很难铺筑任何步石园路。但如果把步石的间距做得很小，不超过 10cm，并与步石的高度一致，每块步石之间的过渡还是会很容易的。大多数步石园路都高于地坪，但这要取决于步石的厚度。在其他地方，可能会很难获得像在日本能找到的那种质量和厚度的不规则石材。只要不沾上黏糊糊的藻类，使用圆木或竹条混凝土圆木等替代品是可以的。所有的步石，尤其是那些锯断而不是裂开的步石，都会变得很滑，特别是在阴凉的庭园里会更滑，所以要准备好偶尔清洗一下步石，以减少它们的滑溜。

主要考虑因素

材料	沙和砾石是常用材料，但需要仔细加固路缘。或者使用铺路石或鹅卵石，可促进石头间苔藓的生长。
排水	所有园路都需要通过小弧度或斜坡进行排水。
宽度	要牢记一点：这条园路并行的人数、园路的走向和线形。
目的与意义	有些园路供人行走，通向目的地；有些供游客散步，停下来看风景；还有一些园路是为了做做样子，并不是为了让人在上面行走。在规划人生道路之前，确保已经思考过人生的目的和意义。

下图：块块小步石镶嵌在苔藓地毯中，蜿蜒穿过大原的私家庭园。树旁象征性的小型"石灯笼"是由石头垒叠而成。

园路类型

对于日本人来说，园路不仅仅是在庭园里走动而不把鞋弄脏的方式——准确地说，它更是庭园中的设计元素，引导游客到达某个特定的观景点，在那里可以欣赏精心构造的景色。可以赋予园路重大的精神意义，如茶庭的步石路，象征着修行者在行进。日本人使用的园路有3种：自由式园路、混合式园路和规则式园路。

上图： 这条规则式园路使用规整的铺路砖，这些铺路砖结合了规则的图案，苔藓把铺路砖和镶边石融合在一起。

自由式和规则式

大约17世纪初，在石砌园路的应用方面，出现了一种脱离纯粹自然主义的运动，并朝着更强调设计元素的方向发展。设计师可以使用各种材料和图案，艺术表达更加自由，并表现出更多的形式主义。虽然最初的露路是用一系列自由式的步石、天然石板或掩埋的巨石铺筑的，但后来的园路往往融合成更规则的形式。

日语中，不同风格的园路有3种表达方式：自由式、混合式和规则式。表达方式与社会阶层有关，社会阶层决定了问候地位不同的人的正式程度。

步石小径被设计用来连接庭园的各个部分，各部分通常具有不同的氛围。园路可从靠近房子的地方开始，铺上整齐的块石或鹅卵石，然后穿过一片沙海，进入一个有泥土气息、长满苔藓的"森林"区域，该区域种植着枫树和灌木。在每种情况下，可以使用不同的铺路方式。

自由式园路

这些园路蜿蜒前行，一般使用粗糙、未切割的步石铺筑而成。自由式也适用于笔直的园路，由不规则石材铺筑而成，没有明确的路缘。

混合式园路

这种粗糙与光滑、自由式与规则式的混合，可以用不同的方式来表达。方形的步石铺筑，可以像未切割的、粗糙的步石一样蜿蜒前行，由于形状规整，会给人以不同的视觉感受。用这种方式铺就的矩形或方形铺路可以穿过种植区、苔藓区或沙海。另一种混合方式可能会使用不规则的

左图： 整齐的矩形花岗岩石板的间断式线状铺装，有助于围合掺杂天然鹅卵石和石头的混合式园路。

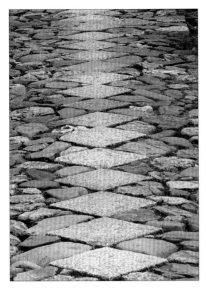

上图：几何图形外观的铺路石块，使用天然外观的石头围合。

上图：枯山水中的混合式园路，形状规整的块料，自由式铺砌。

上图：自由式园路穿过竹林，形状不规整的块料，自由式铺砌。

石材铺筑路面，由直边花岗岩或长条铺路石镶边。其他混合式的园路还可以用旧的屋顶瓦构成方形轮廓，轮廓内部镶嵌天然的鹅卵石。庭院内点缀磨石和回收的文物，是品位高雅的标志。

规则式园路

这些园路可由方形砖铺砌而成，使用长条矩形花岗岩石作为路缘，或方砖随机铺砌但呈直线形的图案。对于西方园林设计师来说，他们很熟悉这种类型的园路，在西方，这种类型的园路通常用于露台、天井以及车道。

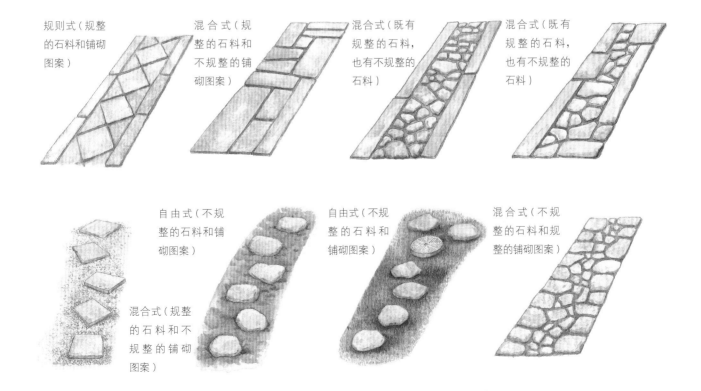

规则式（规整的石料和铺砌图案）

混合式（规整的石料和不规整的铺砌图案）

混合式（既有规整的石料，也有不规整的石料）

混合式（既有规整的石料，也有不规整的石料）

自由式（不规整的石料和铺砌图案）

自由式（不规整的石料和铺砌图案）

混合式（不规整的石料和规整的铺砌图案）

混合式（规整的石料和不规整的铺砌图案）

茶室和其他建筑

在早期的日本园林中有中国风格的观景亭，用来观赏池塘和庭院的景色，通常建在一条两侧通透、上面爬满植物的长廊尽头。16 世纪，独特的日本茶室被引入日本园林，直到今天，依然对日本园林建筑的风格和特点产生着影响。除了传统的茶室，其他建筑也是日本园林的一大特色，比如小亭子和棚架，植物环绕，是坐观风景的好地方。

上图： 在日本园林中，爬满紫藤的棚架很受欢迎。棚架构造简单，由粗壮的原木构成，可以承载沉重的紫藤茎干，很少有任何装饰。

日本茶室

最初日本人把茶室构想成一个"城市中的山间住宅"，通常建造成乡间草庵的样式，但后来茶室的结构变得越来越复杂。起初，茶室是由茶庭的小路引导，是一个受尊敬的社交场所。茶室处欣赏不到茶庭。然而，到了 17 世纪，尤其是在京都桂离宫精美的庭园里，茶室的侧壁和正面可以打开，来访者可以在茶室内眺望新建的池塘和回游园。

如果想在庭园里建一个茶室，接着就很容易创造出一个可供使用的室外空间，但仍需保留古代风格的关键元素。毫无疑问，应密切关注建筑和材料的设计样式，会给您的茶室带来真实感。

茶室室内布景

茶室内部的基本要素通常包括蹲口，16 世纪时，茶室的入口很小，只是 76cm 见方的滑动门小入口，客人必须膝行才能进入，

以此表现出对要参与的仪式的适当尊重。其他类似窗户的开口通常是圆形的，比如月亮形，或者是沿直线运动的，如可滑动的糊有宣纸的木格栅。茶室内，通常有一个凹陷的地炉，用来加热茶水。地炉的位置要避免绝对正中，须略偏于茶席一侧。茶室的后墙

茶室的组成

建造茶室所需的所有材料都很容易买到。主要构成要素是：

· 添加精细刨削、优质木材的天然原料混合物
· 由一层布料镶边的草垫（榻榻米）做成的地板
· 房屋的支撑物可以用整棵小树的树干做的，树皮还保留在树干上
· 墙壁通常用灰泥装饰，衬以竹条，抑或是用风化金色和淡蓝色的油漆粉刷墙壁

左图： 这座别致的茶室现坐落于席勒庄园内的花园，即席勒花园。20 世纪初，从日本海运到英国。茶室矗立在石柱上，以便横跨溪流。

内，有一个特殊的壁龛，壁龛里可挂书法卷轴。壁龛里也可摆放一个花瓶，做一个质朴的、季节性的"乡野情趣"的插花。

您可能不想费心在茶室里建造一个下沉的地炉，而是仅仅把茶室当作一个户外的遮蔽处或露台，但您仍然可以加入一些经典的日本设计特征，使茶室结构具有真实感。这种茶室风格低调，且能与风景融为一体。

其他建筑

其他不同类型的建筑，包括一座小型开放式的坐等处，类似于乡村遮阴避雨的地方（内有长凳），在被主人邀请前往茶室之前，客人可以在此处休息等待。茶庭还需要有一座室外厕所，风格要与茶室相似。在回游园中，凸起的木板人行道很常见，用于观赏樱花，这些人行道可能通向茅草亭。您可能还会发现用来观赏庭园的伞形凉亭，由

一根立柱支撑着一个圆形或方形的茅草屋顶，或者中国式的六角形凉亭，类似于现代西方的凉亭。在这样的遮蔽处里面和周围，常常放置有轻便的长凳和桌子，有些是中国陶瓷盆栽。

这些小木屋和亭子通常设置在比茶室更显眼的地方，例如山顶或其他制高点。

在一些古老的庭园里，鲜红的纸伞撑在铺着红布的桌子上方，与深绿色的常绿乔木和灌木形成鲜明的对比，可以说是相当吸引人，这种方法甚至适合当代的日本庭园。

上右图： 露路旁的坐等处通常设计得很简洁，比如位于英国纽斯泰德修道院的这间坐等处。

右图： 一家日本茶室，以藤椅的形式增添了英国特色。日本人通常直接坐在榻榻米垫子上。

最右图： 等持院茶室的内部。用料自然朴素，但做工精致。

边界

自从平安时代（794—1185）起，京都的城市就布局在一个严密的网格系统中，日本的庭园总是有独特的边界。直到江户时代（1603—1867），这种方式才真正改变。江户时代的庭园面积很大，庭园的边界在整体设计中处于次要地位。现在一般的庭园相当小，墙、栅栏和树篱再次成为设计中的重要元素，并供人观赏。

围墙

江户时代之前建造的大型住宅和寺庙，其庭园外墙的设计反映了建筑风格。从庭园里看，外墙也是庭园的一个重要背景。这些边界墙通常是用黏土和墙砖砌成的，而且通常抹灰很整洁。外墙有一个坚固的木制框架和支架作为檐口，通常用装饰性瓷砖装饰，不过有时顶部也会铺上保护性瓦片的脊。

这些外墙是相当宏伟的构筑物，适于围合宫殿和寺庙，许多相同的技术和材料在小型住宅中使用。尽管许多庭园的外墙位于斜坡上，由石头挡土墙来支撑，有时缝隙中生长着杜鹃花，但在传统的日本庭园中，现代砖石还是很少使用的。顺便说一句，庭园周围的内墙通常比围墙低，可以眺望围墙外树木或远山的景色。

与西方庭园不同，日本庭园的围墙不是用来种植外来植物或水果的。当攀缘植物在大大小小的庭园中生长时，它们可以缠绕在轻巧的竹棚架上。

如果把传统的砖墙或混凝土砌块墙装饰成日式的外观，包括坪庭或禅宗式枯山水庭园的围墙，请小心使用灰泥、油漆和一些间隔设置的原木立柱，可以取得很好的效果。墙顶部的仿真饰面，可用大块再生的或新的陶制筒瓦来做。

栅栏

除了隐私和安全这些实用性之外，无论是过去还是现在，栅栏都被认为是重要的园林景观。尤其在竹材的使用上，日本人的发明创造能力非常强。精美的竹篱可以编织出奇妙的图案，捆在一起的，用黄麻系扎起来的，或与树枝、小枝、茅草或成捆的芦苇结合在一起，连续设置在园路旁或助以引路。

一般来说，木栅栏都是未加工的，没有涂漆的。在最质朴的地方，木板可能老化和风化，或者有时被故意凿刻和烧焦，以给人一种瞬间的忧伤和衰老的感觉。

上图： 垂直木板的使用通常被认为是最美观的，且当地面高度的变化需要调整墙或栅栏的高度时，它是非常实用的。

左图： 在京都南禅寺发现的这道优雅的竹篱中，垂直的芦苇带似乎模仿了树干。使用未上漆的木材或竹子等天然原材料，可以使边界围栏与远处的树木融合在一起。

下图： 竹子劈开形成的水平竹片，用黑棕绳绑在主栅栏上，为这道栅栏增添了力量和美感。日本人用这些竹片创造了许多不同的设计。

栅栏和墙之间的一种复合体是"抹灰篱笆墙"。直立的支撑木材经常暴露在外，染成了黑色。还使用带有水平木板、垂直木板甚至斜角板的柱子，有时木板交错，空气和光线透过，偶尔也会留出足够宽的缝隙让游客向外看看。

购买或建造日本竹篱可能很昂贵，但可用简单的方法制作合适且更实惠的栅栏。试着将成捆的竹子绑在柱子上，并添加木材或松木等其他材料，形成表面的框架。如果不能为传统的日本茶庭或池泉园找到正宗的围栏，可以使用柳树或榛树栅栏、栗子栅

栏或外观质朴一些的立杆围栏。通常可以从较大的花园中心和围栏专家那里获得这些替代的围栏材料，如果需要，后者通常会提供现场施工服务。

袖篱（竹篱）

过去和现在仍然使用竹子和芦苇屏风的两个原因：第一，将视线转向花园的另一部分；第二，创造私密性。这种情况在日本餐厅很常见，客人不想看到其他用餐者，但还希望能看到庭园，通常是坪庭。袖篱通常高 2m，宽 1m，通常在人肩部位置弯曲，并穿孔。它们有不同的设计，从质朴的到更正式的，都很适合现代庭园。

掩蔽物

西式砖墙、围栏板、木棚和附属建筑物，可以通过固定在竹

上图： 花岗岩手水钵和用黄麻扎成扇形的人造竹篱。还有一个唐老鸭的塑像，当代日本的一个流行特征。

卷或其他屏蔽材料上，比如颜色更深、看起来更质朴的石楠屏风，来隐蔽或融入日本园林中。由劈开的竹子、石楠或柳枝制成的镶框面板，也可用于隐藏原有建筑。

传统的日本屏风，包括弯曲的套筒或翼板，有各种各样的由竹子或灌木制成的设计，具有许多不同的打结模式和结构风格。对于更现代的设置，普通的方形

下图： 亨廷顿植物园的这扇主入口大门需要保证安全，所以要用木材和屋顶瓦片等更坚固的材料建造。

上图： 套筒篱笆是一个经典的功能，用来框定一个视图。

上中图： 两根树枝之间是一块用黄麻扎成的竹制木板。在台阶上，客人脱下鞋子进入茶馆。

上右图： 灌木、芦苇和竹子组合成这个套筒篱笆。

下右图： 这些用黄麻绑起来的竹栅栏柱子给这个入口提供了一个密集的，但非正式的障碍。

网格板，无论是购买现成的还是用压力处理过的屋顶板条制成的，都可以用来制作屏风和隔板。为制作格架，可以定制面板，使其比园艺中心和围栏专家提供的标准模型更具日本风格。将其涂染成黑色，为了保护隐私，使用工业装订枪将竹、石楠或灌木卷固定在背面。

也许除了当代日本园林之外，一个令人满意的特点是，即使新建的也要做风化处理，这样更有

魅力。虽然竹子往往需要几年的时间才会褪色和失去光泽，但在清洗和摩擦之后，可以根据需要用污渍、油、蜡或清漆对它进行处理。也可使用气体喷灯有效地对竹子进行"老化"和黑化。

树篱

常见的有日本箱形树篱（小叶黄杨）、常绿橡树（冬青栎）、日本雪松（柳杉）、石楠和罗汉松。在它们变薄靠近底部的地方，可

处理自然材料

日本人倾向于不涂栅栏，以保持其自然的外观：

· 用几层深色木色涂料达到黑化效果

· 用木材防腐剂处理插入地面的桩基

· 竹篱涂上一层用白酒稀释的亚光清漆后寿命更长

· 木栅栏可以用亚麻籽油或油性污渍来保护

能会被竹篱支撑。

日本的树篱几乎是常绿的，所以混合种植来获得多变的神韵。可以使用山茶和其他丌花植物，尤其是秋季开花的山茶。

水和路径边缘

虽然这些边界规模较小，但无论是在实用上还是在审美上，它们在日本园林中同样重要。水景和园路总是受益于整洁但又自然的边缘。这种方法也是实用的，可加强池塘河岸并确定砾石和其他松散材料的区域。如果你正在做池塘边，或勾画路径和凸起的床，使用焦化或压力处理的原木或圆形的柱子，设置在混凝土床上，以保持它们的刚性。这种方法的优点是，这种边缘是 100% 灵活的，创造曲线，并根据需要跟随地形上升和下降。

门

通常在庭园的主入口，大门是外部世界的忙碌和远处庭园安宁平和气氛之间的分界。

日本庭园的入口大门通常是一个带屋顶的低矮木结构。这是提醒游客用他们的地位与他们即将进入的空间相比，有一种谦卑的效果。它可能仅仅是园墙上或栅栏上的一个开口，或者通常是由竹子制成的铰链结构。特别注意入口大门的地面。石头都是为这个区域精心挑选的，而且摆放得非常细致。

典型的鸟居大门由双横梁连接的两根垂直立柱组成，通常被漆成红色，用来表示正进入一个神圣的空间。

在茶庭中门是非常普遍的，在 17 世纪早期形成了最精致和仪式性的风格。传统的茶庭通常分为两部分甚至三部分：内露地、中庭和外露地，由一条露路（带露水的小径）连接，每个区域都有专门设计的门。

主入口大门（露地之门）可能是一个覆瓦的大型门房或一个简单的茅草屋顶竹门。进入到中部或内露地的第二道门可能是一个小型的爬行开口或是屈身门。有一种顶部装有铰链的门，客人必须把门向前推上去才能通过，在此过程中必须鞠躬。这个门可以被支撑打开。

左图：日本京都的一条住宅区道路，有一系列相同的竹门、灌木丛和竹篱。

可以用一系列的区域来模拟这种效果，每个区域都有自己的入口，以增强接近茶室时的顺从感，并赋予茶庭真实性。可以买现成的日式园门，或者用天然材料制作，在门的侧面或顶部安装一个简单形状的铰链即可。

现成构筑物

可以直接从日本或通过专业进口商获得各种各样的传统日式构筑物，包括庭园屏风、围栏板和有屋顶的大门。可以在互联网上，邮购公司在专业目录和家庭园艺杂志的分类部分刊登的广告中找到详细信息。

此外，还可以根据项目在日本以外的一些公司生产或定制构筑物，在这些构筑物中最好是使用传统的材料和方法，如劈竹和黑麻打结。

自制

如果想拥有自己的建筑项目，可以使用各种原材料建造或改造屏风、栅栏和园墙。有邮购和互联网供应公司销售基本材料，从竹竿到不同长度的劈竹和木制屋顶瓦。

右图：这座茅草屋顶的大门是通往二条城茶庭的象征性标志，也是通往茶庭的实体入口。这种屋顶也可以用木瓦完成。

制作露路之门

　　小巧的格栅竹门非常轻，易于安装。整个日本园林从主入口到园内的各景观节点或沿着露路，门都是非常常见的景观。通常露路之门本身不是为了把人或动物挡在园外，而更多的是一种象征性景观，例如中间的爬行门（见 p.172）。以露路之门为例，会发现门常常是独立的，两边都没有栅栏。

上图：这扇由棕绳系扎而成的竹栅门，其半透明的特性给花园带来了轻盈和通透的感觉。

　　这扇门的简约设计赋予了园林清爽通透的个性，尤其是对配置鲜竹、枫树和带光泽常绿树的茶庭。因为我们使用了轻型的立柱和结实的麻绳作为上铰链，所以这种挂门的方式只适用于由竹了或轻型木材制成的非常轻的门。对于较重的大门，需要使用更坚固的柱子，且顶部和底部都需要铰链，但测量和找平的方法是一样的。这扇竹门也是用铰链的方式，重力会使门自然转到身后再关闭。由于大门只是象征性的，并不是为了孩子或动物的安全而设计的，所以没有门闩，但可以很容易地在门顶系上一圈麻绳，使其牢牢关闭。

你将需要

- 1 扇轻型格栅竹门
- 2cm×7.5cm 圆形软木门柱，理想做法是进行压力处理或在底座上使用木材防腐剂
- 1 个 L 形门铰链，带有一个可以插入竹框架内的插销
- 1 根短的黑色棕绳或尼龙绳
- 手锤
- 1 根撬棍
- 大锤
- 水平仪
- 手锯
- 深的灰黑木色的染色剂和 1 个板刷（可选）
- 电钻或手钻

1. 选好位置后，您必须决定开门的方向和铰链的位置。现在给挂门的柱子打第一个洞，要比"接收"柱的洞更深些。用一根撬棍撬出至少 30cm 深的洞。

2. 如果您喜欢，可以给两根门柱着色，然后确保地下部分用木材防腐剂保护。将放置铰链的柱子放入洞中，肉眼检查柱子是否垂直。如果您有助手，请他们扶住铰链柱，同时您用大锤将柱敲入地面。为避免柱子顶部被大锤砸坏，最好用块木头护住柱顶。

3. 用水平仪检查柱子是否直立。通过将门放置到位，来检查与另一根柱子的距离。两柱的距离可比门的宽度稍窄，以便关门时门可靠在接收柱上。用撬棍撬出第二个洞，敲入接收柱。

4. 最好把柱子设置得稍微高一些，这样就可以把它们截到合适的高度。柱顶应与门顶齐平，也可以稍高一点儿。用水平仪检查两柱间是否水平。如果需要截切，请标记截切线。

5. 如有必要，为确保两柱水平，可用木锯将柱顶锯掉。如果您已经把柱子涂上了日本人喜欢的黑色和焦色，您需要在柱顶截面上涂更多的木色。

6. 检查门相对于立柱的高度，将其定位，使门底与地面保持距离，清除任何石块或地砖。在铰链柱上标记需要安装底部铰链的位置。

7. 选个比铰链直径稍小的钻头，钻到需要的深度。或者，可以买一个带有平板的铰链，可以直接钻到立柱的另一侧。

8. 用手锤把铰链敲牢。把大门放在铰链上，靠近柱顶"8"字形绕柱系一块黑色黄麻。如果门悬挂和旋转不畅，就可能需要调整一下。

9. 门现在可以转动，直到它刚好碰到接收柱的一侧。如果门悬挂良好，可不必固定，否则可以用另一圈棕绳将门固定到接收柱上。

右图: 门作为过渡，可进入到茶庭内露地，内露地设置石灯笼、手水钵和蹲踞。

园桥

园桥一直是日本园林的主要景观，往往与日本园林联系在一起。其中最著名的是中式园桥，它装饰华丽，高拱券，被漆成红色或橙色。池中的岛屿代表着神仙居所，而园桥则象征着到那个世界的穿越。在西方人的心目中，这些红漆园桥通常与日本园林密切相关，但实际上在真正的设计上，它们比那些由更天然的材料和未着色的木材制成的园桥更为罕见。

上图：位于京都西芳寺（苔寺）庭园的一座覆满青苔的木桥，据说这里生长着 60 多种青苔。

桥的类型

在建于 14 世纪的天龙寺庭院中，一座中式的红色木拱桥被一连串的由石柱支撑着的平坦的天然石板所取代。后来的庭园使用的是由花岗岩桩支撑着的整块锻造花岗岩。其中一些花岗岩石板上刻有柔和的曲线。在江户时代（1603—1867），中国高拱桥重新受到青睐之前，这一直是日本桥梁的主导风格。这些半圆形的桥被称为满月桥，因为它们与水中的倒影构成了一个完整的圆形。桥非常陡峭，要跨桥的唯一方法就是在桥的一边上台阶，在另一边下台阶。

八桥

专为观赏鸢尾花床而设计的八桥式园桥至今仍很流行。它由一系列单一的水平木板构成，由短木桩支撑着，这些木桩被打入水池尽头的淤泥中，在水池里日本人喜欢种植鸢尾花床。木板以"之"字形穿过沼泽床，迫使游客闲逛、看鱼和赏花。这种简单风格的园桥可以很容易地融入现在的日本园林中，也许被设计成坐落在沼泽地区，在那里可以种植鸢尾花和莎草等喜湿的植物。建造"八桥"的说明请参阅次页。

编条和原木桥

园桥也常常是用编条（编织的树枝）制成，然后盖上土，或者用打捆后的原木铺在木架上，然后盖上土和砾石。这些设计更多的是为了效果，因为它们相当不牢固，而且通常没有扶手。以京都著名的苔寺为例，那些连接岛屿的园桥已经完全腐烂，但它们却融入庭园深处阴暗的神秘之中。如果想要建造这种类型的桥，考虑好让它持续多久，以及是否对原木进行处理，以提高其使用寿命。如今，编条不易获得，所以最好使用涂有木材防腐剂的成捆的原木，或者使用像橡木这样

左图：这种在英国希尔庄园花园中看到的红漆桥，起源于中国，在日本江户时代开始流行。

桥：关键要点

制作装饰效果 园桥可以简单地放置，为远处欣赏的一部分景色，不一定用于实际目的。例如，一座小型木制拱桥可以在微景观中增加尺度的错觉。

建造坚固的建筑 始终确保要行走的园桥具有较深的地基，并且任何木制支柱（桩）都由耐用的硬木制成，如橡木或防腐木等。或者，使用混凝土立柱并用螺栓将木桥固定其上。

保护水池内衬 横跨用丁基橡胶衬砌的水池的园桥需要特殊的基脚，以保护衬垫不因桥的重量而刺破。更多的说明可以在本页中找到。

保持本真 考虑一下，一座天然的石桥或木桥是否比一座中式的红漆桥看起来更本真，与庭园设计更能良好地融合在一起。选择适合位置的园桥——它们都有自己的位置。

无须处理的优质硬木。

汀步园桥

这些园桥可以用回收的柱子或天然岩石建造而成。就像八桥一样，这些石头呈"之"字形而不是呈直线跨过水面。当沿桥穿过溪流、水湾和水池时，可以看到各种各样的景色，这可能与它在两端所连接的道路的漫游性质相呼应。如果有幸拥有一个广阔水域的大庭园，一座汀步小桥将是一个赏心悦目的风景。

紫藤桥

在日本，带有棚架的坚固木桥很受欢迎，棚架上缠绕着紫藤。莫奈在他的法国吉维尼花园的画作中把这种风格的桥赋予了永恒。当日本紫藤的长总状花序倒映在水中，其效果会加倍，瀑布般的紫藤花创造了一条阴凉的、香味浓郁的可漫步的人行道。

顶图： 二条城地面上的大块弯曲片岩是力量的象征。人们认为最初的庭园被设计成一个完全没有水的枯山水庭园。
上图： 另一种桥型，借鉴自中国。高拱券可以让下方的船只通过，但两边太陡，需要台阶才能通过。
右图： 天授庵庭园中的这座汀步桥是由形状不寻常的柱墩制成——可能是回收的寺庙柱基。

做一座八桥

八桥是日本园林中的一种流行形式。"八桥"名字的由来是有诗意的，指的是一座木桥由呈"之"字形穿过河流的 8 块木板组成。这个想法是为了让庭园里的游客在走过这座桥，穿过一个长满鲜花的水池或沼泽地时，看到意想不到的景象，从而赏心悦目。这也应该鼓励他们留恋和欣赏庭园中意想不到的一面。八桥的建造相对简单，因为它只需要一些柱子和木板。

上图：虽然在设计上看起来复杂，但八桥的实际施工相对简单。

这种独特的园桥多半会被看到，是在庭园溪流河湾汇入水池的地方，或者任何其他类似的区域，都是生长日本水生鸢尾的理想场所。八桥不必有 8 块木板——它们可以仅由两块木板组成，无论它们的大小，它们都是任何大小小的池泉园或回游园的绝佳补充。在某些情况下，这种装置只能是一种外观设计，而不被实际用于行走。建桥时，确保测量准确，这样木板将是水平的。如果可能的话，先把水池里的水排干。如果不能将水池或其他水景的水排干，仍有可能建桥，但可能需要得到专业的帮助，因为将立柱放在水中可能会出现问题。

您将需要

- 至少 5cm 厚的木板——木板和柱子的数量和长度将取决于所处理的水体的跨度和深度，木板的宽度也可变
- 支撑柱，7.5cm 见方或见圆
- 横梁，7.5cm（深）× 5cm（厚），其长度将由木板的宽度决定
- 螺栓，最小 1cm 宽，15cm 长
- 带木材钻头的电钻
- 水泥和混凝土沙/骨料
- 金属柱支架（用于丁基衬里水池）
- 铲子
- 铁锹
- 撬棍
- 粗齿木工锯
- 大锤可以将立柱打入地面或黏土衬砌的水池

定位园桥

在考虑八板桥的设计时，利用角度来引导庭园游客欣赏不同的景色。甚至可以在桥上的一个重要位置放一个长凳。

1.测量桥的精确跨度，并画出需要多少木板才能穿过水湾、鸢尾花床或水池，以及木板的长度。方向变化不必是 90 度，它们可以是更尖锐的角度。

2.在不同的位置测量水有多深，计算出需要多少立柱和立柱应该多长。

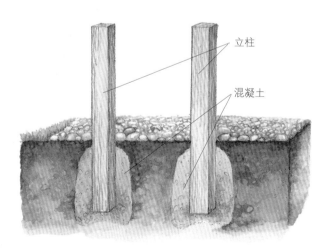

立柱

混凝土

3.从旱地上开始，在地面上设置两根立柱，间距正好是一块木板的宽度，或者如果并排放置两块木板，则是两块木板的宽度。这些立柱需要在地上挖到 45 ～ 60cm 的深度，并在柱基放入两到三铲混凝土（1 份水泥配 6 份混凝土沙/骨料），如果第一组立柱在水中，则按照步骤 7 进行。

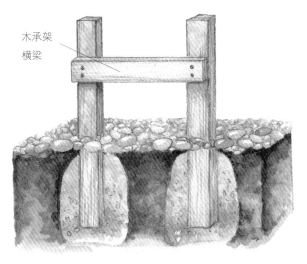

木承架
横梁

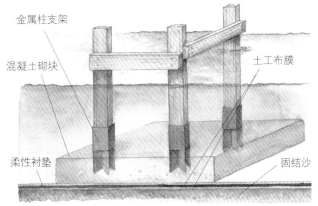

金属柱支架
土工布膜
混凝土砌块
柔性衬垫
固结沙

4. 测量你想让桥离地多高，并在其中一根柱子上做个记号。用水平尺在另一个柱子上做标记。用螺栓将横梁固定在立柱上。坚固的螺丝可能足够了，但螺栓会更坚固，使用寿命更长。第一套木板可以与这些第一根柱子重叠 30 厘米。

5. 如果可能的话，把水排掉，因为这样建桥会容易得多。将柱子打入黏土地基或将水泥直接掺入水中都是非常棘手和不可靠的。

6. 测量到下一组柱子的位置。第一组木板将以木板的宽度与第二组柱子重叠，因为下一组木板将位于第一组木板的顶部。

7. 可将第二组立柱挖入或直接打入黏土衬垫的水池底部，但在有丁基衬垫的水池中，需要将它们安装在立柱支架上，并固定在混凝土基座中（1 份水泥配 5 份混凝土沙）。可以使用专为立柱设计的快凝混凝土，它在 15 分钟内就能凝固。

8. 在铺设木板之前，让混凝土至少凝固一天，在上面行走之前至少凝固两天。每个接合点只需要三根立柱，但四根立柱会使园桥更稳定。如果更喜欢三根柱子的外观，可以加上第四根柱子以增加强度，并将其截除到横梁顶部。如步骤 4 所示连接横梁，并依次继续一组立柱，一边测试一边测量。在较远的一边，可能需要在旱地上安装另一对立柱。

下图： 由木板组成的八板桥，依靠在木桩上，交错着经过一个个鸢尾花坛，走向一片苏铁树丛。

装饰工艺品

在日本园林中，通常避免添加没有任何实用功能的景物。将园林视为一个完全整合的构图，引入不必要的景观会破坏设计的统一性。许多日本园林设计的灵感来源要么来自大自然，要么再现著名的景观，避免可能从整体构图中转移视线。然而，园林中被建造的手水钵和石灯笼等实用景观本身就很漂亮。

上图：一座宝塔矗立在京都金阁寺中一座岛屿的中央。

在日本园林中，植物标本、焦点、雕塑和雕像通常被避开，还有明显的配色方案、纹理组合、令人惊讶的效果和大多数西方花园的基石元素也是如此。这通常在强调要依然适应具有宗教内涵的雕塑形式的更集中的效果。这些雕塑形式包括佛塔、宝塔、手水钵、石灯笼或佛像。

虽然这些手工制品仍然是现代日本园林不可或缺的组成部分，但它们的宗教意义可能会被淡化。

宝塔和佛塔

为纪念圣人用来存放遗物和经书的佛教宝库的构筑物。像石灯笼一样，它们也在寺庙附近被发现，但应用在园林里，并不占主导地位，因为它们是如此熟悉的形象，很容易融入场景。的确，从西方的观点来看，宝塔和佛塔都展示了日本园林和它应该包含的特征。

水装置

在日本园林中会发现一两个有趣的装置，让人想起遥远的乡村过往。逐鹿是最有名的，用水发出声音，以惊吓任何以园中植物为食的鹿（见 p.110）。另一种更不寻常的装置是水琴窟（见 p.111），字面意思是"水琴室"，是水滴入地下洞穴产生的回声。

日本园林中也会发现用木材或天然石料建造的井，通常用竹架做盖子，以防树叶落入。无论是真实的还是装饰的，为表明泡茶水源的纯净，水井与茶园一起使用都是很常见的。

左图：因为许多花园的灵感来自禅宗佛教的哲学，所以在花园里会放置雕刻的佛像浮雕和佛像雕塑。

左图：一座石塔矗立在京都附近庭园内的稀世杉木林中。

上图：位于京都二条城堡花园中的这个水车，已被装点成一个特色景观。

下左图：春日灯笼，这种寺庙风格的石灯笼令人印象十分深刻，通常可大到超过 2m 高。

下图：茶庭里经常可以看到水井，旁边有一块石头放水桶。许多像这样的水井，纯粹是装饰性的。

照明

可供选择的园灯种类繁多，从突出单个植物或岩石的小型隐藏的向上照明灯，到日本园林中最具特色的雕塑工艺品的日式石灯笼。最初，这些石灯笼摆放在神道神社和佛教寺庙外，有时数百盏闪烁着光亮排成一行行。在更实际的层面上，借助照明可以在晚上从房子里欣赏花园，就像一幅画一样。照明也可以让花园在晚上使用，可以创造不同的心境。

上图： 挂在树上和阳台上的铸铁灯笼，作为整体庭园设计的一部分，与石灯笼相比，使用得较少。

茶庭里的石灯笼

就像手水钵和步石小路等其他的工艺品一样，石灯笼通过茶庭进入日本园林。最初石灯笼用来照亮露路和手水钵，因为很多茶会都安排在晚上。它们也被放置在池塘边缘附近代表灯塔，或放在斜坡的底部或水井附近。

尽管它们很受欢迎，石灯笼（里面放着油灯芯灯或蜡烛）并不能发出太多的光，在很大程度上是装饰性的。

风化过程

在日本园林中很少见到雕刻饰品，所以石灯笼，尤其是花岗岩灯笼，可以创造出一些有趣和独特的东西。全新的花岗岩灯笼通常是明亮的银灰色，颜色可能过于鲜亮。花岗岩要经过多年的自然风化，才会产生"侘寂"一词所唤起的那种铜绿或老化的效果。这个词没有直译，大致意思是"枯萎的孤独"，并成为茶道哲学的重要组成部分。当用在装饰品上时，它蕴含着岁月的印记。所以，让你的石灯笼褪色，长出藻类、地衣和苔藓吧。多孔性越强的砂岩灯笼，风化得越快。有很多方法可以加快这个过程。一种有效

的方法是在石灯笼上涂上酸奶或粪肥（将一些粪肥浸泡在一桶水里，然后涂在上面），以此促进藻类的生长。每月重复一次，持续3个月，特别是在秋天潮湿的时候。在夏季，在炎热暴露的位置，藻类和地衣是不会像在凉爽、潮湿的月份那样容易扎根的。一些园丁甚至用碾碎的蜗牛的黏液来保湿。另一种方法是用松枝覆盖一两个月，石头在阴凉处老化得

下图： 日本茶庭的石灯笼有多种形式，从像"春日"灯笼那样的大型寺庙灯笼，到设计成在雪地里看起来最漂亮的小灯笼。

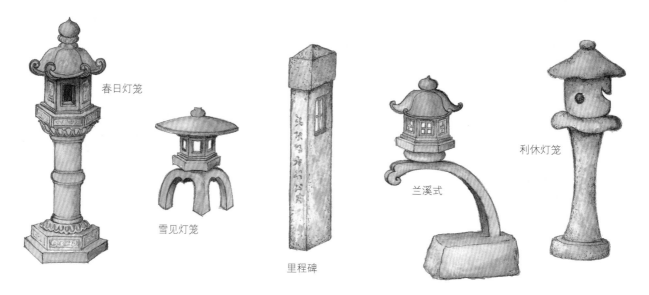

春日灯笼

雪见灯笼

里程碑

兰溪式

利休灯笼

上左图：许多寺庙风格的灯笼仍然带有佛教图案，比如这盏灯顶是莲花花蕾图案的石灯笼。

上中图：仿自然形态的岩石可以层叠，形成灯笼形状。这些自然主义的形式可以为庭园增加一种不同寻常的万物有灵的特质。

上右图：兰溪灯笼是专门设计放置在水边的，可以看到通常是一个油灯芯的光，倒映在水中。

左图：石灯笼是随着茶庭的发展被引入日本园林的，在茶庭中它们被用来照亮露路和手水钵。

下图：矮小结实的石灯笼通常放在水边或砾石尖嘴，以唤起对灯塔的记忆。

更快。

石灯笼的风格

在日本园林中石灯笼起着非常大的作用，很久以前就被划分为不同的类型。有些名称是以著名的茶道大师或园林来命名的，其中最著名和最受欢迎的是织部灯笼。织部是一位活跃于17世纪末的古怪的武士茶大师。在织部灯笼的柱基前面通常刻有佛像，在一些园林中，被改成圣母玛利亚的形象，在17世纪西方基督教教徒被逐出日本后，圣母玛利亚

上图: 日本石灯笼有很多式样，这是永德寺式。

的形象被禁止了。

织部灯笼易于安装（见p.178～p.179）。像春日灯笼这样的高一些、造型优美的灯笼坐在一个圆形的基池塘边的基座上，其中一些雕刻着精致的莲花花瓣。较矮的石灯笼和搁在三脚架或四脚上的低灯，通常被放在池塘边。

在设计的池塘园中，通常会在砾石嶙峋的海角上放置一盏石灯笼，象征性再现了本州北部海岸著名景点天桥立半岛。这是一个"缩景"的经典实例，缩景是一个真实场景或物体的缩小版本。有些这样的池畔灯笼被设计成在被雪覆盖时看起来特别漂亮，这是日本冬天的一个常规景观。

尽管大多数灯笼是石制的，但也有些是用苇草覆顶木制的。铜制的吊灯也很流行，可以很容易地四处移动、挂在树上或简单地放在石头上。

蹲踞布局

最常用的石灯笼使用方式是将其作为茶庭中蹲踞水景的部分景观（见p.176～p.177）。这是一种经典的布置方式：灯笼放置在手水钵旁，在底部的砾石海中

左上: 在一些日本园林中，石灯笼是唯一被发现的建筑工艺品。大多数从未点亮，但这盏石灯笼亮，宣纸嵌板将点燃的油纸发出的光散射出来。

上图: 在相对较大的景观中灯笼通常被设计得看起来很引人注目——这盏灯笼威严地放置在池塘里。

有一两块步石，周围是蕨类植物、山茶花和莎草。在庭院花园或沿着通往房屋前门和餐厅入口的通道上，也可以看到蹲踞布局的不同版本。这些通常包括竹篱背景、手水钵和能提供遮阴和促进苔藓生长的松树或枫树。

照明的现代应用

在室町和桃山时代，为"赏月"建造了特殊的平台和园林。月光特别可爱，当穿过枯山水庭园时，被认为是最动人的。如今在京都，许多最受欢迎的花园都在秋季的夜晚开放，人工照明突出了主要建筑、水的倒影和枫树的秋色。现代枯山水庭园也以一种令人惊讶新奇的风格进行照明。由于传统石灯笼发光微弱，所以在现代日本园林中可以有效利用

右图： 小特色照明可以突出花园中选定的部分或元素，在这种情况下可创造戏剧效果。

电照明。安装和运行低电压、低功率的廉价系统都是理想的。现在你能买到的许多传统的石灯笼和其他日式园灯都可以安装低压电灯。另一种弥补光线不足的方法是在树上或柱子上悬挂青铜灯笼或飓风灯。

在自然主义的日本园林中，小型黑色地灯被用来照亮山石、植物和装饰性景观。可以安装其他类型的低照度照明来照亮道路或台阶，在装饰区域，可以将小型 LED 灯或卤素灯嵌入木材中，效果非常好。关掉变压器的低压园林照明设备相对容易安装。不直接将电缆连接到主电源，可以靠近地面，不必埋在蛇皮管道中，但必须非常小心地隐藏配件和电线，使其在白天不可见，因为这会破坏浪漫的效果。但是建议使用电气承包商来安装照明工程，且作为安全措施，必须安装电流式漏电保护器或断路器。

右侧上图： 低照度壁灯是小巧而有效的。可以安装这样的灯来帮助照亮通往房门或园门的路。

右侧 2 图： LED 地灯可以安装在木制的平台内，也可以安装在铺石路内。

照明 141

营造一个庭园

日本园林将始终包括我们迄今为止遇到的一些传统园林的精品。当涉及规划自己的庭园时，应着手于可实现的规模。选择规划一个小庭园，或在一个更宽敞的庭园中把某个特定区域作为重点，其余部分可以随着时间的推移再逐步开发。

在概述了如何进行庭园规划设计之后，本章介绍了5种主要的园林式样——池泉园、枯山水庭园、茶庭、回游园和坪庭。每个部分都诠释了风格，并呈现出一张展示典型元素的彩色示意图。接下来是这种式样的庭园设计方案。3个实践序列显示了3个阶段，然后每个阶段展示了如何实现设计。其中一些景观，如建造松岛，涉及详细的规划和物流；其他的，如设置一盏灯笼或铺设一条卵石小径，则相对简单。它们都可以适用于个别方案的要求，许多也可以用于其他园林式样。

上图： 在大原县三千院，由整形杜鹃形成的"山坡"。

左图： 洛杉矶亨廷顿植物园的龟岛。

做设计

一旦决定了想要营造的园林式样，考虑到所有的空间标准、场地类型和自然景观，就需要做一个粗略的平面布局设计。图纸不需要太复杂，但它应该能对任何水池或任何新栽植的树木足够精准定位，还有像与现有项目（如建筑、墙壁、树木和斜坡）相关的位置。尽可能精确地测量场地，从不同的角度画出平面设计图是值得的，特别是如果场地不平的时候。

设计内容

如果打算在不同层面创造新的水景，并正在考虑瀑布和溪流的水位下降以及可能需要的任何排水设施，那将需要量取一些相当准确的水位。这可以使用放置在长直板上的水准仪来完成，该水准仪的精度足以满足大多数要求。了解庭园中不同位置的水平高度对水景尤其重要，也有助于整体设计。当要开始设计时，在开始考虑像"未来种植"等令人兴奋的事情之前，确保包括了以下提到的所有功能。这可能看起来

很辛苦，但最终肯定是值得的。日本的园林设计师特别注重细节、比例、视角以及从不同出发点构建这些景观的方式。

设计备忘录

标记图中所示的景观，可以看到种植可能有问题的区域（例如阴凉处、有地下服务设施和多风的地区），同时确定肯定想要种植植物的地方（例如阳光充足的地方和那些可以从房间窗户能欣赏到的地方）。只有当确定了庭园现有的所有特征，才有能力进行

创造性的设计。

朝向

重要的是，不要忘记标记太阳相对于庭园的位置，因为这可能会影响植物的定位。

公用设施

识别和标记所有地下设施的位置，如水管、煤气管、电缆、排水沟、下水管道和井盖。如果打算挖一个水池，应该避让这些地下设施而不是让它们改路。大多数地下设施都比观赏性水池的平均深度要深，但不要认为情况一直这样。如果不知道它们在什么位置，就联系相关的公用事业公司，如果没有规划图，他们会有设备来追踪管道的路线。

树木

现有树木的位置会影响水池的位置或任何新的种植，它们的树荫、它们的根和落叶的范围。有些树木的叶子，如紫杉的叶子，

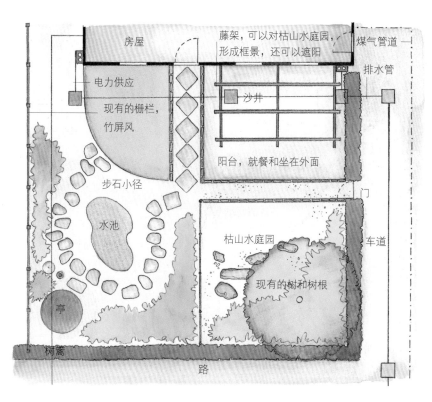

房屋

藤架，可以对枯山水庭园，形成框景，还可以遮阳

煤气管道

电力供应

排水管

沙井

现有的栅栏，竹屏风

阳台，就餐和坐在外面

步石小径

门

水池

枯山水庭园

车道

现有的树和树根

亭

树篱

路

如果它们在水中积聚，会释放毒素，所以不要在这样的树附近设置水池；有些树木，如桦树、花楸树和松树，只能形成较小的树荫；但许多树，包括山毛榉树、悬铃木和七叶树，都会产生浓荫，这些树木下面的任何区域经常处于阴影中，而不是一天中只有一小部分时间，都应该在图纸中标记出来。

边界、附属建筑和视点

园墙和栅栏，以及像棚屋和车库这样的附属建筑，都应该在平面图上标出，因为它们也会投下阴影。它们还会引起涡流，在裸露场地的墙壁周围刮起阵风。平面图上最重要的是要包括主要的一楼景窗，因为它们有助于确定视景线。门必然意味着通往各点的路径，在新庭园中，在设计过程的早期尽早确定路径路线是很重要的。

风洞

城郊庭园因建筑物和栅栏之间有风洞而臭名昭著。即使不能完全避开风洞，也可以种植防风林或搭建格架来过滤风。过滤风，比如发生在树篱或棚架后面的风，比发生在固体屏障背风侧的旋风造成的损害要小得多。事实上，在远离格架的一段距离内，风力强度仍然会大大降低——因此，它实际上是一个比建墙或栅栏更好的，通常也更便宜的避风选择。

上图： 可以用喷雾标记漆或石灰粉在庭园里标出主要的设计轮廓。确保计划的任务有一个合理的顺序，这样任何繁重或有破坏性的工作都不会影响到种植。

下图： 铺草皮应留到最后，因为新的草皮铺好后几周内不能在上面行走。铺设草皮之前，应将地面上的任何松散石块和建筑碎石耙掉。

池泉园风格

从受中国影响的最早的庭园开始，经过几个世纪发展直到最新的设计，在日本池泉园一直非常流行。水池自然会成为中心景观，理想情况下应该足够大，可以容纳一两个岛屿，并且为了更真实，还可以乘坐小型划艇。为此，将需要空间——显然不适合小城镇花园——也需要大规模规划的时间和精力。

上图：在京都的平安神社，交错的步石是由回收的桥墩和寺庙柱基制成的。借用旧的建筑碎片被称为重见（"重新看到"）。

池泉园的要素

最初日本池泉园只出现在城市综合体中。尽管周围都是建筑，但这些庭园非常自然，比后来的回游园少了很多程式化。水池（内含松岛）和小溪是主要的景观，还有自然式的种植和一条回游小路。

水池

池岸应有各种各样自然的轮廓，像海岸线，有海湾、洞穴和海滩。只要仔细考虑山石的形状，它们就可以被放置在池边和瀑布旁，也可以放在水中。在水中它们可以用作汀步或支撑自然式桥梁。

岛

有很多风格的岛屿可供选择，但最受欢迎的是松岛，岛上孤植着一棵风景如画的松树，或者群植着密密麻麻的松树。在池泉园中，通常有一座桥可以到达小岛，

下图：像这座位于爱尔兰塔利日本园中的中国风格的红漆桥，在平安时代早期的日本园林中非常流行。它们也被广泛用于后来的江户花园中，也在西方花园中广泛复制。

尤其是一座漆成红色或橙色的老式中国木桥。当然，可能更喜欢另一种风格的桥，也许是为了达到更为简约、中性的效果。

溪流

池泉园的另一个主要景观是一条蜿蜒的溪流，它要么流入主池，要么流出主池（或两者兼有）。原本是有在这举办某种仪式的目的，但即使没有仪式，它也是一个有吸引力的存在。不过，它应该遵循自然主义的路线，并在溪岸种植玉簪和其他滨水植物。

植物

在池泉园中应该种植体现季节的乔木和灌木群。樱桃林、枫林和松林下可以种

植杜鹃、中国棣棠和绣线菊，以形成对比。

步道

为了鼓励游客通过在池周、溪上和林中漫步，去体验庭园的每一个部分，应增加最后的一个基本景观——游步道。

左上图： 兰溪式石灯笼，典型代表是英国普利兰禅宗花园池岸上的弧形灯。

右上图： 跨池的步石小路有助于在庭园中创建设计的统一性。

下图： 利用大山石和整形过的常绿树，会给这个池泉园一种比实际大得多的规模感。瀑布式的设计仔细观察了山间溪流的自然流动。

池泉园设计

这个池泉园的设计很适合有大庭园的人。主要景观是由蜿蜒的溪流或从瀑布溢出的泉水供水的水池。松岛和石岛布局巧妙，有些岛屿可通过中式桥梁到达，有些岛屿在一个可兼作船屋的亭子中看到。种植和布石的整体感觉是自然的。

制作龟岛

建造龟岛和鹤岛是为了吸引神仙来到人间，了解他们的秘密，尤其是长生不老药的配方。可在水池的任何地方建造这些岛屿，只需要几块位置合适的岩石。

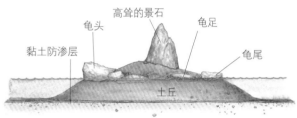

1. 画一个草图，然后选择岩石来代表海龟的各部分。这个岛是海龟的身体，由土和一些支撑岩石组成。还需要些岩石来代表海龟的头和四个足。只要显示龟头的形状，并在岛的四个角上用伸入水中的较宽的岩石作龟足即可。

2. 在水池注满水前建岛。可在丁基衬垫上建岛，或在建岛后再加衬垫。但如果要精心布置，那就要先铺设衬垫。如果用机械运输岩石和土壤，可把丁基衬垫卷起，避免弄破。也可以放置一些额外的衬垫层和衬垫物进行保护。

3. 把土一层层地堆起来，使地基的宽度是岛本身的两倍，以便侧面就能平缓地斜伸入水中。这将确保岩石位于稳定的地面上。在土壤周围、水位以下放置一圈岩石，以增加稳定性。

4. 现在放置岩石以表示海龟的不同部位。直立的岩石需要被埋到 1/3 的高度才能稳定和安全。

5. 然后可以在岛上种草和松树。根据传说，龟背上背着一个神仙岛，这可以通过在海龟的"背"上放置一块特别突出的岩石来表示。

左图： 蜿蜒的溪流模拟了一种天然的溪流类型，岩石用来调节水流。

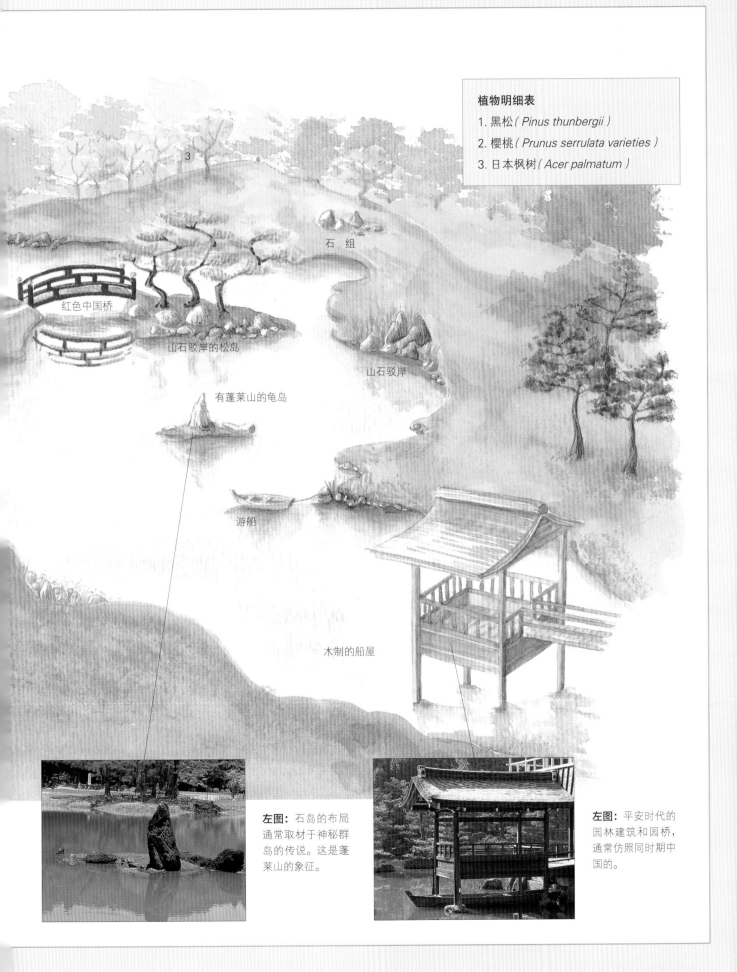

植物明细表

1. 黑松（*Pinus thunbergii*）

2. 樱桃（*Prunus serrulata varieties*）

3. 日本枫树（*Acer palmatum*）

石 组

红色中国桥

山石驳岸的松岛

山石驳岸

有蓬莱山的龟岛

游船

木制的船屋

左图：石岛的布局通常取材于神秘群岛的传说。这是蓬莱山的象征。

左图：平安时代的园林建筑和园桥，通常仿照同时期中国的。

如何营造池泉园

池泉园并不一定需要一个引人入胜的乡村环境。最初池泉园是在日本城市的大型围墙空间中建造的，这意味着池泉园是一种很容易在西方园林中被再现的式样。然而，至少需要1/4公顷才能使该式样有影响。建议池泉园由一个黏土衬垫的水池、一个松岛和一条瀑布创建，所有这些都是该式样的关键元素。在接下来的几页中，遵循这3个元素中每一个的实际顺序，说明如何准备和设置它们。这将为创建池泉园提供一个良好的基础规划，然后可以改变这些元素，并引入其他元素，以满足自己的庭园或个人喜好的需要。

上图： 枫叶的秋色倒映在天授庵的水池里。这座花园的大部分历史可追溯到13世纪，其简单的设计是两个水池、两个岛屿和围绕瀑布布置的岩石。

红松

樱花

日式桥

松岛

黑松

黏土衬垫的水池

日本枫树

草坪

瀑布

上图： 支撑池岸最稳定的方法是用岩石，即使想让草靠近池岸生长。

典型特征

以下是池泉园中最重要的元素：

- 水池边缘周围有岩石，鹅卵石和沙滩搁浅在水中
- 一两个岛屿，通常在岩石中种植松树和草坪
- 涂成红色的中式桥梁
- 蜿蜒的溪流或注入水池的瀑布
- 配有小船的船屋
- 水池周围起伏的小山
- 蜿蜒的砾石小径
- 如樱桃、日本枫树、中国棣棠、杜鹃、绣线菊等植物

规划和可视化

首先考虑计划使用的场地，以及它可能需要怎样被改造成一个池泉园。诸如此类的一系列景观要求面积最小为 45m×45m。水池的大小、位置和式样将需要与所处的位置相适应，也可能还模仿在别的庭园里见过的水池。

当选择瀑布位置时，在庭园中找到一个瀑布最自然的地方，理想的是一个可以形成瀑布流动的凸起的小山。如果想在池中建岛，必须在建池前就设计好，勾画出对庭园外观和内容的想法（见 p.144 的做设计）。相反的彩色设计显示了这个场景的初始概念和可视化可能如何工作，以及当一切就绪时要素将如何联系在一起。

水的实用性

水源 有水源显然是必不可少的。如果拥有天然的水源，如泉水或溪流，请确保在夏季干旱的月份，这些水源足以保持水池的清新。如果没有，或者如果没有天然水源，请咨询一位水景专家，看看水池需要什么类型和规格的水泵。请记住，所需水泵的功率对通过发电来驱动水泵所产生的成本有影响。

水的损耗 应该得到关于由于蒸发造成的损耗以及不可避免的渗漏和飞溅，如何填补水池的建议。

排出多余的水 将需要做好过量降雨带来的过多水分的准备，并且考虑排水。

用土壤衬垫建造水池

为了创建一个小水池，p.188 ~ p.189 所示的柔性衬垫方法是最好的选择；这种衬垫易于安装，在庭园中心随处可见。有时在回游园中可能需要一个更大规模的水池。在这种情况下，可以使用天然黏土衬垫，或更方便的增强土壤衬垫或土工合成黏土衬垫，如下面的方法所示。现在像这样的人造衬垫比黏土更常用。

上图：在没有天然黏土底土的地区，合成黏土衬垫是封闭型大水池的最佳方法。

一个天然的黏土衬垫需要由庭园场地内自然产生的黏土制成。对于这种水池，最好是咨询专业人士的意见，因为它必须与场地的自然景观融为一体。由于这些要求，如果想要一个坚固的水池，尤其是一个不会被水生动物或其他野生动物破坏的水池，强化土壤衬垫通常是更安全的选择。强化土壤衬垫同时有许多天然黏土衬垫的优点。

在以下方法中，将合成黏土衬垫与钠膨润土晶体结合以产生牢固的密封性。为了有效安装，水池应该清空。

钠基膨润土既可用于新建水池，也可用于修复现有水池。它被水池底部的土壤吸收，然后膨胀形成一个阻塞物，这样水分就不会流失。以这种方式处理水池会产生一个防水密封，会持续多年。更重要的是，它是环保的，使用安全。一定要使用高质量的钠基膨润土，按照生产厂家的说明使用，并根据土壤类型和被处理的区域使用推荐用量。

您将需要

- 用于标记水池轮廓的绳子、沙子或藤条
- 5m×5cm 木桩（用于超过 2m 的水池）
- 激光水平仪
- 铁锹
- 合成黏土衬垫卷，足以覆盖水池的四周和底部，允许衬垫之间有 15cm 的重叠
- 足够数量的钠膨润土晶体覆盖衬垫的每个重叠接缝，以使其膨胀和密封
- 庭园浇水用软管
- 表层土与衬垫重叠 30cm
- 瓦片或石板

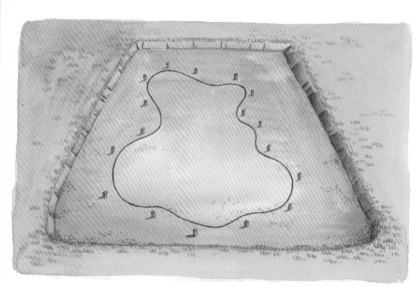

1. 从主要工作区域除去至少 30cm 的土壤移到离主要工作区足够远的地方，并将其储存起来，以备日后使用。如果挖到底土，将表土和底土分开堆放。用绳子、沙子或一串藤条在地面上标记出水池的轮廓。如果是一个大水池，打入木桩以指示水位，如图所示。

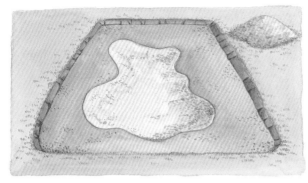

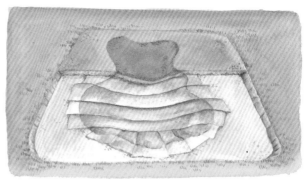

2. 挖出一个碟形洼地，最小深度 60cm，最深位置的最大深度为 1.25m。侧面倾斜不应超过 30 度。保留土壤，以便以后更换水池衬垫，并对侧面进行平整。

3. 滚动衬垫将衬垫薄片在挖掘坑上和水池的边缘伸展铺平，重叠约 15cm。将钠基膨润土晶体撒在接缝之间和接缝上方，一旦钠基膨润土晶体吸收水分，就会膨胀，填补任何裂缝，从而完成密封。

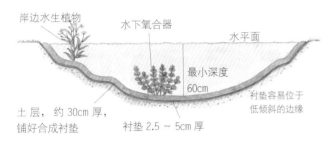

岸边水生植物
水下氧合器
水平面
最小深度
60cm
衬垫容易位于
低倾斜的边缘
土 层， 约 30cm 厚，
铺好合成衬垫
衬垫 2.5 ~ 5cm 厚

4. 用 30cm 的土层覆盖衬垫，避免土壤的肥料含量过高。衬垫与水接触时会膨胀到原来厚度的几倍。这个过程会逆转，即如果让垫子干燥，它可能会开裂，所以垫子接触到雨水或土层中的水分后，通过在完成区铺塑料布或洒水来保持潮湿，直到准备好填满水池。

5. 将浇水软管的一端放在瓷砖或石板上，加水，让水慢慢地流入。这样可以防止新添加的土壤被冲走。

6. 悬浮在水中的细小的碎屑、淤泥和黏土颗粒可能需要几天或几周的时间才能沉到池底，随后水将开始变清。

上图： 合成黏土衬垫水池的横截面。

下图： 像这样的大型复合型水池可以使用黏土或膨润土衬垫。

做松岛

松岛是日本传统池泉园中最具特色的景观之一。这座岩石小岛将种植一棵虬曲的、饱经风霜的松树，会让人想起日本北部的松岛（"matsu"在日语中是"松树"的意思）。几乎任何大小的水池都可以容纳一个小松岛，但显然水池和岛屿需要有合适的比例才能达到预期的效果。这些岛屿的周围最好有石头，这给了这些地貌一个更自然的外观，也可以用来支撑土壤。

上图：松岛位于京都平安时代宁静的湖中。

虽然可以在水池建好之后再建一个岛，但最好是在建池的过程中就设计好，而不是事后才考虑。驾驶机械或手推车穿过丁基衬垫或黏土衬垫的水池可能会损坏衬里。然而，如果水池已经建成，在黏土衬垫上铺一层至少30cm深的保护性土壤，不含尖锐的石头，或者干脆把丁基衬垫卷起来。

日本黑松是建造松岛最好的品种，因为它们可以很容易地塑造成生动的风吹式造型，而且它们也耐湿根。但它们不喜欢水涝的土壤，所以把岛建得比水位至少高60cm，以确保松根有充足的土壤，不仅可以生长，而且还可以确保松根足够坚固，能够抵御风。

松岛实用性

大小 岛的大小应与水池的大小成比例。

形状 小岛的形状应该简单。较大的岛可以有更有趣的轮廓。

桥 如果这个岛离池边特别近，可以用一座桥把它和陆地连接起来。

地基 要确保地基面积至少是外露岛屿面积的2倍。

植物 松树不喜欢根部浸水，所以要确保它们能接触到干燥的土壤。矮芒配松树和岩石看起来很好。

野生区域 留一些长草，鼓励野禽筑巢。

岩石 岩石和松树很相配，可以利用岩石的形状来表示龟岛或鹤岛。

您将需要

- 垫层和柔性衬垫
- 剪断垫层的剪刀
- 承土的大量岩石
- 放置在松岛上的形状有趣的岩石
- 表土
- 铁锹
- 撬棍
- 独轮车或小翻斗车
- 1株日本黑松（多株不同大小的松树也很好看）
- 草种子或任何装饰岛屿的观赏草，包括芒草（*Miscanthus yakushimenis*）和酸沼草（*Molinia caerulea*）

在丁基橡胶内衬上建松岛

1.如有必要，排干水池，然后卷起丁基衬垫和垫层，在想要建岛的地方堆个大土丘。

2.在土丘顶部铺设垫层和柔性衬垫。在垫层和衬垫上开一个洞，使土壤暴露出来，但要确保衬垫远高于水线。

3.在地基上再加一堆土，形成一个平缓弯曲的岛。在岛的边缘将岩石一层一层地堆叠起来，以便将干土固定住。

4.种植松树并播种草籽，或种植草本植物。保持充分浇水，直到生根。

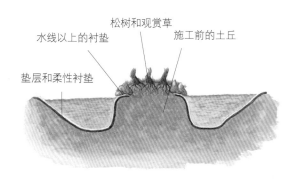

松树和观赏草

水线以上的衬垫

施工前的土丘

垫层和柔性衬垫

上图：这种方法可以确保松根不会被水淹。

在黏土或合成黏土衬垫上建松岛

1. 如有必要，排干水池，然后用额外 30cm 厚的土壤保护黏土衬垫。如果无法排水，则使用履带式车辆建造岛屿。或者，如果岛离池边足够近，可以使用一个长臂的大型挖掘机。

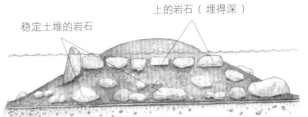

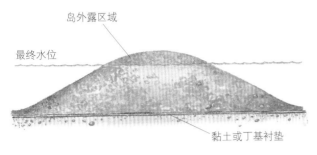

2. 在衬垫的顶部建立一个土堆，将其作为岛屿的地基。没有必要把席子铺在岛上。确保侧面的坡度不超过 30 度，这样可以保持河岸的稳定。

3. 继续用土筑岛，直到岛高出水线 60 ~ 100cm。这将为松树提供充足的无水的根系生长空间。在这个阶段没有必要塑造土堆。

4. 从土堆底部一直到水线以下将岩石深埋。这些将是任何露出水面的岩石的基础。

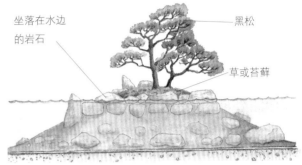

5. 在顶部建造岩石组合，模仿一个岩石岛。把土丘塑造得自然一些。在一些岩石之间多添些土，并利用其中的石缝种棵松树。秋季或春季在土上撒下草籽并好好浇水，在一块或两块岩石之间种植一些观赏草。

下图： 这是个好的例子，岩石小岛上的一株造型优美的日本黑松。这个岛让人联想到龟，岛右侧竖立的石头代表了它的头。

建造瀑布

瀑布是平安时代池泉园的重要景观。它们被认为是释迦牟尼的重要化身佛陀的住所，而两个主要的支撑石头被认为是佛陀的随从。作为丰富的、自然的、赋予生命的源泉，水被视为神圣的，因此瀑布往往很好地隐藏在景观中。《作庭记》中说："建造瀑布有很多方法，但无论如何，它们都应该面向月亮，这样下落的水才会在月光下反射。"

上图：涓涓细流的瀑布声可以创造出与激流一样的氛围。在底部，也就是水落下的地方，通常会放置一块石头，以声音来造景。著名的例子是金阁寺龙门分段瀑布中的石头。

首先选择"瀑布石"，水实际上会溅出的那块。这将决定水下落的高度。可以决定建造一组瀑布，但请记住，水量大不一定就意味着效果更好。从 1m 高的地方落入浅水或鲤鱼石上的小瀑布，翻滚的小瀑布或一片平坦的水面都可以产生同样的效果。永远遵循石头的"欲望"和它们引导水流的方式。如果使用的是带电动泵的循环系统，尽量减少飞溅过程中流失的水量。

瀑布实用性

溢出 使用丁基衬垫来防止任何可能的水溢出。

声音 在设计时，要考虑音效和外观。

安全 将基石充分嵌入混凝土中，以确保安全的开始。

水流 将水管放置在石头上，测试水流，看看效果如何。

管控 要有耐心和灵活性，水在自由落体时是很难管理的。

流量 如果水的流量改变，瀑布的特性也会改变。如果使用水泵，确保买个带有可变流量阀的，这样就可以管理水流，以适合瀑布。

您将需要

- 选择适合拟建瀑布形状的大型岩石
- 铁锹
- 撬棍
- 适合瀑布尺寸的大块丁基橡胶片（注意需要铺得比瀑布本身更宽）
- 1 条衬垫密封带（如果水池是黏土内衬，则可选）
- 混凝土沙和水泥
- 手推车
- 混凝土搅拌机（可选）
- 机械，如底板手推车或防滑式装载机，用于搬运过重且难以用手搬运的岩石（见 p.70 ~ p.71 搬运岩石）

如何构建瀑布

1. 首先，画出想要的瀑布外观轮廓的草图。然后在地面上标出瀑布的位置。如果已经选择了一些岩石，这将有助于选定设计；否则，选择特殊的岩石，来适合瀑布的预期形状。

2. 挖出比瀑布本身宽 3~4 倍的地方。这将留出足够的工作空间，并铺开一个大的丁基衬垫。衬垫将位于瀑布的整个结构之下，这样任何溅起的水花和渗漏都会回到水池里。

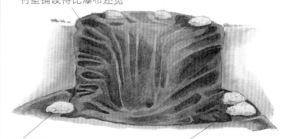

衬垫铺设得比瀑布还宽

压在衬垫上的石头

瀑布衬垫与池塘衬垫重叠，形成一个密封接头

3. 如果水池里有丁基橡胶内衬，把衬垫的边缘提起来，塞到瀑布衬垫下面。水池的衬垫应远远高于水池的水位。用密封条将两个衬垫密封在一起。如果水池是用黏土作衬垫的，让瀑布衬垫降到水线以下。

4. 为第一组基石做一个坚固的混凝土基座。这组基石可能是两个主要的支撑石，或者也可能只是可以为分段式瀑布建造石组的基础。

5. 判断一下落水的位置，然后竖立起主石，把它和主要支撑石之间的接缝密封起来。

6. 构建一个头池，即使瀑布是由溪流注入的。头池将有助于保持水流恒定。

瀑布底部浅水中的鹅卵石和卵石

蕨类植物

衬垫隐边

玉簪属植物

鲤鱼石

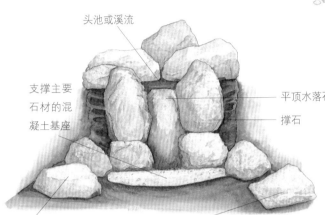

头池或溪流

支撑主要石材的混凝土基座

平顶水落石

撑石

围绕池边设置岩石，以隐藏衬垫

围绕池边设置岩石，以隐藏衬垫

7. 在头池的侧面和顶部添加更多的岩石，以形成自然环境，并有利于陡峭山坡的土壤保持。在一些种植穴种植莎草、蕨类植物和其他滨水植物，确保所有的混凝土接缝都被巧妙地遮盖住。

8. 在瀑布底部放置一些小石头和鹅卵石，使其得到展示。观察水流后，在底部放置一块"鲤鱼石"来承接水，水会溅出来并围绕其流动。

创建一个溪流和瀑布系统

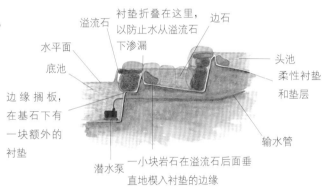

溢流石

衬垫折叠在这里，以防止水从溢流石下渗漏

边石

水平面

底池

头池

柔性衬垫和垫层

边缘搁板，在基石下有一块额外的衬垫

潜水泵

一小块岩石在溢流石后面垂直地楔入衬垫的边缘

输水管

下图： 有了自然的水道和有趣的轮廓，可以重现山间小溪的效果。塔利日本花园中的岩石和天然溪流。

枯山水庭园风格

枯山水庭园是所有日本园林式样中最令人沉思冥想的。它也是最抽象的。确实需要对这种式样的起源有一个相当好的了解，才能做出一个让人印象非常深刻的枯山水庭园。看看日本著名的枯山水禅宗庭园的照片，看看自己的站点是否合适。还需要保持它的整洁，所以枯山水庭园不是一个大型家庭花园的理想选择，它特别适合庭院和小型封闭空间——即使那些地方不适合植物生长。

枯山水庭园要素

顾名思义，枯山水庭园的基本要素是干燥材料，以经常被耙成图案的沙子和砾石的形式，还有被精挑细选和精心摆放的岩石。另一个重要元素是平整的场地，因为大量使用沙和砾石意味着水平面比斜坡更可取。

沙和砾石

庭园的"干燥"体由沙或砾石组成，将沙砾铺展开，以海或湖的形式来代表宽阔的水域。枯山水庭园也可能包含旱"溪"和枯"瀑"，尽管这些不是必需的。所有这些干燥材料的使用意味着几乎不需要维护枯山水庭园，偶尔耙一下砾石（和修剪可能包括在内的任何灌木）就可以了。

沙和砾石通常被包含在一个矩形框架内（在日本，人们可以在禅寺的矩形庭院中找到它们）。

岩石

一旦确定庭园适合做枯山水，那么就该清楚，成功的枯山水庭园的关键在于岩石的布置。有许多布置可供选择，例如，须弥山组，中心的石头代表佛陀或圣山须弥山；代表神仙岛不同方面的石组；或者用直觉和本能简单地布置一个石组——必须通过移动岩石来试验这个石组，直到对效果满意为止。应该把所有这些布置都设计出一种安宁的感觉，并且应该避免在形状或大小上有任何极度的形式。

植物

如果得到岩石很难，或者决定不使用岩石，也可以将植物组群修剪成远山的形状或代表圣地来进行有趣的布置。

左图：大多数枯山水庭园都设计在庭院中，庭院的矩形形状在某种意义上代表了一幅画的框架，而沙的覆盖面则代表了白色的"未着色"的画布。尽管如此，它们在更自然的环境中也同样有效和具有启发性，像英国邱园这个例子，尽管发挥尺度感困难得多。

下图：坐落在一大片砾石边缘的岩石可能暗示着河流或湖边。放置得当的岩石需要简单的种植来增强它们的形态：邱园的这些岩石靠在一堵朴素的墙上，墙边有一棵修剪得非常整齐的松树。

枯山水庭园设计

　　枯山水庭园最好的位置是由墙或栅栏围合起来的庭院。这样内含了庭园，以至于枯山水庭园可被看作是一幅"挂"在框架内的画作，另外保护了枯山水庭园免受各种因素的影响。这些枯山水庭园的深层禅意是心灵的放空——禅宗冥想的一个目标。整个庭园应该有一种克制的气氛，是一个由沙、岩石，也许还有一些植物组成的平静而有灵性的地方。

枯山水庭园的修剪

　　在一些大型的枯山水景观园林中，如龙安寺或正传寺，可以看到利用修剪来表现景观。一棵饱经风霜的松树可能暗示着一座山或海边的风景，而整形修剪的植物组群可能象征着一片远山。

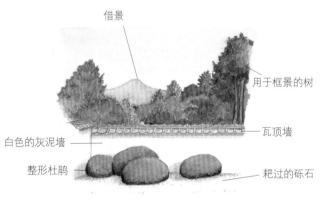

借景
用于框景的树
瓦顶墙
白色的灰泥墙
整形杜鹃
耙过的砾石

1. 画一张场地草图，勾勒出想要再现的景观轮廓。这种设计通常包含借景，所以看看庭园外面，看看是否有什么可以融入的景观。通过浏览一本关于中国山水画的书籍来获得更多的灵感，可能想要再现一个自己熟悉的特别喜欢的风景。

2. 决定是买更便宜、更易定植的，但需要时间才能长大的小嫩植物，还是能即时看到效果的更大的植物。因为高度的变化会使人印象深刻，使用不同大小的植物。如果买不到大株杜鹃，应该可以买到大株更便宜的未修剪的黄杨木，可以把它剪成自己想要的形状。也可以使用其他常绿树，如山茶花、石楠或桂花品种。

3. 如果场地的土壤贫瘠，或者不适合杜鹃生长（杜鹃花喜欢酸性土壤），那么为每株植物挖个大的种植穴。确保该区域排水良好，或者在穴的底部放一些砾石，然后填入需要的混合土，并种植上样本植物。

4. 摊铺砾石和沙，以达到耙出的"枯山水"效果（关于砾石和排水的说明，见 p.168 ~ p.169）。

远景

瓦墙

长满青苔的

旱溪上面的板桥

平铺的边缘

上图：海浪拍岸的沙纹与平铺的"框架"之间的相互作用。

右图：紫竹是合适的，因为它体量不会过大，也不会四处蔓延。

植物明细表

1. 日本黑松 (Pinus thunbergii)
2. 春梅 (Prunus species)
3. 整形杜鹃
4. 紫竹 (Phyllostachys nigra)

枯山水瀑布

长满青苔的小山

灰泥墙

龟岛

耙好的沙

檐廊

右图： 长满苔藓的小山需要经常浇水，以保持新鲜和绿色。

右图： 整形杜鹃可以像矗立的岩石一样稳固。

如何营造枯山水庭园

一般枯山水庭园最好建在平地上，除非有意包括一个枯瀑，但即使这样也可以将枯瀑建在庭园一个角落。京都大德寺里一个名为"大仙院"的庭园描绘了一个完整的山地景观，几乎具备了枯山水庭园的所有要素：岩石和虬曲的松树、旱溪、枯瀑、天然的石板桥，甚至一块"漂浮"在沙海上的石头。关于枯山水庭园设计的建议是，枯山水庭园包含了上述主要景观，所有这些景观都包含在一个确定的矩形区域内。种植的植物仅限于一株松树和一些竹子，点缀着石头和岩石，周围是耙过的砾石。营建这个庭园的 3 个阶段显示在以后页面：岩石的定位、放置边缘石和改善排水。

上图： 虽然枯山水庭园通常被称为禅意庭园，但日语名字是"枯山水"，沙或砾石代表水，岩石代表山。

修剪的松树

竹子

覆瓦的墙

粉刷过的泥墙

岩石放置在直线状的路缘石上

鹅卵石

耙过的砾石（同心圆纹样）

主石布置

耙过的砾石
（平行线或水流）

石头边界

上图：这个枯山水庭园是在一个旧谷仓的原址上建造的，几乎没有土壤，再加上旧墙和水平场地，使枯山水庭园成为自然的选择。

枯山水庭园的典型景观

一个枯山水庭园应该是一个矩形的水平庭院，带有三面园墙，第四面用作观景平台。枯山水庭园包括以下内容：

- 带有构成庭园框架的镶边石或地砖的矩形庭院
- 形状有趣的岩石
- 最好是浅银灰色的砾石
- 岩石底部周围的苔藓，让岩石看起来像岛屿
- 步石和石灯笼
- 虬曲的松树和小叶常绿树紧紧环绕着岩石
- 整形杜鹃象征小山
- 枯瀑及带有旱溪和园桥的景观

规划和可视化

在开始之前，必须对想要引入的要素有一个很好的想法，并确保能够将所有元素都引入到场地中。岩石在狭窄的范围内很难搬运，但小型挖掘机可以通过大约1m宽的开口，这可能就足够了。

如果打算在枯山水庭园里种植植物，确保土壤要适合这些植物。如场地无土或排水较差，可在岩石之间建立种植区或挖沟以改善排水。

岩石、边缘和砾石

首先要做的是把石头放到位，因为这将是最难处理和最杂乱的工作。在此之后，可以用镶边石将包含砾石的区域框起来，并将砾石和岩石都衬托出来。在日本，这些边缘通常做得非常精致，组合使用地砖、条状花岗岩和一排排的鹅卵石，这些鹅卵石也可作为排水通道。即使正在使用一个更现代的设计，不受限制的开放空间仍然有必要建立一个边缘来容纳砾石或沙。

如果想把砾石耙成图案（见p.78～p.79），需要将砾石铺成5～6cm深。如果想让砾石成为一个可以走过的实用要素，那它可以不用那么深。观赏和沉思冥想两大要素的塑造，使枯山水庭园的精神和禅意品质得到更有效的实现。

岩石的定位

岩石被视为力量的重要自然象征。它们被用于许多日本庭园，其顺序和位置被视为庭园平衡的关键。岩石大小变化不一，从需要挖掘和胶合固定的巨大岩石，到可以用手搬运的更小的岩石。岩石应该总是以一种自然的方式放置，这样它们看起来相互平衡。日本传统的造园家赋予岩石一种活的精神，称之为"随心所欲"。

上图： 带有有趣的纹理和标记的岩石是枯山水庭园的理想选择。

岩石的放置是日本园林设计的一个至关重要的方面。可以选择聘请专业的景观设计师，但在设计师的一些指导下，可能需自己组织，这样可以了解这个过程，即从租赁合适的设备到所有的安全问题。一旦确定了如何搬运这些岩石，就需要知道如何安全且艺术地来定位它们：确定岩石的大致重量，这样就可以知道机械的正确尺寸和吊带的正确尺度。也可参见 p.70 ~ p.71 关于搬运岩石。

您将需要

- 两个人搬运岩石
- 防护服（例如安全帽、手套和靴子）
- 结实的绑带（来自租赁商店）
- 脚手架杆和卸扣
- 铁锹和撬棍
- 小的撑石
- 围栏杆
- 大锤
- 用于回填的疏松土壤

岩石实用性

发现岩石 可能很难找到与艺术意图完全匹配的岩石，所以在安置它们时要灵活。

购买岩石 多买一两块岩石，让自己有更多的选择。

放置石料 不时地向不同的有利位置迂回移动。无论从哪个角度看，这些岩石都必须是恰当的。

调整岩石 要花些时间，确保岩石感觉上是对的。这似乎是一项困难的工作，但是一旦庭园建成，以后就很难再移动大些的岩石了。

离开岩石 一旦安置好岩石并完成了建园，几乎不可能在不造成相当大破坏的情况下去移动任何较大的岩石。

1. 决定要岩石向上绕到哪一个方向。然后测量岩石将露出地面和需被埋在地下的尺度。高大直立的岩石需要深埋以确保它们的稳定性。岩石的角度越大，洞穴就应越深。

2. 用粉笔在岩石上画一条线来表示地面的高度。再次测量，这样就知道安置的洞穴要挖多深，还要考虑到该区域将会多埋 4 ~ 6cm 的砾石。

3. 挖好洞穴，在洞穴上横放一个围栏杆，围栏杆上面放置一个水平仪，横跨洞顶，抬高到和砾石齐平的高度。

4. 检查洞穴深度。挖得太深可能会使岩石下面的土壤松动，导致岩石"下沉"过多。每一边还要留出足够的空间来调整岩石的角度和压紧岩石。

5. 用挖掘机把捆扎好的岩石慢慢地吊入洞穴中。应该有两个人在适当位置帮助引导岩石下降，扭转它，使它的角度正确。

6. 将岩石安全绑好并固定在起吊装置上，尝试不同的角度和位置，直到它被放置在理想的位置上才满意。

7. 岩石依然捆扎着并吊挂在挖掘机上，用较小的石头支撑着岩石的底面和侧面。这些小石头也可以用来楔入两块岩石之间作为支撑。

8. 用大锤把石头敲紧。然后测试岩石的整体稳定性。开始在岩石周围填土之前，岩石应该处于"坚如磐石"的位置。

9. 用壤土或黏土回填孔。沙土不能很好地堆积，而且过于松散。用围栏杆的粗端，把石头之间的土夯实。

10. 用大锤将岩石周围最后一层土夯实。

11. 用耙子把周围的土耙平。将伴石放置到位。相比主石，它们又小又低，因此不需要如此深厚和坚实的底部基础。

12. 这个过程的最后一步是给岩石周围的土浇水，去除所有的气穴，并帮助夯实地面。

搬运岩石

在定位岩石时，需要考虑各种实际因素：
· 用小型挖掘机搬运大岩石（见 p.70 ~ p.71）
· 使用结实的尼龙／帆布纤维带，

尽量减少对岩石的损坏
· 计算地基深度，决定在完工庭园中可以看到岩石的哪一部分
· 将洞穴挖得比需要的略深，以

便以后可以灵活调整位置
· 在拆除带子之前，试着在不同的位置和角度放置岩石
· 检查岩石的稳定性，并用土填紧

放置边缘石

大多数枯山水庭园都设置在一个框架空间内，无论是在有围栏的开放区域，还是在有围墙环绕着的庭院中。这种框架既能容纳沙或砾石，又能让庭园看起来更像挂在框架里的一幅画。在所有著名的枯山水庭园中，会注意到在选择边缘材料和如何铺设方面都非常谨慎。可以使用长条状花岗岩铺路石或深蓝色地砖，或者两者兼有，可以在两者之间铺上一条鹅卵石通道，以帮助排水。

在自己的庭园里，可以使用任何本土材料。在本项目中使用了由当地同一种砂岩制成的岩石，它们的长度相同。

这些镶边石相当均匀，但绝不是完美的矩形。这些石头被用来将靠墙的一圈鹅卵石与枯砾石"海"隔开。

上图: 镶边石不仅有助于将种植区与砾石区分开，而且还可以形成自己的装饰特色，例如塔利日本园中的凸起区域。日本人非常注重庭园各部分细节。

您将需要
- 精选的石头
- 建筑工用的麻线和钉子
- 卷尺
- 水平仪
- 镐
- 混凝土沙和水泥
- 铲子
- 橡胶头锤
- 砌砖抹子
- 除草织物
- 剪刀
- 鹅卵石
- 打破边缘均匀性的一块岩石（可选）

边缘材料
以下材料可用于枯山水庭园的框架区域:
- 本地材料或回收材料
- 旧的、略微变形的砖块
- 旧花岗岩底座
- 镶在边缘的旧瓦或地砖
- 烧焦的木柱顶部

1.平行于其中一面墙，拉一条施工线，标记镶边石外面的水平高度，用卷尺检测施工线两端与墙的距离是否相等。在平地上，用水平仪检查线是否水平。在一个倾斜的场地上，把线紧紧地放在边缘路线的两端。为镶边石挖一条沟，要比石头本身深一点儿、宽一点儿，不时盯着线。摆好一排镶边石，这样施工时就很容易够到。

2.使用细沙或纯沙混合料制作混凝土混合料，8份沙子配1份水泥（大多数水泥包装袋上有混合建议）。少量的混凝土可以很容易地用铲子在手推车中搅拌，但大量的混凝土可能需要混凝土搅拌机。可拖式混凝土搅拌机，电动和汽油驱动，可以从工厂租赁仓库租用。将少量混凝土铲入沟中，一次足够1m的边缘石之用。

3. 把一块镶边石放在水泥床上，使其稍高于施工线。

4. 用锤子用力敲击石块，直到其与线齐平。对其他石块重复上述步骤，直至完成路径边缘。相邻两石应该靠紧，以防沙和砾石从它们之间的缝隙中漏至另一侧。

5. 用混凝土拌和物加固镶边石，确保拌和物不会出现在成品砾石上方。

6. 在镶边石和墙之间撒上细沙。移除任何仍然突出的石块或土块。

7. 测量、裁剪，并将除草织物铺在细沙上，把边缘掖好。

8. 在织物上铺一层鹅卵石，使鹅卵石水平高度低于镶边石石顶。

9. 如果想要有不同寻常的触感，可以在预先测量的空隙中放置一块天然岩石，这块石头可以很容易地用底板手推车搬运。挖出 6~10cm 的土壤和铺一层 4cm 的纯沙，然后把岩石直接放在纯沙的床上。

改善排水

　　枯山水庭园设计的早期阶段，必须仔细考虑排水需求，尤其是打算栽种植物。枯山水庭园通常建在平地，靠近建筑物，那里重型机械和地面工程可能会造成土壤自然质地的压实，尤其是在黏土或混凝土地基上建造的庭园。在这种情况下，可能需要铺设柔性排水管以改善排水。

　　排水不良会淹死植物，并可能对建筑物和墙壁造成损坏。如果在排水不利的重黏土的基址上建造枯山水庭园，一旦岩石和边缘石就位，大雨过后水就会滞留在园中。解决这个问题的最好方案是铺设一个支线排水网和一个主排水管，以确保水可以自然流出。

上图： 在某些水平场地，需要考虑排水的问题。排水系统可以设置在枯山水庭园的边缘，并做出排水的详细设计。用大砾石或鹅卵石填充排水沟渠就足以掩盖排水管线区域。

您将需要

- 直径 10cm 的柔性多孔排水管
- 角接头
- 锋利的刀
- 铁锹和铁铲
- 手推车
- 软管
- 10~20mm 豌豆砾石
- 含石粉的碎石（筛出粗块）
- 彩色砾石或沙
- 压路机或锥板
- 耙子

1. 用标记漆标记出排水管线。然后，将主排水沟挖掘至少 45cm 的深度，并将支排水沟挖掘至 30~35cm 的深度，使其更接近地表。排水沟应倾斜，每 20m 至少下降10cm。

2. 在沟底铺上一层豌豆砾石（小的、光滑的、圆形的石头）4cm 深。

3. 在沟渠中铺设柔性排水管，并在坡道顶部用软管灌水，以确保能有效排水。用至少 10cm 的砾石覆盖管道，留出连接支排水管的地方不覆盖。

4. 在支排水管（来自种植区）与主排水管连接的地方切断主管（多孔的排水管很容易用锋利的刀切开）。

5. 在支排水管与主排水管的连接处，需要安装角接头。这些接头通常被设计成适用于不同尺寸的管道；剪下适合所选择的排水管尺寸的，再用砾石覆盖所有管道。

6. 将5~7.5cm的碎石/石尘混合层铺在枯山水庭园的整个区域，最终那里会将沙或砾石耙出图案。

7. 摊铺该层至平整，填满坑洞，填好排水沟。沟渠狭窄，压路机无法操作，因此只能用脚压紧，这将有助于避免以后出现的任何下沉。

排水实用性

渗水坑 需要检查最近的雨水收集点。如果距离较远，则应建一个渗水坑或法式排水沟来收集排水。

位置 在挖沟和决定铺设主排水管之前，应检查所有设施的位置，例如污水管、电缆、燃气管道和总水管。

流动 检查排水水位如何运作。要遵循的原则是，主排水沟必须挖到最低的水平高度，这样现场所有的排水沟的水都能流入主排水沟。这可以用肉眼观察，也可以将一根软管插入排水管来检查水流，或者使用调平设备来进行更精确的测量。

落差 排水沟的落差应该每20m不小于10cm。

容积 在大型场地，可能需要一个直径为15cm的更大的主排水管。

8. 使用机械锥板或压路机压实表面。如果在这个过程中发生任何下沉，用更多的碎石填满任何凹陷，然后再次碾压，直至整个表面完全平整。

9. 将砾石或沙铺在表面上至所需深度，并将其耙平，深度应至少为6cm。

上图： 在这个地方，底土是固体黏土，所以绕着庭园外围铺设了排水管道。额外的排水管是从种植穴处连接到主排水管。

茶庭风格

　　这种类型的园林以路和门槛为特征，代表着通往更具灵性世界的旅程。通过带顶盖的外门进入茶庭。茶庭内部分为两部分：设置小等候室的外部区域和会发现茶室的内部区域。连接这两个区域的是路径，它引导游客经过遮蔽所座位，通过屈身门，到达最终目标：茶室本身和茶室内等待着欢迎客人的主人。

上图：作为茶道礼仪的一部分，最初将手水钵和石灯笼设置在日本园林的露路旁。

左图：到达茶室是茶庭的最终目标。这条路线通常由许多标志着旅程的重要阶段的门户组成，而茶室本身通常到最后阶段才能被看到。

茶庭的元素

　　日本茶庭由4个重要元素组成：茶室、露路及周围的花园、沿路设置的石灯笼和一个手水钵。

茶室

　　茶室传统上是茶庭内的乡村建筑。它可以很小，隐藏在僻静的地方。但是在后来的日本园林中，茶室变成了可以俯瞰花园景色的更为开敞的建筑。这使它更像一个茶亭或露台。茶室的原始本质是"城中山居"，是远离忙碌生活的幽静的乡村隐居之所。

小路

　　这条小路通常是步石小路，经过等候室和一个小小的"屈身门"，促使游客意识到他们正要离开的世界及前方的荒野和更高境界的领域。

　　荒野不需要写实的，而是用"山地"植物来暗示，通常是像枫树树冠下的山茶和桃叶珊瑚这样的叶色光泽的常绿植物。

石灯笼和手水钵

小路和手水钵周围的区域应该被精心布置的灯笼照亮，因为最初茶道仪式通常在晚上举行。手水钵是一个重要特征，表示进入茶室前需要清洗。

右图： 宝泉院茶室外廊柱形成的框景。

下图： 在露路旁遮蔽所内的座位是为客人在进到茶室前能舒服地等待而设置的。

茶庭设计

建造茶庭的原则几乎适用于任何空间。主要特点是沿着大门内的步石路径，通过一个等候室，经过石灯笼和手水钵，并通过中门，直至茶室。随着小路靠近茶室，花园会变得更加荒芜。这一点，就像许多日本艺术，是写意的而不是写实的。

中间的通道

这扇门被放置在内外露地之间的茶庭中间。在为了精神世界而离开现实世界的过程中，客人被迫低下头，或者在一个低的门楣下，或者像下面描述的大门那样，从它下面挤过去。

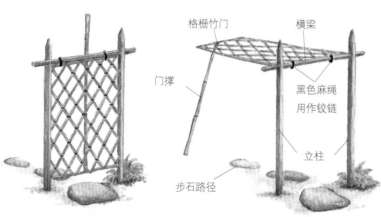

格栅竹门
横梁
门撑
黑色麻绳
用作铰链
立柱
步石路径

1.以大门为基准，标出两根立柱的位置。立柱 7.5~10cm 见方或见圆，2.5m 长。

2.为柱子挖 60~70cm 深的洞。如果土壤坚实，简单地在根基周围加固两个柱子。如果土层松散，应该用混凝土加固两根柱子的根基。

3.测量门高，根据门高适当截除两根柱顶。

4.将横梁（宽度应与立柱相同，长度应为 1m）固定在立柱顶部，形成榫卯接合，方法是钻一个销钉孔并将其推入，或用两个 15cm 的螺钉将横梁拧紧到每个立柱上。

5.使用一些厚重的黑色麻绳作铰链在横梁上悬挂一扇高 1.5m 的轻质竹门。

6.将一根直径 4cm、长 2.5m 的竹竿固定在门底，用来撑门。

左图： 在主人邀请客人进茶室前，客人先在等候室休息。

厕所

8

6

3

守关石

石灯笼

山石

苔藓

竹篱

井

2

蹲踞

内露地

苔藓

9

植物明细表

1. 台湾吊钟花
2. 整形杜鹃
3. 秋花山茶
4. 莎草
5. 南天竹
6. 赤松
7. 日本黑松
8. 日本枫树
9. 蕨类植物（一些物种）

左图：沿着露路的栅栏和门将茶庭分成两部分。这是扇带铰链的竹门，但可以是中间的爬行门。

左图：蹲踞或"蹲盆"，总是伴着一个石灯笼。

如何营造茶庭

创造一个日本茶庭的艺术不只是在放置要素上，还需要对茶道背后的哲学有所了解。一旦熟悉这一点，就可以将步石小路、石灯笼、手水钵和植物等元素，组合成既统一又有独特品位和文化的风格。茶庭很适合小区域，主要的蜿蜒小路可以短至 5m，尽管在大园中可能是 30m 或更多。接下来的实践序列将展示如何创建茶园的主要景观：安排蹲踞，设置石灯笼并铺设步石小路。下面的示例结合了所有的元素，有一个茶室的空间，有一条步石小路通向"茶室"。

上图： 庭园的阳台旁通常会发现这种类型的高手水钵，或作为一个通过茶庭到茶室的"精神"之旅的独立单元。

规划和可视化

　　一旦确定了露路的目标（即茶室），就想要为这条路设计个有趣的旅程。在路的某些地方，寻找适合的地方创建蹲踞布局——手水钵和石灯笼的组合。如果茶庭很大，可分成两部分——内露地和外露地——在内露地放置一个等候室和一扇分隔内外露地的中间爬行门（见 p.172）。构建一个喻示荒野的种植：山石自然地散置在路旁，使用蕨类植物和莎草，也包括其他植物夹杂其中。

　　即使您只有一个非常小的空间，也尽力把所有的元素都放在一起，去营造一种远离繁忙世界的旅行感，让您和您的客人都能感觉到您正在进入一个精神纯净的地方。

茶庭的典型景观

除了茶室，以下是常见的元素：

- 一个入口门
- 一条弯曲的步石路径
- 一个周围铺砌鹅卵石的手水钵
- 用以照亮路和手水钵的石灯笼
- 为客人准备的等候室或长椅
- 一扇中间爬行门
- 林地种植山茶、枫树和竹子，岩石周围低矮种植蕨类植物和莎草

手水钵

　　最简单的方法是找到一个迷人的手水钵，然后用手将手水钵填满水，就像要鸟浴一样。但是如果想让手水钵不断被装满水，需要在手水钵下面建一个蓄水池来接收溢出的水。水可以被排到渗水池、池塘或主排水道，或通过放置在蓄水池（见 p.112~p.113）底部的小型泵回收。如果使用电泵、电石灯笼，则需要一个既安全又完全耐晒防风雨的电源。

布置蹲踞

蹲踞是茶庭的主要元素之一。"蹲踞"词汇的意思是低蹲的手水钵，是客人用来洗手和洗脸，进入茶室之前进行精神净化的。也指低手水钵和配套石灯笼的整体布置，客人使用手水钵时站在上面的踏脚石，以及周围的砾石和鹅卵石的石海。游客站立的踏脚石或前石上，会引起身体在手水钵前的降低，以此表谦卑。

每次茶客到达时，手水钵都会补充清水。最简单的方法是可以通过手动清空手水钵并用水壶（水罐）重新注满来实现。也可以

从水龙头或天然泉水中引水并通过竹管不断滴入水流，然后水流入下面的蓄水池，在蓄水池中，水被排出或通过电动泵循环使用。

上图：水可以通过竹管注入手水钵里。作为水源，水龙头缓慢而稳定地滴水，这样可以确保手水钵里有源源不断的清水。清洁和纯洁被视为神圣，是日本茶道的重要方面。

做一个蹲踞

为了营造真实的环境，与蹲踞配套的元素与手水钵本身同样重要。

石头 在蹲踞的两侧放置两块或更多的平顶山石。在上面放盏灯笼很有用，客人洗漱的时候也可以把他们的个人物品放在上面。

鹅卵石 在蹲踞周围布置一片鹅卵石的海洋。虽然这不是必要的，但这为手水钵营造了一个吸引人的环境，并有助于保持周围的地面干爽。

勺 在手水钵附近或上方放一个竹勺，供客人舀水清洗。勺子需要保持干净，因为竹子受潮后很快就会发霉，或者你也可以只在客人来的时候，才把它放在手水钵边。

排水 为较大的手水钵提供排水出口（见 p.112~p.113）。

您将需要

- 铁锹
- 手推车
- 蓄水池套件（可选，见 p.112）
- 1 个手水钵
- 岩石
- 平坦的步石
- 大直径砾石或鹅卵石
- 竹槽（可选）

1. 选定了蹲踞的位置后，首先用铁锹挖一个洞来容放所选择的蓄水池。将洞挖得足够深，以使蓄水池的边缘保持距土壤水平面上大约 4cm 的高度。

2. 将蓄水池放入洞中，找平，回填沙石，并固定到位。

3. 平整代表"海"区域的周围土壤。如果不能从蓄水池中回收水（见 p.112~p.113），可以使用一个装满碎石的大塑料罐，来帮助排水。如果这样，需要确保罐底有足够的洞让水排出。

4. 在土面上铺一层 4cm 深的净沙，使其与蓄水池边缘齐平。沙将有助于保持场地的清洁，又可以作为铺设鹅卵石的自由排水介质。把金属格栅放在蓄水池上，然后再在上面铺上一块细塑料网。网孔应足够细，防止杂物、泥土或沙子落入蓄水池；如果打算使用循环泵，这一点尤其重要，因为循环泵很容易被垃圾堵塞。

5. 放几块鹅卵石将格网固定到位，然后把手水钵放低到格网的中间。

6. 铺层鹅卵石或大砾石，直到看不到土壤、净沙或格网。

7. 将手水钵周围的鹅卵石收起来。把踏脚石放在盆旁边，将其固定，周围有鹅卵石或砾石。

8. 用手将鹅卵石的表层铺好，排列紧密贴合，会显得美观而自然。

上图： 在手水钵和周围山石附近种植一些蕨类植物、莎草或沿阶草。

设置石灯笼

石灯笼是所有日本茶庭不可或缺的一部分。最初，它们只出现在佛寺外，但随着禅宗象征对茶道的影响，石灯笼后来也被引入茶庭。这些灯作为佛陀的祭品被点燃，早期的灯是一盏油灯。露路上也需要石灯笼照明，因为茶会通常在傍晚举行。石灯笼作为一种原材料和人造元素，是日本园林中一个重要的连接因素。

上图：虽然茶庭里的石灯笼大多作为雕塑景观，但有时也会被点亮。这种灯光通常很柔和。

一旦放置了蹲踞，将需要为石灯笼选择个位置。如果一个茶庭里只用一个石灯笼，就应该和手水钵放在一起，表面上是为了照亮蹲踞和道路。

在许多日本园林中石灯笼很少被点亮，它们的设计更多的是为了艺术性和雕塑的品质。已选择织部式灯笼，支柱上刻有佛像。这样的石灯笼既易于组装又易于

将柱子底座埋在地下，且用混凝土固定。

您将需要

- 1 套石灯笼组合
- 铁锹
- 水平仪
- 混凝土砂浆或混凝料
- 水泥
- 1 把铲子
- 用于混凝土及清洁的用水
- 胶泥（可选）
- 低压电源（选配）

1. 将石灯笼的各组成部分摆好，以显示正确的组装顺序。这盏石灯笼来自供应商，上面有铅笔数字。注意主灯柱上粗糙的花岗岩底部，一旦灯柱被埋起来，这块粗糙的区域就被遮盖上了。

2. 挖个洞装石灯笼的底部。洞该比灯柱柱底宽 15cm，比灯柱被埋部分的高度深 10cm。

3. 如果石灯笼的底座很小，如只有 15cm 深，则需要更宽的混凝土底座，以使其更安全。配置一份由 1 份水泥与 6 份混凝土沙或混凝料组成的混凝土混合物。向混合物中加入足够的水，使其坚固（松散、潮湿的混合物使柱脚难以找平）。将一两铲混凝土混合物放入洞中。

4. 如果打算点亮石灯笼，在把灯柱放洞里之前，要先把电线穿过灯座。灯柱入孔后，站在柱后，检查灯柱正面朝向正确。用水平尺检查灯柱是否垂直，如果没有，要在混凝土凝固前进行调整。

5. 现在，通过在灯柱顶部放置水平尺，检查灯柱是否水平。调整完灯柱的位置后，再次检查是否水平和垂直，直到满意为止。

6. 用混凝土泥铲抹平基础周围的混凝土，确保向外倾斜，一旦你平整了周围的土壤，就看不到混凝土了。

7. 在添加石灯笼的其余部分之前，混凝土混合物凝固至少 6 小时。在增加更多重量之前，保持底座牢固是至关重要的。

8. 依次添加石灯笼的每个剩余部分。它们的重量使石灯笼具有稳定性，但为了绝对安全，可使用一些胶泥固定各个部分。

9. 石灯笼主灯箱就位后，放置最后两个部分：灯顶和雕花顶。

灯笼实用性

以下信息将有助于创建一个有效的石灯笼景观：

· 挑选预先钻孔的花岗岩灯笼，以便轻松嵌入电灯

· 确保有个安全的电源（最好是低压的）；LED 灯耗电少

右图： 假以时日，这盏石灯笼将经受风雨，在其表面长出藻类和苔藓。

铺设步石

步石在所有日本庭园中很普及，是几个世纪前被引入茶庭的结果。步石本身的大小、形状各不相同，但大多是天然厚重的，有时甚至整块岩石被埋起来，只露出顶部。可以在蹲踞旁或任何可以停下来观景的位置添加规整的块石、磨石或偶尔添块大石头。非常大的石头可以放在地面的沙床上，而较小的石头可能需要更牢固地安置在混凝土床上。

上图： 日本园林中的步石很重要，通常很厚，明显高于周围的砾石或苔藓区。

在规划步石小路时，避免使用非常光滑的石头，因为这些石头容易打滑，有危险，特别是在潮湿阴凉的地区。自然开裂的路面更安全，看起来更有吸引力。对于日本庭园来说，铺路石间缝处长苔藓是给石头一种古老、陈旧品质的最佳方法，或者也可以尝试种植一些贴地生长的植物，如矮沿阶草或筋骨草，以软化铺路边缘。

您将需要

- 纯沙
- 手推车
- 铁锹
- 耙子
- 铺路石
- 手推车
- 水泥（可选）
- 混凝土铲
- 橡胶头锤
- 水平仪
- 硬扫帚

园路设计

把步石小路设计成一条迂回行进的石头路。这将增加庭园的神秘感，因为这条小路穿过荒野，经过乔灌木丛和山丘，走向茶室。

1.选择露路将要采取的路线，去掉至少与石头深度相同的表层土。用手推车装一些纯沙，沿着小路堆放。适量使用——最终需要深度为 4~7.5cm 的纯沙。

2.沿路铺上纯沙，确保摊铺平整、均匀。把铺路石搬到路边，最好是用手推车。需要两个人来搬运笨重的石头。

3.布置步石的图案。在最终设置步石之前，先把图案摆好，站在远处评估图案效果。事实上，最好把它们放一个小时，甚至一天，回来再重新审视它们。然后沿着这条路走一走，看看是不是一条简单又有趣的路线。石头的间隔不应超过 20cm，彼此之间应保持一定的距离。

4. 重的石头可以直接放在沙子上，但较轻的石头需要用水泥固定。用8份纯沙与1份水泥混合制成干混合物。干水泥混合物更容易使用。把这种混合物分成4~5堆，比石头底座的所需高度高4~6cm。

5. 把铺路石放在水泥混合物堆上。用橡胶头锤敲击石块，直至其与水泥固定到位。如果处理不好，薄石头很容易碎裂。对剩下的石头重复上述步骤。

6. 石头的边、角是最容易翻倒和碎裂的，因为如果石头支撑不匀，边角就会承受压力，所以要用一些湿混合物支撑任何空心角落。

7. 在平整的场地上，检查每块石头的水平度，或者如果知道道路的整体坡度，那么还应把这一点考虑进去。如果没有水平仪，用建筑工人的绳子沿着小路的长度方向放线，或者可以简单地把一长段木材放倒，以确保没有可能绊倒人的障碍物。检查从一个石头到下一个石头的水平度。

8. 在石头之间刷出纯沙，把道路冲刷一下。这有助于消除气穴，使沙沉淀，使混合物凝固。

右图：在铺路石周围种植或铺上细砾石或鹅卵石。为了滋生苔藓，铺上一层2cm厚的纯沙，牢牢地压在土里。

回游园风格

　　回游园和池泉园一样，应该围绕作为主景的水池进行设置。水池里通常有鱼，周围有一条蜿蜒的小路。应该设计成沿着这条小路的各种有利位置，都能看到回游园里构成的特殊景观。这些景观可以是一棵位置合适的孤植松树，也可以是后面有小山的水池的整体景色，还可以是一些远景树以构成"借来的风景"或"借景"（利用园外的要素）。

上图： 回游园通常把大型水池作为焦点，像这样的钓鱼亭原本是用来举行划船派对的。从四周的园路上也可以看到水池的迷人景色。

下图： 回游园在江户时代逐步形成，并融合了早期的许多风格。环绕着的园路，引导至有特别设计的景观的地方。

回游园的要素

　　回游园由池泉园、枯山水庭园和茶庭的许多元素组成：水池、枯山水区域、石灯笼、建筑、栅栏或雕像以及装饰性种植。

水池

　　园林应该有个轮廓多变的或者可能与中国的表意文字"水"或"心"对应的水池。水池的水湾处可有水生鸢尾的种植区。

枯山水区域

　　主建筑和水池之间的区域可以由沙、山石和整形灌木组成，还可以包括茶亭、步石小径、石灯笼和手水钵。

石灯笼

　　可以放置在山坡一侧或池塘边——任何地方都可以形成令人愉悦的构图。

上图： 道路有窄有宽，铺满鹅卵石或砾石，还可能经过一丛丛树木。

右图： 大多数回游园都环绕着水池，水池上架桥，比如这个石制的拱桥。

构筑物和雕像

质朴的紫藤凉亭，漂亮的竹制栅栏，宝塔和佛像可能都是特色。

植物

种植可以是多样的，每个季节都有适合的东西。许多回游园都有一片樱桃林，但如果空间有限，一棵樱桃树也可以。

回游园设计

可以在一个相对较小的空间内打造出一个回游园。如果你着手于平坦的场形，可以利用建池时挖出的土来堆砌小山。可以绕着这些小山和沿着池边设置园路。蜿蜒的小路会吸引漫步的游客到凉亭，到欣赏樱桃林、瀑布或鸢尾花床的有利位置，或到一座天然石桥上。

如何建造天然石阶

台阶可以用天然石料或大块石料建造，总是从底部向坡上建。可按照花园的自然形状设计台阶，不时改变其方向。在延伸很长的台阶上，偶尔可增加平台或长凳作为休息的地方。

六角茅草亭

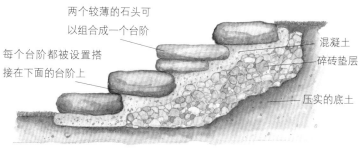

两个较薄的石头可以组合成一个台阶

每个台阶都被设置搭接在下面的台阶上

混凝土

碎砖垫层

压实的底土

整形树篱

1. 测量需要攀爬台阶的垂直距离和水平距离。如果把现有石料的尺度平均一下，就可算出将需要石料的数量。台阶应该是平坦的，理想尺寸是 10~15cm 立高和 40~100cm 踏面。对于日式台阶，每一步台阶的尺寸变化，会使其看起来更自然。

2. 在最低台阶下方挖出 10cm 深，并铺设 10cm 厚的混凝土层（1 份水泥配 6 份混凝土骨料）。在混凝土板上铺第一块石头。

3. 如果地面很坚实，且山不是人工建造的，可不需要混凝土混合物，但需要前进的过程中把土壤夯实。在人造地面上，挖出所有松土，至少 30cm 深，然后用碎砖回填到夯实的底土上，留出给每一步台阶添加 6~7.5cm 深的混凝土的足够空间，确保碎砖层被夯实。

步石小径

4. 添加的每一块石头的前缘都应该搁在前一块石头的背上。这将确保更大的稳定性，也会显得更自然。

5. 一次建一个台阶，但要注意，在建下一个台阶时不要站在建好的台阶上。如果建造时间很长，建议一次建五六个台阶，等混凝土凝固两天以上再继续。如果建造台阶没有混凝土，这些是没必要的。

上图：石灯笼可以放置在海岬上作为灯塔警示的标志。

上图：回收的材料（模仿）如这些磨盘可做成漂亮的汀步。

樱桃林

紫藤花架

苔藓

混交树篱

瀑布

鲤鱼石

卵石底

山石

磨盘汀步

水

虹膜床

八桥

实心花岗岩板桥

枯山水园林

池尾

环状竹条

右图： 回游园中的瀑布和池水源头都以自然主义风格和艺术手法进行建造。

左图： 木桥或石桥有多种形式。一块单一的石板看起来很自然。

如何营造回游园

回游园逐渐发展成为一种融合茶庭、枯山水和池泉园等诸多风格的园林样式。中心景观通常是一个水池，周围被一条砾石小路环绕着，漫步穿过花园，到达优越位置，观赏特别构图的场景。回游园的规模变化明显，从公园式的花园到相对较小的空间；在小型园中，可以采用借景方法来增加空间感（见p.30）。下图所示的布局适合于大型园林。一条砾石小路通向一间茶室，然后越过一些步石，来到一片几乎被水池包围的种植区。在这里一株紫藤在藤架上生长，蔓生而出的紫色花朵在水中映出迷人的倒影。建园的过程如下所示。

上图： 园路上的"人流"与路面的质量有关。光滑的砾石或整齐的花岗岩等铺路材料要比不光滑、狭窄的铺路石让运动更容易，但后者有助于增加花园的气氛。

紫藤　　天然石阶　　日本赤松

茶室

步石

池塘

鸢尾　　石灯笼　　驳岸山石　　蕨类　　砾石小径　　绣球花

右图：在爱尔兰的塔利日本园有许多传统的日式回游园的典型特征：环路、水池、茶亭和紫藤覆盖的花架。

规划和可视化

去规划一个回游园，你需要对风景有一些想象，这样才能勾勒出一般的轮廓和水池的外形。从房子里也可以创作一个由窗或亭架形成的框景。在回游园中，可能会有一些开阔的草地、一些小山、一座桥和一两个好的观景点，从那里可以看到各种各样的景色。水池应该有一些阴凉的、较深的供鱼庇荫之处。道路可以采用任何风格，但主要的步行路上应该铺上碎石，且宽度足以让两个人并排行走。

水池和种植

主要的难题是如何保持池水的清新。除非特别有幸拥有一条天然的溪流，否则需要用水泵来循环池水。池水溢满，排水是必要的。需要确保水源供水充足，这样水面很好地展现出来，所以要征询一下所需泵的规格。否则，到仲夏时可能会看到一潭死水或半空的水池。

确保场地足够大，以便铺开挖池时去除的土。土可以用来堆山，使场地更有趣和耐人寻味。人们在主要的砾石小路上漫步，游赏茶室和茶亭。

可以利用任何有良好土壤、大量阳光和便利通道的相当开阔的场地。阴凉的地方可以种植杜鹃花和绣球花，但樱桃树需要开放的环境才能生长和开花良好。紫藤也需要在全日照条件下至少半天才能大量开花。

回游园的典型景观

- 池塘
- 溪流、小瀑布或瀑布
- 溪流上或通向池中岛屿的石桥或木桥

- 池边植物丛中的山石
- 有矮小松树或修剪过的松树的小山
- 砾石或石板铺成的游步小径

- 通往茶庭的门
- 步石或铺好的露路
- 紫藤亭架
- 等候室或长凳

- 供观赏的茶室或茶亭
- 围绕花园和露路旁的栅栏
- 借景或"借来的风景"
- 石灯笼
- 茶室附近和路边上的手水钵
- 房子附近或在封闭庭园中的枯山水
- 广泛的种植包括：樱桃林、梅林和枫树林；成群的整形杜鹃、竹子和绣球花；特别是松树、柳杉和桧柏的常绿树；草本植物如观赏草、银莲花、三叶草、桔梗、紫菀。

使用柔性衬垫建造水池

柔性（丁基）衬垫的多功能性使其成为各种应用中最受欢迎的保水材料，例如水池和溪流，以及瀑布周围的衬垫。柔性衬垫当然也为小水池的设计提供了最大的空间（对于较大的水池，需要使用黏土或合成黏土衬垫，见 p.152~p.153）。柔性衬垫也可以与天然石材、混凝土或墙体砌块一起使用，以稳固挖掘坑的边缘。柔性衬垫的优点是，如果干旱天气水位下降，柔性衬垫也不会干燥和变脆。

上图： 当用丁基衬垫铺设池塘时，确保衬垫不可见，特别是在池塘的边缘。

要计算内衬尺寸，需要先测量矩形封闭水池。测量长度和宽度后，测量深度，并在每个维度上添加两倍的测量值。

长度和宽度的测量值代表所需衬垫尺寸的最小值。在每个测量值上增加约30cm，以为每侧提供15cm的小重叠。对于满溢的水池，水面必须与边缘齐平，添加比铺路石或砖的宽度稍大一点儿的材料，以使水池边缘具有足够的衬垫，使其延伸到池底和池后（衬垫的末端将通过在镶边材料后面垂直固定来完成）。

一个矩形衬垫可以用于各种形状的水池，包括窄腰形的设计形状。在窄截面损耗过大的地方，可以将某些类型衬垫的较小的连接件焊接在一起或在现场用专用防水连接胶带粘在一起。在矩形水池的角落里出现大的折痕或不规则形状的尖锐曲线是不可避免的，但如果在水池填满之前仔细折叠衬垫，则可以使它们看起来不那么明显。

您将需要

- 庭园浇水软管、绳子或沙子
- 铁锹
- 塑料薄膜
- 耙子
- 水平仪
- 直边木块
- 沙子或基质
- 柔性衬垫（按上述计算尺寸）
- 作临时配重的砖或重石头
- 大剪刀
- 水池周围铺路材料
- 预拌砂浆
- 砂浆抹子

1. 如果水池要建在草坪上，请将草皮剥离至深5cm、边长30cm的正方形，并将草皮倒扣堆叠，以备以后使用。挖出一个深度为23cm的洞，使洞的两侧稍微向内倾斜。挖出的顶部23cm深的土可以储存在附近的塑料薄膜上，如果它要用于任何新的环境轮廓，去除第一层土壤后，用耙子将洞底耙至粗糙的水平面，并用沙子标记两侧边缘搁板的位置。

2. 现在可以挖掘内部或更深的区域到水池的全部深度，避开边缘搁板轮廓。这个较深区域的土将是底土，如果将其放置在任何新鲜表土下方，以后可以使用。它不应与新开挖的表土混合。洞穴两侧的边缘搁板应为30cm宽，并放置在预期的浅水植物位置。

3. 用耙子将池底耙平，清除任何尖锐的石头、突出的树根或锋利的物体。轻轻拍打表面使其牢固。在水池中铺上约 1cm 的湿沙——如果有轻微的倾斜，沙子应该会粘在池边。如果土壤多石，则在洞和搁板上覆盖一块垫层，使水池边缘重叠约 30cm。

4. 将柔性衬垫铺在沙子或垫层上。完成此操作后，在衬垫边缘临时压置重物，如砖块或重石，以使其衬垫稳固就位。确保水池周围边缘上方有足够宽度的衬垫后，用软管开始给水池注满水。

5. 等到水几乎注满水池，然后移走暂时固定在衬垫边缘的砖块或石头。更换水池边缘周围任何需要更换的草皮，并在注水注到最后水位之前完成所有的边缘处理。只有当完全确定水位和边缘合理正常时，才修剪多余的衬垫。

6. 剪掉多余的垫层和衬垫，留下大约 15cm 的重叠部分，用铺路材料覆盖。

7. 水池边缘如果需要铺装，将铺装材料铺在砂浆上，覆盖衬垫边缘。铺面应与水池边缘重叠约 2.5cm。最后用抹子将砂浆勾缝抹平。

8. 如果有足够的多余衬垫，可以在四周创建沼泽花园这样的景观。当一个肾形的水池被创造出来时，一个小的沼泽区域可以通过矩形衬垫的角片来实现。不要剪掉多余的衬垫，而是在衬垫上铺上土，用倒置的草皮、岩石或护墙石块组成的水下小挡土墙防止土渗入主池水中。

上图： 这个小水池周围有砾石，是锦鲤的栖息地。

铺设砾石路

日本的回游园是专门为在风景优美的环境中散步而设计的，为此需要一条适宜的园路。铺设砾石路看似很简单，但必须按部就班做好，否则会出现各种各样的问题。砾石路的边缘是至关重要的，因为它可以防止砾石进到河床、草地或苔藓区中。在日本园林中，砾石路边缘常是用石头或花岗岩石块做成的。当选择合适的石块时，应该始终致力于实现自然和艺术之间的平衡。

上图： 可供两人并排行走的小路的最小宽度为1.5m。除了这个实际作用外，小路在连接园林要素和在创造流动性的设计方面也发挥着重要的作用。

园丁最常见的错误是挖出一条沟渠，然后用砾石把它填满。然而砾石深，非常不稳固，使其难以行走，几乎不可能在上面推手推车或轮椅。要想铺设好砾石路，请对照以下指导。

您将需要

- 铁锹
- 铲子
- 耙子
- 手推车
- 镶边石
- 混凝土沙和水泥
- 混凝土抹子
- 橡胶头锤
- 杂草抑制景观织物
- 剪刀
- "筛出的石块"或碎石和石粉的混合物
- 砾石
- 压路机或电动瓦克板

1. 标出正在规划的砾石路的边缘。用铲子将道路挖至10~15cm深，清除土壤。随意摆放上镶边石。

2. 把石头安置好，这样就可以在真正固定它们之前看到它们的样子。

3. 使用1份水泥与8份沙子的混凝土混合物将镶边石固定到位。用橡胶头锤将镶边石加固到位，并检查其是否水平。

4. 内侧边缘的混凝土混合物应低于砾石至少4cm。铺砾石路面之前，让混凝土凝固一天。用手推车装一些细沙，并将其运到路上。

5. 在道路区域上铺设一层薄薄的细沙。这将保护景观织物不被小石头硌破。

6. 布置好景观织物，使其嵌入镶边石周围。用锋利的剪刀把织物剪成合适的形状。

7. 将一层"筛出的石块"或碎石／石粉混合物摊铺至10~12cm的深度，并将其均匀耙平，使顶部高度低于镶边石顶部2~4cm。不要翻动这一层。

8. 在"筛出的石块"的基础上铺上一层砾石，然后把它耙平。

9. 滚压单层砾石，使其充分压入基层。现在，将另一层砾石铺在这个压实的表面上，然后再次滚压（砾石的总摊铺量不得超过4cm，可以随时在以后添加）。在添加更多砾石之前，先测试表面是否牢固舒适。把小路边上的砾石耙掉，使砾石在镶边石周围起到很好的作用。

砾石选项

砾石类型	优点	缺点
极细砾石 沙石混合 碎石	容易加工，观赏性强，提供稳固、排水良好的饰面	会被鞋底卡住，在庭园里容易被踢来踢去
豌豆砾石（直径10~20mm）	观赏性和趣味性强，一般使用良好，向下嵌入并保持原位	排水良好 穿软底鞋会不舒服，将需要不时地用耙子耙平

下图： 砾石路径应定期耙扫，以保持砾石层均匀。

搭建紫藤亭架

在日本，有些地方可以看到日本本土的紫藤——多花紫藤，从山坡和山谷的树上倾泻而下。紫藤是装饰木制亭架的理想材料，亭架的构造使长而有香味的总状花序垂在椽子之间。这些悬垂的花倒映在水中，特别漂亮，所以通常将亭架建在水池附近，甚至探在水池之上。在日本，紫藤亭架是一种非常简单的建筑物，可以很容易地用圆柱或树皮还在上面的树枝组装起来。

上图： 最常见的两种紫藤，一种是日本种（W.floribunda），总状花序很长；另一种是中国种（W.sinensis），花的长度为日本种的一半。需要凉亭有足够的净高，好让这些蔓生的花可以悬垂起来。

虽然原木立柱是建造亭架的理想材料，但有时很难找到足够强度的（事实上，一些亭架是用混凝土"原木"建造的）。该项目通过使用榫卯接合（由销钉固定）将方形立柱和横梁固定在一起，从而解决了这个问题。然后椽子可以由铺设在横梁上的粗糙的木杆制成，或者用螺丝钉简单地将较轻的木杆固定到位。

您将需要

- 立柱和横梁，10~14cm 见方，由绿橡木、雪松或处理过的软木制成
- 椽子，直径 7.5~10cm，由粗糙的木杆制成
- 桩孔挖掘机
- 撬棍
- 铁锹
- 混凝土骨料和水泥
- 金属桩固定器（可选）
- 锤子和凿子，用于制作立柱的榫卯接头
- 直径 10mm 的销钉
- 1 个电钻和 10mm 的木钻头，用于打孔
- 7.5cm 螺钉

1.在地面上标记亭架立柱的放置位置，确保立柱呈方形。

2.挖立柱洞穴，宽 25cm，深度比桩深 4cm。如果用混凝土浇筑，立柱至少应该 45cm 深。确保立柱直立并在一条直线上。

3.从一根柱子到另一根柱子以一定角度轻轻钉上椽子，使结构牢固。

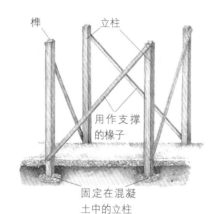

4.将立柱置于 1 份水泥与 6 份混凝土骨料的混凝土混合物中。椽子应确保当混凝土凝固时，亭架保持方正。这一过程需要精确。

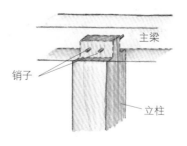

5.将主梁放置在榫卯连接的立柱上（在立柱顶部）。从侧面，通过主梁和立柱的榫头钻孔 2 次，然后锤入两段销子。

6.销钉应该是紧实的，但一旦被弄湿，它就会膨胀并更加收紧。在立柱周围的洞穴中使用与第 4 步相同的混凝土混合物，确保接头紧密对齐，并将此结构放置至少 24 小时。在此期间，可能需要调整接头，特别是如果使用的是绿橡树，它可以快速变形。一旦混凝土凝固，橡木的进一步弯曲将增加亭架的自然魅力。

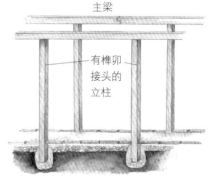

7.拆除支撑椽。把椽子放在上面，横跨主梁。可以把它们刻上凹槽放在横梁上，以便固定。在主梁上从上往下钻一两个螺丝就可以固定了。现在亭架已经准备好了，可以在上面种植和栽培紫藤了。

亭架设计

木料 成熟的紫藤植物有扭曲的茎干，对任何结构都会产生扼制作用，所以使用的任何木材都必须有足够的强度和粗度来承受它的扼制作用。青橡木既结实又经久耐用。

高度 日本紫藤花的高度可以超过50cm，所以亭架的顶部应该足够高，可以让一个人可以舒服地站在花下——推荐2.5m。立柱沿侧面设置的立柱间距不超过2m，道路宽度至少1.5m。

嵌固件 可以用螺丝、螺栓和钉子来建一个亭架，但它不可能会像榫卯结构的亭架那样持久。

细木工作 可以请个木材商来把木头锯成小块，做榫卯接头，这样就可以简单地组装凉亭了。

右上图： 这个坚固的紫藤亭架吸引了观者进入庭园。亭架最好放置在庭园的过渡位置。

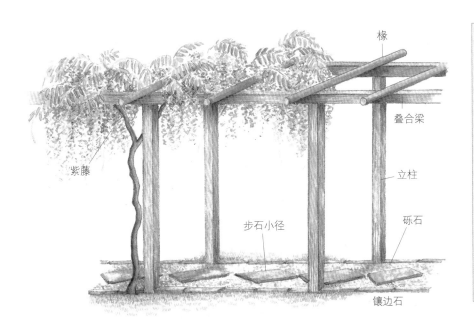

椽

叠合梁

立柱

砾石

步石小径

镶边石

紫藤

梁的延伸

销子

如果主梁需要延伸，以达到所需要的长度，请在两块木材上建一个L形缺口，并用木胶固定。然后在两个部分都钻一个孔，插入一根销子。当木头变湿时，销子就会紧固。

坪庭风格

坪庭的形式多种多样。主要的标准是，它是一个小的，有时是微小的，包含在建筑物内的或从街道通向建筑大门的狭窄通道的空间。可以从多个房间观赏坪庭，因此从多个角度看它都应该很美，这是一个绝佳的机会，可以尝试缩景或抽象设计，将构成各种风格的许多元素混合在一起。在日本餐厅、酒店甚至寺庙庭园中可能会发现这种园林形式。

上图： 伦敦文莱画廊屋顶花园上的苔藓和砾石的方格图案，让人想起 20 世纪 30 年代重森三玲在东福寺的作品。

下图： 枯山水式园林很适合作屋顶花园，因为土壤的重量和侵入性植物根系可能会破坏建筑。这个枯山水坪庭的天然岩石与切好的石块形成对比。

坪庭的要素

大多数坪庭都是枯山水庭园，通常铺上一层沙砾，有时还有一条步石小径穿过。尽管空间有限，会有一个非常小的水池，但在没有土壤和光线差的庭园里，一个纯粹的"枯山水"庭园是理想的。石灯笼和手水钵，以及极简主义的种植是主要特征。

如果有足够的空间，可以把岩石和植物、瀑布和小水池结合起来。但更常见的情况是，一个庭园可能只够在中间放一个绿岛，只用几块岩石、蕨类植物、一个手水钵和一盏石灯笼来装饰。

石灯笼和手水钵

　　与茶庭类似，大多数坪庭都布有石灯笼和手水钵。也可以在附近房间的阳台或通道容易到达的地方以及屋檐有助于保护水的地方，放置更高的水盆或手水钵。

植物

　　在一个非常阴凉的坪庭里，有些植物长势不好，必须选择喜阴植物，如桃叶珊瑚、茶花和竹子。如果光线充足，孤植的松树或樱桃可能会成为一个焦点，也可能在炎热的夏天提供一些受欢迎的树荫。

左图： 这些凸起的铺路石给人一种雕塑般的质感，同时通向游廊。

下图： 几乎可以在任何封闭空间里建造坪庭。它们通常以建筑墙壁为边界。

坪庭设计

　　坪庭，可以建在最不起眼的地方、狭窄的通道或光线很弱的地方。它们通常包括来自其他园林形式的元素，如来自枯山水园的沙子和岩石，或来自茶庭的步石小径、石灯笼和手水钵（仔细考虑了微型比例）。植物包括一棵整形过的松树、一株杜鹃花、竹子和一些蕨类植物。坪庭通常用园墙或栅栏围起来。

创建一个缩景

　　缩景艺术，字面意思是"浓缩的景象"，最常见于坪庭中，尤其是由石头、砾石和整形植物组成的枯山水设计形式，目的是将整个景观场景缩小到一个微型规模。

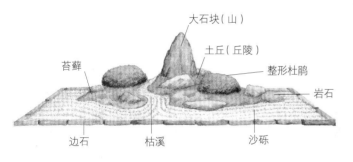

大石块（山）
土丘（丘陵）
整形杜鹃
苔藓
岩石
边石
枯溪
沙砾

1. 在选择和规划位置时，请注意应将缩景布置在一个水平的场地上。然后，可以使用少量岩石和土壤营造山峦地貌，能让人联想到山峰和丘陵山脉。为了做到这一点，要做一个小土堆，把石头"植入"进去。选择那些形状特别像山的岩石。有些岩石几乎可以被掩埋，暴露在外的地方看起来像悬崖。

2. 在放置岩石后重新处理土壤，创建一个真实的起伏的丘陵和山谷，在地面边缘留下凹痕，可能会认为海洋和河流侵蚀了自然形态。

3. 在岩石周围和土丘上种植杜鹃花或黄杨木，它们可以被剪成土丘或小山的形状。也可以添加一棵干枯的老松树来暗示一个开放的饱经风霜的山坡。如果能找到一些苔藓，就在地上种上几片，或者种矮小的"龙须"（麦冬）。

4. 在平地周围铺上砾石和沙子，象征一片海洋或湖泊，用沙子创造出河流流动的效果。

玻璃

游廊

上图：袖篱是用来偏转的或有助于形成框景。

右图：高水盆（手水钵）通常被放置在从游廊可以到达的地方。长柄的金属勺或雕花竹勺通常放在上面，还有一个竹制的格架，防止树叶掉进去。

石灯笼

袖篱

石头

3

大岩石

4

1

5

竹篱

苔丘

步石

手水钵

逐步降低

沙

植物明细表

1. 毛金竹 (Phyllostachys nigra henonis)

2. 刺毛耳蕨 (Polystichum setiferum)

3. 整形杜鹃

4. 舌状铁角蕨 (Asplenium scolopendrium)

5. 赤松 (Pinus densiflora)

左图： 当被苔藓包围时，穿过沙滩的步石看起来令人印象深刻。这些步石小径可用于茶会仪式，客人将从一扇门离开房间，沿着这条小径走进一个专门准备的茶室。

左图： 这道高高的竹篱，清晰地勾勒出坪庭的边缘。

如何营造坪庭

坪庭是在一个封闭空间中的任何小的区域，融合了其他日本园林形式中的传统特征。有些是枯山水园林，只有一大片沙子和一两块岩石，而其他的坪庭可能包括精心设计的跨园小路，使用种植唤起一种遥远微缩的景观印象。这是一个在平坦空地上建坪庭的说明。一个土丘（中后方）代表一个山坡，种植着矮型日本赤松、蕨类植物和麦冬。空间本身一面是墙，另两面有竹制遮蔽篱。一条半正式的石路从房门到侧门，穿过这个坪庭。与大多数坪庭一样，这座坪庭还包括一盏石灯笼和一个手水钵——这些借鉴自茶庭的元素。这个坪庭的建造过程如下所示。

上图：将坪庭标明为一个封闭的外部区域范围，这是一种巧妙的庭园设计形式。从一家日本餐厅的视野来看，这个设计的简约和质朴，创造了一个迷人的、宁静的远处封闭庭园的画面构图。

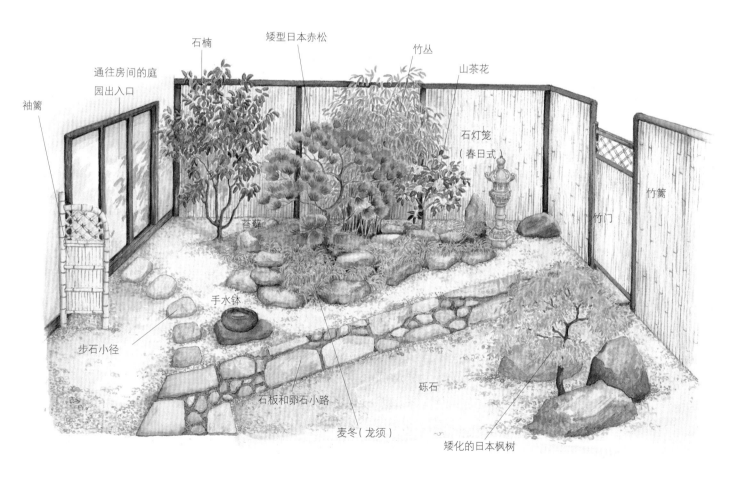

上图： 这个坪庭被设计成可从多个角度观看，作为通往后门的通道，路径便成为设计的内在部分。

规划和可视化

在建造坪庭之前，需要仔细考虑好设计方案。如果想要包含许多景观，那就必须有一个连贯的整体构图。坪庭是要作为从一个空间到另一个空间的路径，还是仅仅从一个或两个视点来观看？

接下来要考虑的是规模问题。例如，缩景或浓缩景观不应有太多景观，因为这可能会使坪庭显得太拥挤。画一个设计图，在建园时，不时地退后查看坪庭的景色。

由于坪庭本质上是封闭的，因此进入坪庭可能很困难，因此请确保可以将所有材料都放到这个空间里（有些可能必须穿过房屋，这可能很困难）。此外，由于离房屋很近，可能有水、电和煤气设施在地下交叉，所以在进行任何挖掘之前，请进行检查。一般来说，坪庭不需要进行深挖，除非在种植植物之前确保场地排水良好。

坪庭可能光线不足，因此应仔细选择植物，以适合可用的光量。记住，将需要一个水源来灌溉植物，供给水景，保持空间清洁。照明或任何一个水泵可能需要电力，但这两者都不是一个坪庭成功的必要条件。

建造竹制遮蔽篱

在日本，竹篱的设计和构建已经发展成为一门高度专业化和精细化的艺术，如果有兴趣发展制作传统栅栏的技能，那有很多可用的信息。然而，如果喜欢一个更即时的解决方案，可以从专业供应商那里买到这些现成的精美竹篱的节段。在这个项目中，使用了成卷的竹条，用金属丝固定在一起，用一个框架支撑，这需要在两侧设置一个篱笆作为屏障。

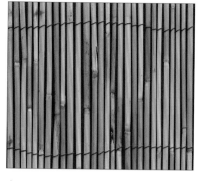

当使用成卷的竹子时，需要搭建一个合适的支撑竹子的框架。框架中的每一个木材构件都应由耐用的硬木或经过处理的软木制成。还应记住在将要留在地下的立柱部分再涂上一层防腐剂。

上图：成卷竹篱的特写。这种经济的围栏形式经常被使用，甚至在正宗的日本园林中也是如此。这种类型的竹子通常需要在5~10年后更换，这取决于天气和对它的养护情况。

您将需要

- 10cm 见方的立柱，2.5m 长
- 一根 5cm×7.5cm 的撑杆，理想情况下是与篱笆的长度相同
- 临时撑杆，用于将立柱固定到位
- 4cm×5cm 横梁，1.5m 的长度
- 14cm×4cm 顶板，与篱笆的长度相同
- 2.5cm×7.5cm 垂直条带和2m 长的饰面板，以保持篱笆在适当的位置
- 一卷 2m 高的竹篱——通常有 3m 长
- 木工锯
- 电钻
- 6cm 螺钉
- 螺丝刀
- 水平仪
- 骨料混凝土配合比：1 份水泥配 6 份骨料
- 凿子
- 铲子
- 手推车
- 麻绳

1. 用施工绳标识栅栏边线。标出立柱的位置，间距为 1.5~2m。为立柱挖洞，洞深45~50cm，洞宽为 20cm。将立柱立在洞中。拧上底部撑杆，撑杆应离地面 4cm 高，且完全水平，这将有助于保持立柱垂直。

2. 为了增加稳定性，安装一些临时的撑杆，在混凝土凝固时帮助立柱保持完全直立。

3. 配置混凝土混合物，将洞填满，在柱子周围牢牢地夯实。使用水平仪，再次检查这些立柱是否在一条直线上，并且是否方正和直立。让混凝土凝固至少 24 小时。

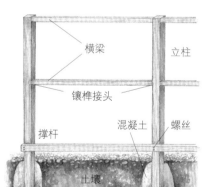
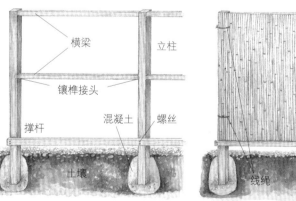
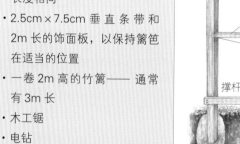
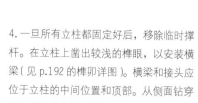

4. 一旦所有立柱都固定好后，移除临时撑杆。在立柱上凿出较浅的榫眼，以安装横梁（见 p.192 的榫卯详图）。横梁和接头应位于立柱的中间位置和顶部。从侧面钻穿并将榫卯接头拧入立柱。

5. 将这卷竹篱放在底部的撑杆上，用麻绳将其一端临时固定在立柱上。展开竹篱，边走边用麻绳将其固定到横梁上，必要时将其固定到位。还可以用麻绳把竹卷固定在十字棍上，作为额外的支撑。注意麻绳的编织方式也可以成为一种具有吸引力的设计。

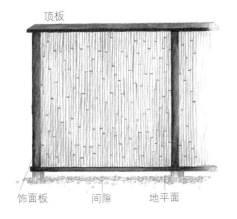

顶板

饰面板　　间隙　　地平面

6.要将竹卷牢牢固定到位，用螺丝拧紧将饰面板固定到立柱上。锯截柱顶，使其与竹篱卷的顶部齐平。将顶板铺在立柱顶部，然后用螺丝向下拧紧将其固定到立柱上。要么把所有表面的木材都染成灰黑色，要么让它们自然风化。

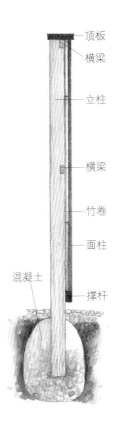

顶板
横梁
立柱
横梁
竹卷
面柱
混凝土
撑杆

维护篱笆

如果竹篱被保养得好，它会用很久。如果不加处理，最终竹子会变脆，容易发霉，所以，每隔一两年，把霉菌洗掉，涂上一些浅柚木油或者用1份清漆加3份白酒混合成的亚光清漆（有专门针对柳树和榛子篱笆而配置的木材防腐剂，该防腐剂对竹子也同样有效）。为了便于维护，请确保将竹卷固定在篱笆上，以便于拆卸。例如，不要使用大钉子，因为这些钉子很难在不损坏框架的情况下拔出。

请注意，有些竹卷是用较重的藤条做的——藤条越大，它们使用的时间就越长。

左图：竹篱的横截面。

下图：竹篱的中性色彩和高品质使它们成为许多日本园林式样的绝佳背景。

铺设石板路

日本庭园中有许多类型的石头小径可供选择（见 p.120~p.121 园路类型），但它们几乎都使用天然材料，将规整和不规整形状的天然材料结合在一起。对设计的选择可能取决于材料的可用性。这个坪庭使用了当地的铺路石，其中大多数至少有一条直边，还有当地采石场的大鹅卵石。使用直边作为路径的边界，鹅卵石铺就在小径上蜿蜒而过，从而统一设计。

上图：一条随意铺成的小路通往亨廷顿植物园的一个明显入口。守护犬是中国启发灵感的动物。

建议在混凝土基础上的水平场地上铺设一条设计复杂的道路。应该确保路表的雨水排出，石头上有水会变得很滑，因此很危险。

为了保持石头清洁，将它们放在水泥和湿沙的干燥混合物上，而不是使用湿的水泥混合物。

这种干的水泥混合物也可以很容易地接触到石头间缝。然后，这种混合物会与沙子中的水分或雨水凝结。如果天气仍然干燥，在铺路石到位后用水冲洗铺路石，以保证水泥正常凝固。

铺设时，石头有被水泥弄脏的可能。对于任何顽固性污渍，可使用去污剂，如盐酸可溶解水泥。使用化学药品时，务必要仔细遵守制造商的说明。

您将需要

- 基础硬底层
- 独轮车
- 手推车
- 不同尺寸的天然铺路石
- 大圆形鹅卵石或光滑平顶石头
- 标记漆或石灰粉
- 白色粉笔
- 混凝土沙和水泥
- 铲子
- 卷尺
- 砌砖抹子
- 橡胶头锤
- 硬扫帚
- 去污剂（盐酸）
- 抹布
- 施工线

1.选择一个有坚实的硬底层的水平场地，将石头和鹅卵石铺在地上，以构建理想的图案。用标记漆喷出路径的轮廓。这种漆装在喷漆罐里，大多数建筑材料的店铺那里都能买到。或者，撒一行石灰粉，但几天后会溶解消失。

2.用白粉笔给每一块石头编号或编码，这样就能记住哪块石头应该放在路上的什么位置。然后把所有的铺路石移到路的一边。显然，当你替换石头时，可能会出现一些变化，但要尽量将设计的主要动态变化保持在路径的标记边缘内。

3. 挖出 10~16cm 深的基床，5~7.5cm 混凝土混合物的厚度，3~5cm 的铺砌厚度，2~4cm 的砾石厚度。如果想要铺路面明显高于地面，那就减少铺装的深度。

4. 将 1 份水泥和 8 份沙子混合。首先铺设铺路板，将混合物（干的或湿的）铺到 5~7.5cm 的深度。

5. 混合物应该堆放在石头的角落里，以便每一块石头都比预期的高度要高，因为石头的重量会把混合物压下去。

6. 一旦石头铺好，砂浆混合物就会凝固，用 1 份水泥和 8 份沙子的干混合物填满砂浆灌浆区域，并将干混合物处理平整。用锤柄轻轻敲击石头，用水平仪检查石头是否水平。

7. 将鹅卵石铺在混合好的干砂浆上，把它们压下并夯实到位。在这里，鹅卵石高于砂浆混合物，砂浆混合物会因周围的水和雨水而硬化。

8. 当石头和鹅卵石快要凝固时，在表面加水，看看水是否从路面流出去。刷掉或刮去任何可能阻止水从路面排出的多余砂浆。

9. 两三天后，用去污剂和抹布把所有的污渍擦掉。

右图： 几年后，特别是在黑暗、潮湿的地区，深埋的小径会滋生出苔藓。可以通过在缝隙中添加叶霉菌或堆肥来促进苔藓生长，并要保持湿润。但最好保持石头本身的清洁和干燥，否则它们可能会因为藻类而变得容易打滑。

堆山

庭园通常位于建筑物或院落内的平地上，那里几乎没有土壤，庭园下面可能有一个复杂的地下服务网络在运行。在这个坪庭中，建造土堆回答了这个实际问题，也增加了庭园的艺术性，因为土堆代表了一座景观小山，甚至一座高山。庭园里种着一棵矮型日本赤松，并铺设了岩石，给人一种浓缩景观的感觉。

由于苔藓在许多气候条件下都很难种植，所以在较低的地方种植矮麦冬有助于给人一种长满草的山坡的感觉，而蕨类植物则能使岩石的轮廓变得柔和。最后，通过在穿过庭园到大门的铺好的小路旁放置石灯笼和手水钵，实现了真正的日式风格。

上图： 在这个坪庭里，一个个苔藓土堆代表着神秘群岛。一大片耙沙上的岩石使这幅画更加完整。这些土堆在空间中形成了引人注目的形状，给创造出来的景观赋予了结构和平衡。

您将需要

- 2~3 吨筛选表层土
- 手推车
- 铲子
- 精选的小岩石
- 搬运岩石的带底盘的小推车
- 植物：1 株矮型日本赤松、1 丛麦冬、1 株茶花、2 株刺毛耳蕨（蕨类）
- 种植铲
- 铺路石
- 纯沙
- 橡胶头锤
- 1 个手水钵
- 1 个石灯笼
- 砾石
- 耙子
- 扫帚

前期规划

- 在订购土壤和岩石等材料之前，要对场地进行评估
- 如果在屋顶建一个土堆，请建筑工程师评估一下这个建筑能承受的载荷

1. 在该区域添加一堆筛过的表层土，用一圈石头围起来，以防土散落到砾石上。这圈石头以后还可以移走，所以暂时将它们放置在那儿。然后开始塑造土丘，使其具有自然的轮廓。

2. 首先种植大型灌木。将矮型日本赤松种植在土丘的最高点上，突出山丘的形状，形成了中心景观。在土堆的河岸处放置更多岩石，以形成露头的岩石和陡崖。

3. 部分掩埋岩石，只暴露岩石的1/3。单纯地把岩石放在土上面看起来会不自然。重塑土堆，在岩石后面堆土形成种植穴，创造一个更不均匀的形状。往后站，检查效果。

4. 如果已经有一丛麦冬或买了一大盆麦冬，可以简单地通过分株把麦冬分开。牢牢抓住植物的根部，轻轻地将其拆开，注意不要弄断太多根。

5. 在土丘的斜坡周围种植麦冬，间隔约15cm，将麦冬埋栽在岩石下。这些植物会蔓延，直到最终会连在一起，如同地毯般覆盖在土丘上。松树下可种蕨类植物。

6. 下一步是铺设一块形状良好的铺路石，将手水钵放置在上面。这块铺路石可以简单地铺在纯沙上，不需要任何水泥。把沙均匀地摊开，然后把它做成小的纹路。

7. 把铺路石放在沙基上。用橡胶头锤把石头敲击压实。

下图： 在接下来的几年里，在林下种植的日本麦冬草将会连结在一起，形成一个坚实的绿毯。

8. 把手水钵放在铺路石上。在侧面留出地方放个勺子，供客人饮用和净身之用。

9. 按照 p.178~p.179 的分步指南安装石灯笼。在石灯笼周围和其他平地艺术性地放置更多岩石。

10. 在整个平地均匀铺上一层砾石，营造出枯山水庭园的效果。清洁路面，扫掉任何落入到接缝的砾石。

植物名录

　　自从日本人开始造园以来，就种植了美丽的乔木和灌木。虽然最初许多植物是从中国引进的，但园丁们很快就利用了本土植物的潜力。日本有独特而令人羡慕的植物群，包括许多种类的樱花、杜鹃花、山茶花和木兰。春天，山花烂漫；而秋天，色彩斑斓，枫树和橡树呈现出红色、黄色和橙色等色调。雪松和松树等常青树被认为是长寿和坚韧的象征。

　　在日本的许多庭园中，紫藤、牡丹花和绣球花都很常见，类似于热带旷野中的树木，随机或群聚生长，而不是在规则的花圃中生长。草本和球茎植物，如桔梗、百合、玉簪或日本银莲花，通常与蕨类植物搭配种植在岩石的底部附近，在厚厚的苔藓上，或分散在小群落中随机栽植。鸢尾生长在沼泽地区或池塘入口附近规则式的种植床上，而莎草和蕨类植物被用来软化溪流的边缘。这一章将向您展示许多最佳观赏植物，以及季节亮点和养护说明。

上图： 令人惊艳的"红皮"鸡爪槭（*Acerpalmatum* 'Sango-kaku'）。
左图： 紫藤是日本园林中的一种经典植物。

植物命名法

所有生物都是根据一套系统来分类的，这套系统的原理是18世纪瑞典植物学家卡尔·林奈（Carl Linnaeus）提出的。该方法采用双名分类法，所有植物都被赋予两个拉丁名称，以确定它们与所有其他生物的关系。这个系统指出一个特定的植物属是包含相似物种的一组植物。除此之外，有些植物可能只是一个物种的微小变异，或者是不同物种的杂交或变异。

上图： 日本本土的一种山茶花。它在深秋开始开花，在整个冬天有更多的花开放。

学名

在这个国际采用的系统下，植物有植物名，这些植物名通常是拉丁语，但也来自其他语言，包括属名（例如李属），然后是表示特定物种的名称（例如蔷薇）。有些属包含一些物种，可能包括一年生植物、多年生植物、灌木和树木，而其他属只包含一个物种。虽然一个属的所有成员都假定彼此是相关的，但这并不总是在视觉上很明显。

一个物种被科学地定义为由相似的个体组成，并且自然地可以与其他每一个个体交配。尽管有这个系统，植物学家和分类学家（对生物进行分类的专家）经常对植物命名的依据产生分歧。这就是为什么植物保留它的同义词（在文本中缩写为 syn.）或替代名称是有用的。

错误的名称经常得到广泛使用，在某些情况下，两种植物被认为有不同的身份，有两个不同的名称，却发现是同一种植物。

变异

从基因上讲，许多植物随着时间的推移而进化，以适应不断变化的环境。

在野外，自然随机突变只有在适应良好的情况下才能生存和繁殖。一般的花园是一个受控的环境，所以变异可以在一个物种中生长，这些物种有微小但令人愉快的差异，比如斑纹叶和重瓣花。

这些变异的术语是亚种(subsp.)、变种(var.)、形式(f.，与品种相似，经常交替使用)和品种(cv.)。一个品种是一个变异，它不会在野生环境中出现，而是通过有意的杂交产生的。栽培品种的名字都是带引号的，例如，梅花"红千鸟"（*Prunus mume* 'Beni Chidori'）。

杂交

当植物物种相互繁殖时，其结果就是杂交。杂交在野外很少却是植物育种家常见的育种方法，可以培育出具有理想品质的植物，如大花或重瓣，叶片斑驳，抗寒性强。

乘号 (x) 用来表示杂种，而且这个名字通常能让人清楚地了解杂种的起源。

组群

一个植物群是由相似的变种组成的群。它们的名字没有引号，例如，鸭跖草科植物（*Tradescantia Andersoniana Group*）。

紫珠

溲疏

植物名录的使用方法

在植物名录中，植物被分为与季节和特定类型的植物相关的部分，如春季乔灌木、秋季观叶植物或常绿灌木。这些部分的每个主要条目都有植物名称、通用名称和科名。接下来是对该属的介绍，并对该植物进行描述，包括叶子、花和生长情况等。还有关于繁殖方法的简要说明，开花时间、平均大小、首选条件，以及植物的抗病性。名录中的条目通常也建议选择一些近缘物种，它们可能在庭园里发挥类似的作用。

照片

大量的作品都是全彩的照片，使识别容易。

牡丹

属及种名

这是一组相关植物物种的国际公认的植物学名称。这从植物当前的植物学名称开始，可以指一个物种、亚种、杂种、变种或栽培品种。如果给出了同义词（syn.），这将为植物提供一个（多个）备选名称。一般名称可在植物学名称之后命名。

标题

每一张照片都附有该植物的完整植物学名称。

牡丹（*Paeonia suffruticosa*）

牡丹

科：芍药科

在日本，牡丹和紫藤在同一时间开花，两者都与美丽的女人联系在一起。牡丹品种繁多，因其繁盛，被誉为"繁荣之花"和"花中之王"。在日本，它不容易栽培，对于大多数精致的花园，花太华丽和肥硕，所以它通常是在花盆中种植。最珍贵的颜色是白色、淡粉色和红色。它经常与狮子、老虎和竹子一起出现在画屏上。

繁殖： 嫁接

花期： 春末夏初

规格： 小灌木，2.1 m

修剪： 在冬末剪去过长的枝条和交叉枝条

条件： 完全日照或部分遮阴；深厚肥沃的土壤

耐寒性/区域： 4~8

通用名称

这是一个不科学的方言名称，所以在每种语言中都是不同的。

科

显示了植物所属的更大的类群，并可以揭示彼此相关的植物。

繁殖

提供了通过播种、扦插、嫁接或其他方法生产更多植株的最佳方法。

花期

表明开花的季节。

规格

一个属或单个植物的平均株高和冠幅通常是已知的，尽管生长速度可能因位置和条件而异。在可能和适当的情况下，给出平均高度和冠幅（如 H 和 S），多年生植物和鳞茎植物的平均高度和冠幅更为一致，尽管尺寸可能有很大的差异。

修剪

指出最有效的修剪方法和在一年中进行修剪的时间。

条件

本部分给出了植物需要的日照或耐受的遮阴程度，以及它们应该生长的最佳土壤类型的建议。

植物耐受性和区域

本节末尾给出了植物的耐寒性和区域。"气温带"是指美国某一地理区域的年平均最低气温。较小的数字表示它可以在最北的区域生存，大的数字表示它可以在最南的区域生存。在大多数情况下，只给出一个区域（见 p.256 了解详细的耐寒性评价、区域条目和区域地图）。

春季观赏的乔灌木

在温带地区，春天的第一个迹象是值得庆祝的，尤其是在日本。春天，园丁们享受着嫩绿的新芽和杜鹃花的盛开。山茶花和有些杜鹃花是常绿的；有些品种花开得很早，很容易修剪。自 11 世纪以来，日本人就开始在花园里种植木兰花，而且经常在很早的时候就开了花，很多木兰花也是如此，其中一些木兰花是日本本土的。你还会发现许多品种的杜鹃花盛开。

上图：红色的木瓜花，日本温柏，几乎在冬天一结束就开了。

抗寒性 / 区域：5~8

山茶（*Camellia japonica*）

山茶花

科：山茶科

常绿灌木，原产于温暖的温带海岸，在日本园林中，来自中国的山茶花原种和杂种均有种植。中国山茶花的叶子比日本山茶花的叶子更小、更窄，淡粉色的单花在冬天零星出现，花后凋零。

现在，山茶花很常见，但过去主要是在佛教寺庙里种植。更简洁、颜色更浅、叶子光滑的单花茶树被称为侘寂，被种植在茶庭里。有两种茶花可以用来做树篱：一种是浓密有光泽的山茶，另一种是叶片比其他种类小的茶树。秋天开白色的花，经常被修剪成一个紧凑而密集的树型。

繁殖：半成熟的叶扦插

花期：在春季中后期

规格：灌木或小乔木，高可达 10m；将根部限制在盆内，或定期修剪茎部，使其长度保持在 2m

修剪：在开花后通过削细茎来修枝

条件：浅阴影和远离清晨的阳光；潮湿、酸性土壤

抗寒性 / 区域：6~7

日本海棠
（*Chaenomeles japonica*）

日本贴梗海棠

科：蔷薇科

日本贴梗海棠，因其早春开花而深受喜爱，其颜色从深红色到浅粉色和白色。花先叶开放，簇生，靠近裸露的多刺茎。若要枝条苍老虬劲，可以盆栽。

繁殖：半成熟插条

花期：春季

规格：灌木，1m

修剪：花期后重剪，以培养紧凑的树型，或为了衬托背景或墙壁而修剪

条件：全日照或部分遮阴；排水良好，微酸性土壤

棣棠（*Kerria japonica*）

棣棠花

科：蔷薇科

日本乡土植物，自 11 世纪以来，日本庭园中广泛栽植。棣棠花型单一，星状花具 5 片花瓣，花色橙黄色。春天棣棠花开，是大家喜爱的景观。重瓣棣棠多见于西方园林，但日本庭园倾向于单瓣棣棠根据规划方案种植。

繁殖：硬枝扦插

花期：春季中后期

规格：灌木，2m

修剪：在开花后把老茎削细的修剪方法

条件：全日照或部分遮阴；任何土壤

耐寒性 / 区域：5~9

山茶花

棣棠花

木兰

木兰属（*Magnolia* spp.）

木兰

科：木兰科

当地的木兰已经种植了几个世纪，包括深紫粉色、百合花形状的木兰，即大家所熟悉的紫花玉兰（*Magnolia liliiflowra*）。日本厚朴（*M. obovata*），树高15m，是一种耐寒的落叶乔木，在仲夏开着香味浓郁的奶油色花朵。近年来，粗壮的美国常绿植物，广玉兰，能长到18m，以其在夏末盛开的奶油色大花而广受欢迎。木兰通常种植在大型的散步花园。

繁殖： 种子，嫁接

花期： 在仲春至仲夏之间

规格： 大灌木或小乔木，3~12m

修剪： 冬末剪去过长的枝条；最好不修剪

条件： 半阴，丰富，酸性土壤充分

耐寒性/区域： 5~9

毛泡桐（*Paulownia tomentosa*）

泡桐花

科：玄参科

虽然毛地黄是中国本土植物，但日本自9世纪以来就开始种植毛地黄树。

在贵族庭园的花园中种植了作为标本树，这与军事领袖丰臣秀吉有了联系。泡桐花有两个显著的特点：大得惊人的叶子和美丽的淡紫色、毛地黄花形状的花。泡桐花可能需要几年的时间和几个温暖的冬天才能长出粗壮的树干，但树干一旦长成，就会形成一个漂亮而又耐寒的树冠。

另外，春天的时候，可以修剪树干，可长出宽达1m的大叶片。摘除花朵后，与竹子、棕榈树和苏铁组合在一起时，可以营造出浓郁的热带风情。

繁殖： 种子

花期： 仲春至晚春

规格： 乔木，12m

修剪： 除修剪树冠外，不需要修剪

条件： 阳光充足的条件下要适当遮挡；任何土壤

抗寒性/区域： 6~9

杜鹃花属（*Rhododendron* spp.）

杜鹃花

科：杜鹃花科

常绿和落叶杜鹃花都属于杜鹃花属，其中有50种是日本本土物种。杜鹃花的两种主要品种是石岩杜鹃（*R. obtusum*）及其变种和皋月杜鹃（*R. indicum*），开花稍晚。还有一种叫平藤的大叶杜鹃花。大部分成千上万的还有一种叶片很大的落叶杜鹃——平户杜鹃。在杂交品种中，绝大多数都是不同品系的杂交后代，花的颜色范围很广，从紫色、粉红色、浅橙色，一直到白色。花的大小各不相同，树形也是千姿百态。

落叶杜鹃花期在樱桃和紫藤之后，在日本园林中没有特别的象征意义。自11世纪以来，日本花园中，一直栽植雾岛杜鹃，经常在缺少树木的山坡上成簇生长。成簇生长的自然习性，也使得杜鹃成为几个世纪以来修剪的完美材料；模仿山丘的形状，可以做成圆形的土丘，修剪成小溪的形式，或者栽植于岩石或小水池的边缘，来增强形状和对比。修剪减少了着花的数量，对日本人来说，这是一种意外的收获，因为太多的颜色会过度刺激感官。杜鹃开花繁茂，如果不修剪，繁花会将叶子完全遮盖。刘达艺术（树木修剪造型艺术）最主要的材料就是杜鹃和山茶。在正伝寺的花园里，三组修剪过的杜鹃是枯山水景观的一部分。

繁殖： 种子，嫩枝扦插

花期： 春季至初夏

规格： 灌木，1~3m

修剪： 开花后进行修剪，如果有必要，秋季再进行修剪

条件： 阳光充足或黑暗；潮湿，酸性土壤充分

耐寒性/区域： 6~9

泡桐花

杜鹃花

春季观花树植物

梅是冬天结束的信号，最后一场雪融化时，梅花绽放。梅是勇敢和坚韧的象征。继梅之后，粉红色的娇嫩桃花相继开放。正是因为樱花和樱桃的存在，才使日本园林闻名世界。事实上，正是蔷薇科植物开出的第一朵花，吸引着人们出来庆祝春天。樱桃树的寿命相对较短，只需轻剪，而长寿的梅树耐重剪。

上图：菊樱，在 4 月末或 5 月初开花，每朵花多达 100 片花瓣。

梅（*Prunus mume*）

日本梅

科：蔷薇科

就像欧洲的刺李（*Prunus spinosa*）和洋李子（*P. damascena*）一样，梅开着纯白色的花。当积雪还未融化时，一些地方的梅花就已绽放。花期早使梅成为日本最受欢迎的花之一。有些品种的花是淡粉色或深粉色的，梅花盛开时，整个山谷都笼罩着一层薄雾色。梅的果实圆形，通常被腌渍或制成蜜饯。樱桃树寿命相对较短，不耐修剪，而古老的梅树可以重剪。

覆满青苔的老树比生命力旺盛的幼树更受人们的尊崇；粗糙弯曲的树干需要用支架来支撑，也需要用绳子、黄麻和麻纱包裹起来，就像老兵用绷带包扎起来一样，这样就会萌生出几枝开花的枝条。

梅花开放的时节，没有春天晚些时候在樱花树下经常看到的那种喧闹。梅花通常在天气很冷的时候绽放，观赏的人们带着一丝悲伤，表情平静而庄严。梅花象征着纯洁和希望，被尊为春天的引路使者。梅树也被视为正直和忠诚的象征，"像真正的绅士一样善良"，梅花的韧性，使其成为"岁寒三友"之一，其他两个为松和竹。梅是勇敢的树种，寒冬依旧，叶片早已凋落，梅花却已吐露芬芳，这就是梅花深受战士们欢迎的原因，战士们可能会带着梅花的枝条走上战场。根据日本的传说，在粉色的梅花枝头上，黄莺声声啼唱，预示着春天已来临。

西方花园中最常见的梅花（*Prunus mume*）品种有两种：一种是被称为"红千鸟（*Beni Chidori*）"的深粉红色品种，气味香甜。红千鸟是灌木，枝条直立，高 3m。另一种是梅的变种，"顺心（*omoi-no-mama*）"，花白色。西洋李子（*damsons*）的合适替代品，包括樱李（*P.cerasifera*），树高 10m，早春开白花（但不要栽植紫色叶的黑叶樱李 'Nigra'）；小型花园适合栽植公主樱李（*P.cerasifera* 'Princess'）。麦李（*P.glandulosa*），灌木，高 1.5m，花白色到淡粉色，果实红色。

繁殖：发芽或嫁接

花期：早春

规格：小型乔木，株高 9m

梅

桃（*Prunus persica*）

桃

科：蔷薇科

日本桃树，花期在梅之后，是春季里深受人们尊崇的落叶乔木。在京都的桃山两侧种植了大量桃树，象征着长寿和完美。16 世纪晚期，伟大的幕府将军丰臣秀吉在这座山上建造了伏见桃山城。因此，丰臣秀吉的统治时期也被称为桃山时代。

叶片刚刚展开，桃花便已绽放，花瓣柔和，亮粉红色。民俗文化中，认为桃树可以驱鬼镇邪，同时也是新生命的象征。怀孕中的第一个迹象出现时，服用含有桃肉的调配品，可以治疗晨吐。桃花节，起源于中国，现在仍然在三月初庆祝。这个节日是孩子们，尤其是女孩们的最爱，她们用丝绸和漆来装饰自己的人偶娃娃。

通常，桃树的寿命较短（只有 15 年），且易受虫害，比如虫害引起的叶片损毁和卷曲，容易导致桃树植株死亡。

繁殖：播种或嫁接

花期：早春

规格：乔木，株高 8m

修剪：开花后修剪，疏剪老枝

条件：充足日照；除积水以外的任何土壤

耐寒性/区域：7~9

桃

修剪： 在仲夏时节剪除枯死、患病和损坏的枝条

条件： 充足的阳光；富含腐殖质，排水性良好的土壤

耐寒性 / 区域： 7~9

山樱桃（*Prunus serrulata*）

日本樱花

科：蔷薇科

正是因为樱花，日本园林才闻名于世。樱花的盛开，引来人们出门庆祝，久而久之，就形成了传统的民间风俗：为期 3 周且盛大的樱花节。此时，日本到处都是花的海洋。花海如云般飘浮在空中，朋友们聚在花园和公园里，野餐喝清酒一直到深夜。人们还在傍晚的时候绑上红纸灯笼，和着鼓声和三味笙（一种类似鲁特琴的乐器）的音乐节奏拍手歌唱。

大多数有代表性的日本樱花品种，起源可以追溯到 19 世纪晚期的明治时期。这些品种源自日本山樱，通常双瓣，开花繁茂。花色洁白，花瓣凋零后，露出深色叶片的樱花品种最受欢迎。

在 19 世纪之前，日本的园丁主要种植豆樱（*P.incisa*）、日本山樱（*P.serrulata*）和山樱（*P.Jamasakura*），樱花的内敛和优雅，

正好符合那个时代的美学标准。这些树是人们崇敬和庆祝的对象，武士们把樱花短暂的花期看作是对脆弱生命的提醒，也是骑士精神和对领主或主人忠诚的象征。

从晚秋到春季，最先开花的樱花是日本早樱（*P.x subhirtella*）。日本早樱的两个品种红垂枝樱（*Pendula Rosea*）和八重红垂枝（*Pendula Rosea Plena*），在日本非常受欢迎，由雪松杆和竹子框架支撑，枝条悬垂。随后开花的是豆樱（*P.incisa*），叶前开花，落叶乔木，株高 8m，树冠开张，富有吸引力，是小型花园的理想选择。

接下来开花的是杂交种吉野樱，是以吉野山的名字命名的。枝条刚刚抽芽时，白色的花朵就已绽放，树冠开张，枝条悬垂，树姿优美，比如垂枝型染井吉野樱（*Shidare-yoshino*）。在京都地区和天龙寺的花园附近，有多达数百种吉野樱，种植和欣赏的历史已有 800 多年。秋季，豆樱的树叶变成一片绚丽的红橙黄色，色调如此鲜丽。

在过去的 200~300 年里，特别是在 19 世纪初的江户时代，植物育种在日本非常流行，培育了无数的樱花杂交种和变种，被称为"日本开花樱树"或"佐藤樱花"（字面意思是"国产樱花"）。

日本开花樱树非常容易生长，在干湿适中的几乎任何类型土壤中均可生长。根系很浅，有时会裸露出土表。这些樱树品种花期各异。有些寿命不到 50 年。不同品种不会在同一时间开花，所以在一个大花园中，可以选择不同花期的杂交品种，从早春到晚春，都有樱花可赏。

繁殖： 发芽或嫁接

花期： 早春至晚春

规格： 树径 3~8m

修剪： 在仲夏，去除枯枝、病枝，疏剪老枝

条件： 充足日照；富含腐殖质，排水良好的土壤

耐寒性 / 区域： 7~9

吉野樱（*Prunus x yedoensis*）

日本庭园中常见的其他樱花品种

天川樱

白普贤樱

郁金樱

• 天川樱（'Amanogawa'），落叶乔木，直立，花芳香，簇生，密集，淡粉红色。冠幅2m，株高仅8m，是小型花园和城镇花园的理想树种。花期，仲春至季春。

• 红丰樱（'Beni-yutaka'），半重瓣，花色蜜糖粉红色，花圆盘状，中心有黑色花心，花期孟春至仲春。

• 花笠（'Hanagasa'），乔木，树形伞状，花序下垂。花期季节中期。

• 叶樱（'Ichiyo'），枝条直立，重瓣花朵贝壳粉红色，与展开的灰橄榄绿叶子相映衬。花期季节中期。

• 关山樱（'Kanzan'），一种在西方花园中常见的经典的宽瓶状树形，开着浓密的重瓣深紫粉花。深色调在西方园林大受欢迎，但对于大多数日本花园色设来说，颜色过于浓烈。

• 锯叶垂樱（'Kiku Shidare Sakura'），迷人的枝条下垂。花重瓣，玫瑰粉红色，密集成簇。

• 完美粉红（'Pink Perfection'），生长强健，瓶状树形，青铜色的叶子展开，与玫瑰粉色的花朵相映成趣。称为"小粉红完美"的矮化变种，非常适合小型花园的种植，甚至是盆栽。

• 白普贤樱（'Shirofugen'），最古老的品种之一，也是最好的变种之一。树冠开张，花大，重瓣，白色芳香，花期季春。

• 白樱（'Shirotae'），是另一个非常古老的变种，在日本几乎灭绝，但在100年前被一位英国种植园主拯救，并被重新引入日本种植。该品种最显著的地方是，枝条几乎水平伸展，微微下垂。单花硕大，半重瓣，白色，芳香。花期季节中期至末期。

• 太白樱（'Taihaku'），一种令人惊叹的杂交品种，能开出非常大的白色花朵，生长健壮。花期季节中期。

• 郁金樱（'Ukon'），一种很别致的樱树，一簇簇淡黄色到硫化绿色的花，挂在开展的树枝上。花期是季节中期至晚期。

来自其他种的杂交种，也有值得考虑的观赏特性。

对于小型花园：

"湖上之舞"（P.incisa 'Kojo-no-mai'）豆樱，具有奇特的之字形生长习性。千岛樱（P.nipponicavar.kurilensis），花大，花色艳丽，粉红色，花瓣开张。

秋色：

天川樱、"红丰"欧洲甜樱桃（*Prunusavium* 'Beni-yutaka'）、大白樱、大山樱和豆樱。大山樱叶片会变成鲜红色，而其他品种则会变成橙色、黄色和红色的混合色。

太白樱

大山樱

晚春和夏季观赏的乔木、灌木和攀缘植物

随着最后一朵樱花的凋零，紫藤绽开了芳香花朵。在紫藤旁边，牡丹也展开了美丽的褶边花瓣。牡丹是一种开着华丽花朵的植物，在日本人把它引入花园之前，牡丹就被中国人高度重视了。夏季其他植物的栽植，不仅是为了观赏它们的花朵，也为了观赏它们的树姿和叶形。像野茉莉 (*Styrax japonicus*)，灌木或小乔木，开花季节会从春天一直延续到夏天。铁线莲很受欢迎，但大部分铁线莲适宜盆栽。

上图： 冰生溲疏。小型灌木，晚春时节开花，花朵密集，几乎覆盖植株，枝干质地细腻，特别吸引人。

铁线莲属（*Clematis spp.*）

铁线莲

科：毛茛科

一些大花铁线莲属植物，如转子莲 (*Clematis patens*)，是日本乡土植物。在西方的花园中，转子莲经常攀缘凉亭来形成景观，但在日本花园中，色彩非常丰富的转子莲的杂交种则更常见。与西方应用方式不同的是，铁线莲一般是栽植在容器中，放置在房子的主入口附近。

繁殖： 播种，扦插，压条

花期： 夏季

规格： 攀爬可达 4m

条件： 充足的阳光和部分遮阴

耐寒性 / 区域： 4~9

转子莲

日本四照花（*Camus kousa*）

日本山茱萸

科：山茱萸科

中国和日本的乡土植物，落叶灌木或乔木，株高可达 10m，枝条开展，分层，初夏开花，花有 4 个白色苞片。初开时花绿色，逐渐变成纯白色或粉红色，如 "里美" 四照花 (*Cornus kousa* 'Satomi')。 树形最美的是四照花 (*Cornus kousa* var. *chinensis*)，花朵更大更白。日本四照花和它的花形一样突出，不仅是因为其适应力强，几乎可以生长在任何土壤中，更是因为花期仲夏，这时开花的灌木和乔木很少。还有一些四照花是四照花和大花四照花 (*Cornus florida*) 的杂交种，早春开花。秋季，四照花和大花四照花会变成红色和紫色等色调，在一个月的时间里都能保持这种状态。

繁殖： 嫁接，压条，播种，软枝扦插

花期： 初夏

规格： 小乔木到大灌木，株高可达 10m

条件： 喜全光或半阴

耐寒性 / 区域： 5~8

日本四照花

溲疏属（*Deutzia spp.*）

溲疏

科：山梅花科

日本人在混合花境中种植了许多种类和花形的溲疏。开白色或粉红色的溲疏比春季开花的其他溲疏开花晚，在春夏之交时，开白色或粉红色的溲疏此时正好开花，可以用来弥补开花植物很少的局面。齿叶溲疏 (*Deutzia crenata*) 和冰生溲疏 (*D. gracilis*) 都原产于日本，星形白花，簇生。

繁殖： 枝条扦插

花期： 春末夏初

规格： 落叶灌木，株高 1m

修剪： 开花后剪去老花茎

条件： 充足的阳光；排水良好的土壤

耐寒性 / 区域： 5~9

牡丹

牡丹（*Paeonia suffruticosa*）

牡丹

科：芍药科

在日本，牡丹和紫藤在同一时间开花，两者都与美丽的女人联系在一起。牡丹品种繁多，因其繁盛，被誉为"繁荣之花"和"花中之王"。在日本，它不容易栽培，对于大多数精致的花园，花太华丽和肥硕，所以它通常是在花盆中种植。最珍贵的颜色是白色、淡粉色和红色。它经常与狮子、老虎和竹子一起出现在画屏上。

繁殖： 嫁接

花期： 春末夏初

规格： 小灌木，2.1m

修剪： 在冬末剪去过长的枝条和交叉枝条

条件： 完全日照或部分遮阴；深厚肥沃的土壤

耐寒性/区域： 4~8

槐（*Sophora japonica*）

日本国槐

科：蝶形花科

槐的拉丁名并不准确，因为它并不是原产于日本，像许多园林植物一样，是在大约1000年前从中国引进的。槐树美丽、雄伟，株高可达20m，在夏末，有优雅的羽状叶和产生大的圆锥花序小白花。

在日本的花园中，你经常会看到垂枝型的龙爪槐（*S.japonica pendula*），因为主干是蛇形的，无法形成笔直的树干，需要额外的支撑。不需要额外支撑的龙爪槐，形成伞状。虽然耐寒，但槐花仍需要炎热的

夏天来使木质成熟。

繁殖： 播种（垂枝型是嫁接）

花期： 夏末到秋天

规格： 中型树，株高达20m

条件： 充足的阳光

耐寒性/区域： 7~9

小花绣线菊（*Spiraea nipponica*）

日本绣线菊

科：蔷薇科

灌木。大多数小到中型的绣线菊是日本的乡土植物。树形呈圆形或散开的形状，枝条呈拱形，花小，簇生。日本绣线菊，叶片深绿色，花白色。

繁殖： 半成熟枝扦插

花期： 仲夏

规格： 灌木，株高1.2m

修剪： 回缩幼枝，疏除老枝

条件： 充足的日照；任何土壤

耐寒性/区域： 5~9

小花绣线菊

夏椿（*Stewartia pseudocamellia*）

日本紫茎

科：山茶科

花小，白色，杯状或山茶花形（花期在仲夏至季夏）。斑驳的树皮和秋天的颜色（在秋天，叶子变黄色、红色和紫色）。中小型的大花紫茎，通常与常绿灌木混植，或在大门附近作为标本树。

繁殖： 播种

花期： 仲夏

规格： 株高20m

修剪： 不需要

条件： 喜阳光充足或稍稍遮阴，酸性土壤；忌强风和干旱

耐寒性/区域： 5~7

槐

夏椿

野茉莉（*Styrax japonicus*）

野茉莉

科：野茉莉科

枝条伸展、落叶小型灌木，深绿色叶片，光滑，花小，白花。

繁殖： 播种

花期： 夏初至仲夏

规格： 株高 10m

修剪： 不需要

条件： 充足阳光或部分遮阴；潮湿，中性至酸性土壤

耐寒性/区域： 6~8

榔榆（*Ulmus parvifolia*）

榔榆

科：榆科

树形优雅，中型乔木，原产于日本和中国。叶片相对较小，直到冬天才会掉落，花期夏天。榔榆还产生了一些矮小的变种，如八房榔榆（*Ulmus parvifolia* 'Yatsubusa'）和北海道榔榆（*Ulmus parvifolia* 'Hokkaido'），生长非常密集，叶片非常小，在一个非常小的花园中，北海道榔榆是其他日本植物的理想陪衬。这些北海道榔榆也可以修剪，使其在"缩影园"或"浓缩景观"中，看起来更加苍老、更加雄壮。

八房榔榆

繁殖： 播种（矮化品种需硬木插枝）

花期： 夏末至秋末

规格： 中型树种，最高可达 20m

条件： 充足日照

耐寒性/区域： 4~8

紫藤属（*Wisteria* spp.）

紫藤

科：蝶形花

当樱花在仲春凋谢时，紫藤的长总状花序开始散开。紫藤原产于日本，在野外可以看到它从高大的树上垂落下来，在陡峭的山坡上形成蓝色的瀑布。多花紫藤（*W. floribunda*）的总状花序比它中国的表亲紫藤（*W.sinensis*）更长。而在"长序"多花紫藤（原名 'Multijuga'）品种中，蓝色的总状花序可达 1.2m 长。紫藤因其长寿而备受尊崇，是日本园林中唯一被精心栽培的攀缘植物。自 17 世纪以来，它们一直是栽植在松树旁，以松树为攀缘对象，但现在更多以框架、凉棚和三脚架为攀缘对象。当紫藤被悬挂在一座特殊构造的桥上时，它们看起来也很迷人，长长的总状花序延伸到下面的水中，与它们的倒影相映衬。另一种生长在日本的紫藤是白花藤萝（*W.brachybortys* 'Shiro-kapitan'），在叶子出现前几周就开出迷人的、芳香的白花。紫藤也可以固定在坚固的篱笆桩上来整形，作为独立的标本树，或让紫藤沿地面伸展，树形会变得更加丰满。保持紫藤的树形，需要重修剪。修剪在两个阶段进行：第一个在仲夏，长嫩枝修剪 2/3，第二个在仲冬，短枝最多修剪 10cm。紫藤耐修剪，非常适合盆栽生长，也适合在盆景中生长。

繁殖： 嫁接，播种

花期： 初夏

规格： 最高 9m

修剪： 仲夏和仲冬

条件： 为完全日照或部分遮阴；肥沃湿润的土壤

耐寒性/区域： 4~10

紫藤

春天的叶色

早春不仅仅是花的季节，因为日本的园丁们尽量避免使用过多的色彩。垂柳（*Salix babylonica*）自 9 世纪从中国引入，一直在日本的池塘和湖泊周围种植。垂柳舒展的嫩绿叶片令人赞叹不已。树龄较小的掌叶槭（*Acer palmatum*），叶色多种多样，从浅绿色到橙红色。一般来说，紫色、金色和杂色的叶片在传统园林中是很难看到的，因为颜色太不自然，有损于整体设计。

夏季观花植物

日本的夏天经常下雨，很少有花能忍受。然而，绣球花在这样的环境下仍能茁壮成长。近年来，绣球花越来越受欢迎。除了绣球花，还有两种花常被种植，作为佛教中死亡和不朽的象征：一种是一年生植物牵牛花，因为花开转瞬即逝；另一种是莲花，因为从池塘的淤泥中浮现，象征着纯洁。鸢尾也被种植在水中或水边，是一种以具有驱除邪灵的力量而闻名的植物。

上图：拖把头的绣球花繁茂地生长在一个荫蔽的林地。

绣球属（*Hydrangea* spp.）
绣球花

科：绣球花科

早在759年，绣球花就在日本园林书籍中被提到，但绣球花并没有立刻流行起来。4片花瓣和暗紫色被认为代表死亡。紫阳花（Ajisai）意为"采紫"。它们也被称为"七变"，意思是"变化七次"，暗指花的颜色随着季节的变化而变化。

3种最重要的绣球花及其变种原产于日本：绣球（*Hydrangea macrophylla*）、粗齿绣球（*H. serrata.*）和蔓性的多蕊冠盖绣球（*H. petiolaris*）。这些大型头状花序的杂交种起源于日本，在许多日本花园中都能看到。这些绣球花的优良特性之一是在夏末开花，具有抵御夏季大雨的能力。

在水分充足的酸性土壤上，蓝色品种会呈现出深蓝色。花边系列的绣球花非常优雅，

适合种植在斑驳的林地阴影下，特别是当花被雨水润湿的时候，迷人的美令人陶醉。如果经常施肥和浇水，绣球花的变种可以种植在花盆中。其他日本本土植物，如圆锥绣球（*H. paniculata*），圆锥花序，在夏末开花。圆锥绣球非常耐寒，可以在充足的阳光下生长。以上这些绣球花有各种各样的形式，以适应不同的品位。近年来，绣球花在一些城镇和地区非常受欢迎，这些城镇和地区把绣球花作为特殊风格的花卉来栽植。

繁殖： 半熟和硬木扦插

花期： 在夏季中后期

规格： 灌木，株高2m

修剪： 除去枯死的和早春生长的过长枝条

条件： 日照或部分遮阴；潮湿，肥沃的土壤

耐寒性/区域： 4~9

虎掌藤属（*Ipomoea*）
牵牛花

科：旋花科

在奈良和平安时代，当诗人歌颂转瞬即逝的事物时，他们把牵牛花作为一种理想的象征：当一朵花在辉煌的一天之后凋谢，它很快就会被另一朵花所取代。但直到18、19世纪，牵牛花才开始在日本流行起来，并培育了一系列新的颜色。牵牛花

通常种植在花盆里，悬挂在轻质的竹棚架和栅栏上。当很多花在夏天开始枯萎的时候，牵牛花却在炎热中怒放。

繁殖： 播种

花期： 夏季至秋季

规格： 攀缘植物，可达6m

条件： 充足的阳光；任何排水良好的土壤

耐寒性/区域： 8~10

八仙花

牵牛花

燕子花

鸢尾属（*Iris* spp.）

鸢尾

科：鸢尾科

鸢尾在日本很受欢迎。日本型的鸢尾被称为燕子花（*I.laevigata*），自然生长在古都奈良的沼泽里。燕子花被收集制成染料，其蓝色专门用于装饰皇室的长袍。《枕草子》，始于11世纪的一本小说，作者描写了当时鸢尾节的情景，男人、妇女和儿童用鸢尾花和鸢尾根装饰头发和衣服，以此来辟邪。时至今日，每年的5月底和6月初，鸢尾节仍然在日本举行。

燕子花（*I.laevigata*）栽植在土壤湿软的花园中，但不是水涝或水域，通常是靠近一个池塘的入口栽植。八字桥或z字形栈桥在花坛上蜿蜒而过，迫使游客放慢脚步，从不同角度欣赏燕子花。据说，燕子花具有"质朴"的整洁，已尽善尽美。相比日本鸢尾（*I. ensata* var. *spontanea*），燕子花的株形更加狭窄和低矮。

日本鸢尾比燕子花更壮观，被更精心地培育。现在，日本鸢尾有各种形状和颜色，从白色、粉红色到深紫色，经常被种植在大型种植床上略微隆起的行中，或种在花盆里，因此，在金色折叠屏风的衬托下，可以一株一株地仔细欣赏日本鸢尾的美。在日本的一些地区，由于缺水而不能种植这些鸢尾，但欧洲的德国鸢尾（*I.germanica*）可以种植在专门用于种植鸢尾的大床上。其他种植的鸢尾还有鸢尾（*I.tectorum*）和喜阴的蝴蝶花（*I.japonica*），这些鸢尾外观粗野，非常适合种植在茶园里。

繁殖： 分株

花期： 夏天

规格： 高至80cm

条件： 完全日照或部分遮阴，略呈酸性土壤

耐寒性/区域： 4~9

玉蝉花

莲（*Nelumbo nucifera*）

莲花

科：睡莲科

盛夏时节，春花早已凋谢，莲花绽放。莲花是与印度教和佛教联系最紧密的花，佛陀经常被描绘成坐在莲花上的雕像和形象，处于完美的觉悟状态。莲花象征着人类精神的进化，它的根在泥土中，它的生长经过水和空气的滋养，在阳光下开放，纯洁无垢。花瓣的轮状结构也被认为代表着生命的循环。

花期长，连续开花超过6个星期，花蕾在黎明开放，花瓣张开时，会发出一种声音，这种声音难以形容。开白色花的白莲（*N.nucifera* 'Alba'），有一种特别强烈的香甜气味。在炎热的天气里，莲花花瓣合拢了，几天后优雅地飘落，一片一片地落下，留下独特的蜂窝状莲果。莲也是一种重要的营养来源。种子、根和叶子都可以食用，但作为食物种植的品种很少开花。莲不耐严寒，在夏季，天气不够热，不能刺激莲开花。在这种情况下，睡莲（*Nymphaea*）是一个很好的替代品，睡莲没有直立的茎，花更靠近水面，不像莲花是高茎着花。

繁殖： 分株

花期： 夏天

规格： 水面以上1.2m

条件： 阳光充足，水深60cm

耐寒性/区域： 4~11

莲花

秋季观叶植物

人们用五彩缤纷的叶色来庆祝秋天，这样的植物被统称为"红叶"。但随着时间的推移，红叶这个词也成为"鸡爪槭"（Acer palmatum）美丽色叶的代名词，这是红叶代表的第一个树种。尽管槭树属树木秋天的叶色永远是人们的最爱，但传统的日本花园确实还包含了其他秋季变色的树木和大型灌木。在秋天，秋季变色的树木和大型灌木中，有一些品种的叶片也变成美丽的颜色，而另一些则更为珍贵，因为它们有光泽的常绿叶子可以作为背景，衬托出槭树和其他植物明亮的叶色。还有少数品种有香味或能结出可食用的果实。

上图： 鸡爪槭可以作为一棵单株或多干的小型树。到了秋天，鸡爪槭的叶色会变成深红色、黄色或橙色。

鸡爪槭（Acer palmatum）

鸡爪槭

科：槭树科

在日本，鸡爪槭受欢迎的程度可能仅次于樱花，欣赏鸡爪槭的秋色已经成为一个传统，人们专门旅行去看野生鸡爪槭火红的秋色。鸡爪槭原产于日本，在山坡上，与雪松、翠竹和青松混杂在一起，随处可见。鸡爪槭有数百种奇特的类型，一些有精致具缺刻的叶片，另一些有斑驳和紫色的叶片，鸡爪槭的各变种是所有花园和野外庆祝活动关注的焦点。塔槭（A.micranthum）、茶条槭（A.tataricum var. ginnal）和羽扇槭（A.japonicum）也是日本的乡土植物，秋季叶片都会变成美丽的颜色。在 11 月时，鸡爪槭红色、橙色的叶色，为京都的寺庙和花园披上了绚丽的秋装。

一些叶形非常漂亮的鸡爪槭，在春天叶色是橙红色的，而一些在秋天变成明亮的黄色而不是红色，还有一些在冬天有亮红色

线裂鸡爪槭

或绿色的茎。矮化品种和具缺刻的叶片的鸡爪槭更适合小型的花园，但最好尽量避免紫色的叶片，这往往弱化了视觉焦点以及和谐的安排。

繁殖： 播种子和嫁接（所有的品种都需要嫁接，若只种植一到两种鸡爪槭，您可以压条繁殖）

规格： 小型乔木，高 8m

修剪： 最好不修剪；可以在冬季后期修剪过长的枝

条件： 完全阳光或部分遮阴；潮湿的土壤幼体的生长偶尔会受到晚霜或冷风的伤害

耐寒性 / 区域： 5~8

三角槭（Acer buergerianum）

三角枫

科：槭树科

这种小型、椭圆状的落叶乔木，经常种植在日本的大型花园中，若秋天温暖，三角槭的叶片冬季也不掉落，而且叶色不像其他槭树那样稳定。三角槭有多茎的习性。叶片中细，有光泽，深绿色。树皮脱落，露出橘黄色的下层树皮。

菽莓槭（Acer cissifolium）

常春藤叶槭

科：槭树科

三叶槭非常罕见，只有 3 片叶子，看起来一点儿都不像槭树。秋天，三叶槭是槭树

科最早变色的品种，在此后很长的一段时间里，三叶槭叶色会变成橙色、黄色和红色等颜色。

茶条槭（Acer ginnala）

茶条槭

科：槭树科

枝条先期直立、后伸展的小型树木，有漂亮的叶子。茶条槭（A.ginnala 'Flame'）因其秋叶火红，已被优先选育。

羽扇槭（Acer japonicum）

日本羽扇槭

科：槭树科

羽扇槭受欢迎程度仅次于鸡爪槭。与鸡爪槭相比，羽扇槭的叶片要大得多。虽然羽扇槭很少在花园中种植，但它产生了两种变型"乌头叶"羽扇槭（Acer japonicum 'Aconitifolium'）和"葡萄叶"羽扇槭

三角槭

（Acer japonicum 'Viti folium'），是优良的园林植物，易于生长，慢慢长成中型树木。"葡萄叶"羽扇槭的叶片像葡萄藤一样，而"乌头叶"羽扇槭的叶片则被有深深的缺刻。"葡萄叶"和"乌头叶"都很早就长叶，在秋天变成火红色。在夏天或多或少会变绿的金叶变型，现在被归类为"黄叶"钝翅槭（Acer shirasawanum 'Aureum'）。另一种变型是"小仓山"钝翅槭（Acer shirasawanum 'Ogurayama'），叶子更小，枝条更直立。紫花槭（Acer sieboldianum）与这两种变型羽扇槭相似。

塔槭（*Acer micranthum*）

塔槭

科：槭树科

一种小叶槭树，生长在日本中部的原始森林中，通常与鸡爪槭伴生。塔槭树形开展，矮小迷人。在秋天，叶色鲜艳。

瓜皮槭（*Acer rufinerve*）

红脉枫

科：槭树科

瓜皮槭的树皮上有长长的白色条纹，美丽的叶片，秋季会变成黄色和红色的混合色。

连香树（*Cercidiphyllum japonicum*）

连香树

科：连香树科

在日本神话中，月亮上的桂树据说就是连

羽扇槭

"深裂"鸡爪槭

鸡爪槭适宜的栽培品种

· "辉红"鸡爪槭（A.p. 'Chito-seyama'），春天叶片舒展开来时，略呈紫色，到了秋天就变成了紫红色。

· 深裂鸡爪槭（A.p.var.disse-ctum），小型圆形轮廓的灌木，叶片缺刻很深，秋色美丽。深裂鸡爪槭有许多叶片紫色、深裂的品种，有时种植在现代风格的日本花园中，但由于色彩过于强烈，容易分散欣赏者的注意力，因此，更精致和传统风格的花园不宜栽植。

· "金贵"鸡爪槭（A.p. 'Katsura'），春天有明亮的粉红色嫩叶，在秋天叶片变成红色。

· "线裂"鸡爪槭（A. p. 'Lineari-lobum'），叶片线性，具深缺刻，

春天和夏天叶片是明亮的绿色，到了秋天就变成了丰富的黄色和橙色。

· "大叶"鸡爪槭（A. p. 'Osak-azuki'），树冠圆形，叶子很大，在秋天会变成明亮的橙色和红色。

· "清流"鸡爪槭（A. p. 'Seiryu'），树形非常美丽，广泛栽植的小型树木，是小型花园或群植的优秀树种。叶片优雅，具缺刻，叶片初展开时是柔和的绿色，秋天时，叶色如烈焰般鲜艳。

"珊瑚阁"鸡爪槭（A. p. 'Sango-kaku'），叶子在春天会变成橙黄色，在秋天会变黄。茎是红色的，在冬季很突出。

莜莓槭

香树，树枝直立，叶片圆形、美丽。秋天叶片会变色。当叶子落下时，会散发出一种类似焦糖的气味。

繁殖：播种

规格：株高可达 20m

修剪：在冬末剪去过长的或交叉的枝

条件：充足阳光照射或稍遮阴；微酸性土壤

耐寒性 / 区域：5~9

连香树

柿（*Diospyrus kaki*）

柿子

科：柿树科

很优美的秋季观赏树，结着黄色至橙色的果实。柿是世界上最适宜食用的君迁子，叶片很漂亮，在叶落下之前会变成黄色、橘红色和紫色。在寒冷地区，这种抗冻植物最好靠墙栽植。

繁殖： 嫁接

花期： 夏

规格： 株高10m

修剪： 在冬末剪去过长的或交叉的树枝

条件： 阳光充足并适当遮挡；肥沃的土壤

耐寒性/区域： 4~8

台湾吊钟花（*Enkianthus peru-latus*）

白色吊钟花

科：杜鹃花科

作为杜鹃科的一员，这种大型灌木被广泛栽植。春天，盛开一簇簇的奶油色和粉红色的小铃铛状花，但更多欣赏的是秋叶，白色吊钟花明亮的红色和金橙色的叶色。尽管适度的修剪可以增强白色吊钟花分层分枝，还是应尽量避免重剪，重剪会导致着花很少。作为树篱栽植或与常青树混植。另一个可选品种是红脉吊钟花（*E.campanulatus*）。

繁殖： 半熟枝扦插

花期： 仲春

规格： 灌木，株高2m

修剪： 早春剪去交叉或过长的枝条

条件： 全日照或部分遮阴；潮湿，微酸性土壤

白色吊钟花

银杏

耐寒性/区域： 5~7

银杏（*Ginkgo biloba*）

银杏

科：银杏科

古老的银杏树可以追溯到恐龙时代。银杏树是孑遗植物，没有近亲。银杏叶片形状奇特，像蹼足，在秋天变成明亮的奶油黄色。银杏原产于中国，现在在日本各地都能看到，尤其是在京都，那里的树木长势茂盛，秋天的时候，树下的地面都被金黄色叶片覆盖。秋天，结出一种可食用但闻起来很难闻的果实。"安妮"银杏（*Ginkgo biloba* 'Annie's Dwarf'），适合小型花园或盆栽栽培。

繁殖： 播种和嫁接

花期：（柔荑花序）春季

修剪： 在冬末或早春时，把病枝或枯枝修剪掉

条件： 充足的阳光；任何土壤

耐寒性/区域： 5~9

南天竹（*Nandina domestica*）

南天竹

科：小檗科

日本乡土植物，南天竹是小檗属植物的近亲。在仲夏，花小，白色，圆锥花序，浆果红色，羽状叶片，光滑。秋天，特别是在充足的阳光下，叶片变成鲜红色，叶能忍耐部分遮阴。在非常寒冷的地区，许多叶片往往在冬末落下，但这种植物被认为是常绿植物。

繁殖： 播种

花期： 盛夏开花

规格： 灌木，株高2m

修剪： 在春季中后期，修剪过长的枝条

条件： 充足的阳光；湿润土壤

耐寒性/区域： 7~10

夏椿（*Stewartia pseudo-camellia*）

日本紫茎

科：山茶科

植物的每一片叶子都是黄色、橙色、绿色和红色的混合色。在盛夏，开白色的小花。

繁殖： 播种

花期： 仲夏，株高20m

修剪： 不需要

条件： 完全日照或浅阴；潮湿、酸性土壤

耐寒性/区域： 5~7

野茉莉（*Styrax Japomcus*）

野茉莉

科：野茉莉科

与各种樱花一起，给秋天的花园增添了迷人的色彩。叶片深绿色，夏天，盛开大量的小白花。

繁殖： 播种

花期： 初夏至仲夏

修剪： 不需要

条件： 完全日照或部分遮阴；潮湿，中性至酸性土壤

耐寒性/区域： 6~8

南天竹

秋季观花植物

自 11 世纪以来，"秋之七草"就已为人所知并广为使用。日本几个世纪以来，不同地区对这七种草本植物的选择各不相同，但总的来说，它们都是在夏雨过后和秋叶变色季节开花的植物。以下是最初的七种，以及其他一些后来流行起来的。除芒草外，都不是禾本科植物，其余都可以归类为草甸花。

上图：日本寺庙外的盆栽杂交菊花。

银莲花属（*Anemone* spp.）

银莲花

科：毛茛科

被称为日本银莲花的植物，是从中国引进的湖北银莲花中培育出来的，这种植物已被广泛杂交。日本银莲花是高大的草本植物，叶子呈藤蔓状，经常在阴凉的花园中栽植，种植在苔藓丛中，或在溪流旁。最优美的变型是单株、纯白色的"约伯特之光"杂种秋牡丹（*A. x hybrida* 'honorine Jobert'），但也有很多品种，颜色从白色、浅粉色到深紫粉色，有些有重瓣花。在肥沃的土壤中，易受病菌侵染，需要加以控制。

繁殖：分株

花期：夏末至仲秋

规格：株高 1.2m

条件：日晒或部分遮阴；腐殖质丰富、潮湿的土壤

耐寒性/区域：5~8

日本紫珠（*Callicarpa japonica*）

日本紫珠

科：马鞭草科

以 11 世纪伟大小说《物语》的作者紫式部命名的紫珠，是丛生、枝条拱形的落叶灌木，在秋季和冬季结出美丽的紫色浆果。在初夏开精致的粉红色花朵（结紫色浆果），中等大小的蓝绿色叶片。紫珠的近亲，"丰多"珍珠枫（*C. bodinieri* var. *bodinieri* 'Profusion'），经常种植在西方花园，是一种更大型的灌木。

繁殖：半成熟枝条扦插

花期：夏末

规格：灌木，株高 1.5m

修剪：在早春时，近地面缩剪

条件：阳光充足或浅阴，肥沃的土壤

耐寒性/区域：5~8

菊属（*Chrysanthemum* spp.）

菊花

科：菊科

现在，几乎所有的菊花都被重新归类为菊属，但大多数园丁仍然使用旧名称。这种植物长期以来与日本皇室有关，菊花的神话地位使其成为神话故事和传说的主题。人们认为菊花的提取物和精华具有神奇的力量，会使人延年益寿。

这种大型头状花序的菊花，在日本正规的花园中很少见到，但经常种植在寺庙外和家庭花园的花盆中。人们对于大立菊的培育感到非常自豪，但在花园里种植的都是比较普通的品种。大滨菊（*Leucanthemum* x *superbum*），花白色，黄色花心，在深秋开花。这些菊花和一些野生的紫苑，适合在茶园的荒野部分栽植。

繁殖：扦插和分株

花期：早秋至晚秋

规格：多年生植物，株高 1.5m

条件：充足的阳光；肥沃的土壤

耐寒性/区域：4~9

银莲花

日本紫珠

泽兰

泽兰属（*Eupatorium* spp.）

泽兰

科：菊科

日本品种华泽兰（*E.chinense*）和蓼泽兰
（*E.lindleyanum*）是高大的草本植物，有扁
平的头状花序，开有绒毛的紫色或白色的
花，深受蜜蜂喜爱。柔和的颜色和直立的
习性，非常适合在半自然的环境里生长。

繁殖： 播种和分株

花期： 秋天

规格： 多年生植物，株高 1~2m

条件： 全日照或半阴环境；任何湿润的
土壤

耐寒性 / 区域： 4~9

胡枝子（*Lespedeza bicolor*）

二色胡枝子

科：蝶形花科

胡枝子属灌木，开紫色花，枝条松散，呈
拱形，生长季后期才长出叶片。花呈紫色，
帚状总状花序，可达 15cm 长，秋季，花
着生在 1~3m 长的棒状茎的嫩芽和侧芽上。

胡枝子

繁殖： 播种和分株

花期： 在夏季中后期

规格： 灌木，株高 2m

修剪： 在早春时将枝条缩剪至地面

条件： 充足的阳光；排水良好的土壤

耐寒性 / 区域： 4~6

芒（*Miscanthus sinensis*）

芒

科：禾本科

芒是在日本的荒地上种植的，所以很少被
用作园林植物。当种植芒时，也是有诸
多限制的。银色的羽状物出现在秋天，高
达 2~4m。"屋久岛矮化"芒（*M. sinensis*
'Yakushima Dwarf'）是一种生长在日本南
海岸火山岛屋久岛的低矮植物，形成了
1m 高和 1m 宽的圆形植物丛。老的花叶和
枝干变成了浅黄褐色，在被风吹散之前，
能宿存到新年。芒草覆盖了日本的许多山
丘，在风中优雅地摇曳。

繁殖： 分株

花期： 秋季

规格： 草，株高 4m

条件： 日照充足；排水良好的土壤

耐寒性 / 区域： 5~9

桔梗（*Platycodon grandiflorus*）

桔梗

科：桔梗科

桔梗是桔梗属的多年生草本，花蕾膨胀有
褶皱，因此得名。花最终开成一个大杯
状，大部分是蓝色的，但也可能是粉色或
白色。株型紧凑，有蓝绿色的叶片，如果
种植在小溪的边缘会很好。

繁殖： 播种和分株

花期： 季夏

规格： 多年生植物，株高 60cm

条件： 全日照或部分遮阴；湿润土壤

耐寒性 / 区域： 4~9

芒

油点草属（*Tricyrtis*）

油点草

科：铃兰科

这种植物的中文名意为"有油斑点的植
物"，因为油点草的花上有褐红色到紫色
的斑点。它的日文名字是杜鹃的名字，这
种杜鹃胸部有一个色斑。在西方也被称为
蟾蜍百合，油点草最近才在日本流行起来。
在日本，油点草的野生品种有着朴素而神
秘的颜色，适合种植在茶园小径或小溪旁
潮湿的树荫下。

繁殖： 分株

花期： 季夏至仲秋

规格： 多年生植物，株高 80cm

条件： 遮阴；肥沃、潮湿的土壤

耐寒性 / 区域： 7

油点草

常绿灌木

日本的乡土植物群中，常绿灌木种类很丰富，许多种类都是种植在京都的花园及其周边地区。根据植物的耐寒性和可获取的难易程度，作者进行了以下筛选。山茶和杜鹃已经在春季开花的灌木中讨论过（p.210~p.211），但还需要再次提到，因为在日本花园，大多数常绿植物构成的布局中，山茶和杜鹃是骨干树种，是山茶和杜鹃耐修剪和容易塑造的特性，奠定了其骨干树种的地位。许多常绿灌木可以在树木和建筑的荫蔽下生长。

上图：日本黄杨，是一种密集的常绿灌木，可以修剪成矮树篱和各种造型。

紫金牛

紫金牛（*Ardisia japonica*）

紫金牛

科：紫金牛科

在京都和日本南部的许多花园中都可以看到，紫金牛是一种可爱的常绿灌木，只有在隐蔽的地方才耐寒。紫金牛是一种小型灌木，开白色或淡粉色的花，然后是红色或黄色的浆果。它们从秋天持续到冬天。珊瑚莓，香料莓，也被称为 manryo，是一种更大的灌木，高 2m，白色或粉红色的花，红色的果实。

繁殖： 播种

花期： 夏天

规格： 灌木，可达 1m

修剪： 在仲春时节把长得过长的枝条剪掉

条件： 遮阴；湿润、肥沃、酸性土壤

耐寒性 / 区域： 4~8

青木（*Aucuba japonica*）

日本月桂

科：山茱萸科

有斑点的青木是可靠的常绿灌木，叶子有光泽。它们喜欢树荫，容忍大树根部的干燥土壤。在秋天，雌性灌木结小簇大的红色浆果，所以它们有时被称为日本冬青。有的叶子上有黄色斑点，有的结橙色或黄色浆果，但在日本花园中最受欢迎的植物是窄叶的"水杨树"。

花期： 春季中期

规格： 灌木 3m

修剪： 冬末早春剪去杂交或过长的枝条

青木

条件： 任何土壤

耐寒性 / 区域： 7~10

日本黄杨
（*Buxus microphylla* var. *japonica*）

黄杨木

科：黄杨科

日本黄杨是一种小型的常绿灌木，高 2m，宽 2m。它比欧洲黄杨木（*Buxus sempervirens*）更耐寒，叶子更长、更窄，生长习性更紧凑。许多杂交品种呈低矮的圆形，如"紧凑"和"绿枕头"。它很容易生长在阳光下或阴凉处。像所有的黄杨一样，这种植物几乎可以修剪成任何形状，这使它成为日本花园的极好植物，特别是在高碱度的土壤中，杜鹃花无法生长。

繁殖： 硬枝扦插

花期： 春季

规格： 灌木，可达 2m

条件： 阳光或树荫

耐寒性 / 区域： 5~8

红淡比（*Cleyera Japonica*）

红淡比

科：山茶科

红淡比是生长缓慢的常绿灌木，枝条直立生长，是神道教的圣物。在特殊的仪式上，人们会献上有革质叶片的红淡比枝条，通常在神道神社附近的花园中种植。红淡比不耐寒，应该栽植在有遮蔽的酸性土壤中。

繁殖： 播种，扦插

规格： 株高 10m

条件： 充足日照至浅阴；潮湿，排水良好的酸性土壤

耐寒性 / 区域： 8

瑞香（*Daphne odora*）

瑞香

科：瑞香科

小型常绿灌木，在仲冬到初春的时候开着甜美的粉白色花。最常在花园里看到的是"金边"瑞香，金色的叶片，姿态迷人，可以混合种植，但寿命不是很长。

注意： 植株各部分（包括种子）有剧毒。

繁殖： 播种或半成熟插枝

花期： 仲冬到初春

规格： 灌木，株高 1.5m

修剪： 最好不修剪

条件： 充足日照或部分遮阴；肥沃，湿润，微酸性土壤

耐寒性 / 区域： 8~10

交让木
（*Daphniphyllum mac-ropodum*）

交让木

科：交让木科

一种漂亮的大叶灌木，叶片长带状和叶柄

埃氏胡颓子

红色。日本乡土植物，可以在几乎任何遮蔽或部分遮阴条件下，和不太干燥的土壤中生长，在碱性土壤中，是杜鹃很好的替代品。可以长成大型灌木。但花观赏性不强，还释放出刺鼻的气味。

繁殖： 播种，半熟枝扦插，硬枝扦插

花期： 春季

规格： 灌木，株高 8m

条件： 开花后修剪，全日照或遮阴

耐寒性 / 区域： 7~8

胡颓子属（*Elaeagnus* spp.）

胡颓子

科：胡颓子科

常见的胡颓子属植物有胡颓子（*E.laeagnus pungens*）、蔓胡颓子（*E. glabra*）和大叶胡颓子（*E.macrophylla*）。但最常见的叶色变形是杂交的埃氏胡颓子（*E.x ebbingei*），叶灰褐色，背面银白色。秋天，叶腋上开着乳白色的钟形小花，几乎看不见，但香味却飘得很远。

这是组成混合树篱的非常好的常青树树种，可以长期修剪保持一个整洁的形状，并可以作为一般常青树的背景。胡颓子有各种各样的变种变形可供选择，但都不太适合日本的花园。埃氏胡颓子的使用范围可能大一些，但需要经常修剪。

繁殖： 半熟枝扦插

花期： 秋季

规格： 灌木，株高 4m

修剪： 在春季中期剪掉过长的枝条

条件： 充足日照或部分遮阴；任何土壤

耐寒性 / 区域： 7~9

冬青卫矛（*Euonymus japonicus*）

冬青卫矛

科：卫矛科

原产于日本，是一种漂亮而令人愉悦的常青树，因为能忍耐含盐空气，卫矛通常种植在沿海地区。卫矛是变异性较大的一种灌木，株高达 3m，产生了许多的变种，有一个大叶品种称为"大叶"冬青卫矛（'Macrophyllus'）和一个矮化的小叶变种称为"小叶"冬青卫矛（'Microphyllus'）。这种矮小体型的卫矛适合小型花园，但比

交让木

较娇嫩，需要其他植物的庇护。与大多数冬青物种一样，冬青卫矛很容易在大多数类型土壤上生长。另一个类似的物种扶芳藤（*E.fortunei*）要耐寒得多，并且已经培育出无数的品种，其中许多品种都像"彩页"扶芳藤（*E.fortunei* 'Coloratus'）一样，可以用作在干燥阴凉地区的地被物。

繁殖： 硬枝扦插

花期： 不显著

规格： 灌木，株高 3m

条件： 阳光或阴凉

修剪： 在秋天或冬末作为灌木或在仲夏作为树篱来修剪

耐寒性 / 区域： 6~8

其他日本本土常绿植物

• 筒 花 木 黎 芦（*Leucothoe keiskei*）是一种小型灌木，株高 60cm，叶片细长，有光泽，呈深绿色。栽植土壤必须是酸性

• 南天竹（*Nandina domestica*）（受崇敬的竹子；见 p.222），在气候温和地区是常青子午。是一种直立的灌木，株高 2m，夏季开白花，果实鲜红色

八角金盘

八角金盘（*Fatsia japonica*）

八角金盘

科：五加科

原产于日本森林，八角金盘有独特的大型、有光泽且深裂的叶片。花小，密集簇生；最初是淡奶油绿色，最后几乎变成黑色。熊掌木（*Fatshedera lizei*）是八角金盘与常春藤（*Hedera helix*）的杂交种，常绿藤蔓植物，高大约 2m。

繁殖： 播种，扦插

花期： 秋季

规格： 灌木，4m

修剪： 不需要

条件： 充足日照或部分遮阳；微酸性，腐殖质丰富的土壤

耐寒性/区域： 7~9

齿叶冬青

齿叶冬青（*Ilex crenata*）

钝齿冬青

科：冬青科

日本的冬青树，株高可以长到 6m，看起来更像一棵黄杨，而不是冬青，特别是冬青的叶片很小，无刺。像黄杨一样，冬青也可以被修剪成几乎任何形状。齿叶冬青比锦熟黄杨（*Buxus sempervirens*）和小叶黄杨（*B.microphyllus*）更耐寒。因此，这些叶片很小的冬青，在非常寒冷的地区可以作为杜鹃花替代品。若不修剪，这些叶片很小的冬青，将恢复成为枝条开张的大型灌木，叶片狭长，播种繁殖的植株变异性更大。有一些筛选的变种，如"龟甲"冬青（*Ilex crenata f. convexa*）叶片很小，树型低矮，"齿叶"冬青（'Helleri'）叶片更小，树冠密集。浆果黑色，不像其他冬青品种的果实那样具有吸引力。

繁殖： 播种，半成熟枝扦插，硬枝扦插

花期： 春天

规格： 灌木，株高 5m

条件： 充足阳光或阴凉处

耐寒性/区域： 5~8

全缘冬青（*Ilex integra*）

日本树冬青

科：冬青科

许多冬青属植物都原产于日本，在花园中，通常是作为绿色背景。全缘冬青是一种大型灌木，叶子宽阔而坚韧，在秋天结红色浆果，而圆叶冬青（*I.rountunda*）的叶片更圆。在西方花园中，英国冬青（*Ilexaquifolium* 'J.C.VanTol'）是一个合适的替代品，因为英国冬青无刺，叶带刺，红色浆果。"山茶叶"阿耳塔拉冬青（*Ilex x altaclerensis* 'Camelliifolia'）是冬青的另一品种，叶子更圆，非常有光泽，让人想起茶花的叶子，是大型花园理想的绿色背景。这些种和变种也可以修剪作为树篱。

繁殖： 播种，半成熟枝扦插

花期： 春天

规格： 灌木，株高可达 7m

条件： 日照充足或阴凉

耐寒性/区域： 5~8

铁冬青（*Ilex rotunda*）

铁冬青

科：冬青科

繁殖： 播种，半成熟枝扦插

花期： 春季

规格： 乔木，株高可达 23m

条件： 阳光充足或阴凉

耐寒性/区域： 7~8

日本女贞（*Ligustrum japonicum*）

日本女贞

科：木犀科

常绿灌木，冠密集，叶片有光泽，黑绿色。在夏末，像许多其他女贞一样（如果不修剪的话），会开出由小白花组成的大型圆锥花序，带有强烈的甜香味，有些人就觉得不舒服。尽管如此，在寒冷的地区，植物需要一些保护来抵御严寒和寒风，日本女贞因常绿且生长密集，是一种非常有效的遮蔽物。日本女贞可以作为常绿混合栽植的一部分，为回游园提供绿色背景。"圆叶女贞"日本女贞（*ligustrum japonica* 'Rotundifolium'）有非常浓密的钝叶，厚而坚韧，"圆叶女贞"日本女贞在日本的花园中是很常见的植物。

繁殖： 硬枝扦插

花期： 夏季

规格： 灌木，株高 4m

条件： 阳光充足或遮阴

耐寒性/区域： 6~8

造型和树篱

· 山茶、杜鹃、马醉木、石楠，以及常绿的栎树和冬青经常被修剪成刈込（西方树木修剪艺术在日语中的对应词，见 p.88~p.91）

· 这些植物也可以作为树篱种植。茶园中常种植茶树矮篱；茶树的叶片和花比装饰性强的茶花小得多，也不那么耐寒

荷花木兰（*Magnolia grandiflora*）

荷花玉兰

科：木兰科

这种木兰属植物是美国的乡土植物，是在19世纪末引入日本的，并被广泛种植在花园中。由于荷花玉兰叶片呈圆形且有光泽，适合于更大型的日式花园。在夏天，荷花玉兰会开出巨大的乳白色杯状花，散发出醉人的香味。

繁殖：播种，半成熟枝扦插，嫁接

花期：夏天

规格：树种或大灌木，株高可达 10m

修剪：最好不修剪；如有必要，在冬末时修剪

条件：日照充足

耐寒性／区域：7~8

台湾十大功劳（*Mahonia japonica*）

十大功劳

科：小檗科

总状花序直立的冬青状植物，与小檗属植物有亲缘关系。在冬季和早春开花。当台湾十大功劳过于木本化或过度生长时，要重剪，在开花后立即去除老茎。

繁殖：半成熟枝扦插

花期：深秋至早春

规格：灌木，株高 2m

修剪：开花后剪去过长的枝条

条件：在有部分遮蔽的阴凉处；任何排水良好的土壤

耐寒性／区域：6~8

台湾十大功劳

木樨（*Osmanthus fragrans*）

桂花

科：木樨科

是日本很受欢迎的一种灌木，秋季开花，以其奶油色，橄榄或甜茶般芳香的花而闻名，但桂花半耐寒。一种耐寒的品种齿叶木樨（*O.fortunei*），或一种阔叶的冬青灌木柊树（*O.heterophyllus*），更适合大多数花园。

繁殖：半成熟枝扦插

花期：秋季

规格：灌木，株高 6m

修剪：在春季中期修剪，以保持形状

条件：阳光充足或部分遮蔽的阴凉处；任何排水良好的土壤

耐寒性／区域：8~9

光叶石楠（*Photinia glabra*）

红叶石楠

科：蔷薇科

光叶石楠大都很漂亮，从春天到夏天，花白色，圆锥花序松散，嫩叶玫瑰红色，红色叶片在杂交品种如"红知更鸟"（'Red Robin'）和"伯明翰"（'Birmingham'）中更明显。

光叶石楠相当耐寒，可以通过修剪，保持在一个可控制的高度，也可以作为树篱栽植。

繁殖：半成熟枝扦插

花期：春末夏初

规格：灌木，株高 5m

修剪：剪断交叉和位置不佳的枝条

条件：在早春完全日照或部分遮阴的条件下，任何湿润排水良好的土壤

耐寒性／区域：7~8

光叶石楠

马醉木（*Pieris japonica*）

马醉木

科：杜鹃花科

马醉木，顾名思义，"马误食了会中毒"，指的是马醉木对动物有毒性作用。这种树型紧凑的灌木相当耐寒，在早春时，开白色花，簇生，下垂。花芽红色。中国变种兴山马醉木（*P.formosa*），叶片幼时青铜色，但不那么耐寒。美洲变种美国马醉木（*P.floribunda*）是耐寒的。马醉木喜欢酸性土壤和腐殖质深厚的土壤，在夏末也能忍受相当干燥的环境。马醉木通常被看作一种大型灌木，但也可以长成一棵小乔木。小叶和矮生变形包括"绿灌丛"马醉木（'Green Heath'），株高可长到60cm。

繁殖：播种，半成熟枝扦插

花期：冬末至春季

规格：灌木，株高 3m

修剪：开花后去除枯死枝条

条件：充分日照或强光遮阴；酸性土壤

耐寒性／区域：6~8

乡土常青树种

· 荔莓（*Arbutus unedo*），一种蔓生的小乔木或灌木，株高8m，开乳白色的花，结红色的果实

· 密苏威冬青（*Ilex meserveae*），一种强壮的灌木或小乔木，株高5m，叶片有尖刺，有光泽，蓝绿色

· 葡萄牙桂樱（*Prunus lusitanica*），一种茂密的灌木或乔木，株高20m，叶子大而有光泽，呈暗绿色

桂花

常绿针叶乔木

日本人对针叶树的一般称呼是 shohaku-rui，尤其是高大挺拔的松树。这种常青树在日本被视为纯洁、一致和忠诚的象征。日本扁柏和日本雪松是日本两种最重要的木材，木材具有天然的弹性，被用于许多建筑和花园的构件。这两种本土松树是日本园林中最受欢迎的针叶树。

上图： 柳杉（*Cryptomeria japonica*），枝条浓密，粗壮并伸展。叶有鳞片，内曲。

李子紫杉

日本粗榧
（*Cephalotaxus harr-ingtonia*）

日本紫杉

科：三尖杉科

日本粗榧（*C.h.drupacea*）被称为日本紫杉或牛尾松，是一种中型灌木，株高达 3m，冠型密集紧凑。叶针形，短而直立，非常柔软，围绕直立枝，呈放射状排列。随着树龄的增长，植物冠型发展成一个巨大的球形，带有优雅下垂的小枝。柱冠粗榧（*C.h* 'Fastigiata'）非常特别，枝条僵硬直立的习性与爱尔兰紫杉相似。

繁殖： 播种或硬枝扦插

花期： 无

规格： 乔木，株高 10m

条件： 阳光充足或部分遮阴

耐寒性/区域： 6~8

日本扁柏
（*Chamaecyparis obtusa*）

日本扁柏

科：柏科

日本扁柏是一种宝贵的木材树，通常与日本雪松一起种植在森林里。日本扁柏的矮化变形在花园中更常见："寿星"日本扁柏（*C. obtusa* 'Nana Gracilis'），株高可以长到 3m；"矮"日本扁柏（*C.obtusa* 'Pygmaea'），只有 1.5m 高。这些更矮小的变种比大多数柏树更有特色。所有这些品种都非常耐寒，在没有遮蔽的环境中生长良好。也可以成功地修剪成树篱和刈込造型。

日本扁柏

繁殖： 硬枝扦插

规格： 乔木，株高 20m

修剪： 不需要修剪，只需去除枯死或患病的枝条

条件： 充足的阳光；微酸性土壤

耐寒性/区域： 4~8

神圣的松树

松树（日语 matsu，意为"等待神"）在日本被视为树中之王，是日本诗歌中的重要意象。本州北部的松岛湾是日本最著名的自然景观之一，那里点缀着 800 多个松树覆盖的岛屿。日本很少有不种植松树的花园。与杜鹃和枫树一起，是构成日本花园的基本要素。人们花了很多时间来悉心照料这些植物，拔除松针、修剪树枝，有意塑造出被山风吹弯的形状。松枝上经常挂满装饰品，用于赏月、婚礼和新年庆祝活动。

日本花柏

日本花柏
（*Chamaecyparis pisifera*）
日本花柏

科：柏科

日本花柏树形优美的高大乔木，枝干舒展，枝叶呈深绿色。"线柏"（*C.pisifera* 'Filifera'），以其长而下垂的鞭状枝条和宽阔的灌木状树形，在花园里广泛种植。"绒柏"（*C.pisifera* 'Squarrosa'），叶片暗绿色，柔软。"绒柏"有一些矮化的变形，如"卡柏"（'Intermedia'），枝条密集，叶片蓝色。日本花柏是一种很容易在大多数土壤中生长的乔木或灌木，并能忍耐一定的遮阴，特别是在大型落叶树木的树冠下。

繁殖： 硬枝扦插

花期： 无

规格： 株高可达 20m

日本柳杉

条件： 阳光充足或阴凉处；排水性良好的土壤

耐寒性 / 区域： 4~7

日本柳杉
（*Cryptomeria Japonica*）
日本雪松

科：杉科

位于松树之后，最重要和最神圣的针叶树是柳杉。日本柳杉可以活 2000 多年，通常被作为美德的象征而种植，并作为佛教和神道神社入口的守护者。日本大多数商品林都栽植柳杉，因为日本柳杉木材容易加工，并广泛用于日本建筑行业。日本柳杉的香气，使其成为制作日本清酒木桶的珍贵木材。柳杉是一种高耸的圆锥形乔木，叶片细裂有鳞片。在花园中，日本柳杉通常是灌木状的，新生长的枝条被修剪成几层造型。日本柳杉也可以单独种植或作为混合树篱的一部分。

繁殖： 变种，硬枝扦插

规格： 株高 25m

修剪： 不需要修剪

条件： 完全日照或部分遮阴；深厚、潮湿、微酸性土壤

耐寒性 / 区域： 6~9

圆柏（*Juniperus chinensis*）
圆柏

科：柏科

圆柏修剪成"云修片"，是一个很受欢迎的题材。圆柏是一种高度变异的物种，产生了一种特殊的变形，龙柏（"Kaizuka"），在日本和美国当地非常流行，也被称为"Torulosa"。龙柏枝干棱角分明，这一特点非同寻常，质感被一簇簇明亮的绿叶包裹着，形成一个独特的外观，这是创造风吹造型的理想树种。

圆柏和它的所有品种都非常耐寒，几乎在任何土壤类型中都很容易生长，甚至可以忍受含盐的风，最好在阳光充足的条件下种植。

繁殖： 硬枝扦插

圆柏

花期： 没有

规格： 株高至 20m

条件： 阳光丛中

耐寒性 / 区域： 5~8

赤松（*Pinus densiflora*）
日本赤松

科：松科

日本赤松是一种精致的树，有着粉红色的树皮和圆形的树冠，日本赤松经常被修剪以突出它柔软的树冠和显示它优雅的分枝结构。"伞冠"日本赤松（*P.densiflora* 'Umbraculifera'）是一种枝条紧凑、树冠圆形或平顶的灌木，株高只有 2~3m。这种矮松可以种植在小山丘上的小树林中，给人一种更宽广的景观印象。

"伞冠"日本赤松

日本赤松

繁殖： 变种，嫁接

规格： 株高可达 20m

修剪： 不需要修剪

条件： 充足的阳光；任何排水良好的土壤

耐寒性 / 区域： 3~7

日本五针松（*Pinus parviflora*）

日本五针松

科：松科

日本五针松原产于日本，其针叶较短，呈灰绿色，生长速度较慢，比日本赤松或日本黑松更易于管理。但日本五针松最终会长成一株大型、多干、圆球状树冠的树。

日本五针松

日本五针松有许多矮化种，这些矮化种适合小型花园。

繁殖： 播种，嫁接

规格： 株高至 20m

修剪： 不需要修剪

条件： 充足的阳光；任何排水良好的土壤

耐寒性 / 区域： 4~7

黑松（*Pinus thunbergii*）

日本黑松

科：松科

日本黑松的针叶和树皮比赤松更粗糙，颜色更深，通常树冠被修剪成更平展和戏剧性的风吹形状。这是最受欢迎的盆景松属植物。

繁殖： 播种，嫁接

规格： 株高 25m

修剪： 在生长初期进行修剪

条件： 日照充足；任何排水良好的土壤

耐寒性 / 区域： 6~8

罗汉松
（*Podocarpus macrophyllus*）

罗汉松

科：罗汉松科

虽然大多数罗汉松属植物不是很耐寒，但罗汉松完全耐寒，可以忍受 −20℃ 的低温。罗汉松是一种独特的灌木或小乔木，针叶很长，可达 18cm，表面是明亮的绿色，

黑松

罗汉松

背面苍白色，围绕茎部排列成密集的螺旋状。无论是在中国还是日本，都可以作为树篱来栽植，但只适合于酸性土壤。在日本，罗汉松有许多奇特的变种。

繁殖： 播种和特殊形式的硬枝扦插

花期： 无

规格： 株高 15m

条件： 日照充足

耐寒性 / 区域： 7~8

日本园林中受欢迎的松树

· 日本赤松

· 日本黑松

· 欧洲赤松，尤指"沃特尔"（*P. sylvestris* 'Watereri'）

· 矮赤松（*Pinus mugo*），株高只有 3.5m，适合非常小的小型花园

金松

罗汉柏

金松（*Sciadopitys verticillata*）

日本金松

科：松科

这是一种最独特的针叶树，通常树冠形成一个完美的圆锥体形状，并保持其明亮的绿色叶片下垂到地面。日本金松最不寻常的特点是松树状的革质长针叶给人凉爽的感觉，这些针叶向外辐射，就像一把伞的辐条。日本金松在树龄较小时生长非常缓慢，尤喜水分充足的酸性土壤，也能耐受中性土壤。日本金松适宜生长在轻度遮蔽的林荫下，但在充足的阳光中，能更好地保持其完美的冠型。在日本野外很少见，但在寺庙花园中却很常见，尤其是在高山上。

繁殖： 硬枝扦插繁殖或播种

修剪： 需要修剪来维持主要树干

规格： 株高可达 20m

条件： 阳光充足或部分阴凉

耐寒性 / 区域： 4~5

东北红豆杉（*Taxus cuspidata*）

日本紫杉

科：紫杉科

东北红豆杉比欧洲红豆杉（*T.baccata*）更耐寒，这种常见的欧洲红豆杉，常用作树篱。紫杉有很多变种，紫杉和欧洲红豆杉之间有许多杂交种；有些像"希克斯（'Hicksii'）"，枝条伸展，而另一些像"小紫杉"和"矮紫杉"，这些变种和杂交种的

枝条密集，可以修剪成刈达风格。

繁殖： 播种或硬枝扦插

修剪： 在春季生长开始后进行修剪

规格： 株高可达 15m

条件： 日照充足或部分阴凉

耐寒性 / 区域： 5~8

罗汉柏（*Thujopsis dolabrata*）

罗汉柏

科：柏科

罗汉柏叶片有光泽，深绿色，扁平有鳞片，背面呈银色。在特征相似的崖柏属（*Thuja*）、肖楠属（*Calocedrus*）和扁柏属（*Chamaecyparis*）这组针叶树组中，罗汉柏是最有趣的一种。这组常青树都是中型到大型乔木，是理想的环境背景植栽材料，可以作为屏蔽环境的背景树或作为展示个

东北红豆杉

体美的标本树。这组常青树在大多数土壤类型上都能茁壮成长，而且非常耐寒。一些已经产生了矮化形式，如矮型罗汉松（*Thujopsis dolabrata* 'Nana'），更适合较小的花园。

繁殖： 播种，硬枝扦插

修剪： 灌木不需要修剪

规格： 株高可达 20m

条件： 阳光充足或部分阴凉

耐寒性 / 区域： 6~8

铁杉属（*Tsuga*）

铁杉

科：松科

一种优雅的大型乔木，有柔软的针叶。在日本花园中，有许多生长缓慢和矮化的美洲品种在栽植，如加拿大铁杉（*Tsuga canadensis*），这样的树冠圆顶形的品种非常适合日本园林。

繁殖： 硬枝扦插或嫁接

修剪： 在夏季修剪

规格： 株高 10m

条件： 阳光充足或部分遮阴

耐寒性 / 区域： 4~8

铁杉

蕨类植物

日本蕨类植物被认为是优秀的、形状优美的植物，可以软化岩石的坚硬边缘，并可以用来衬托光滑的常青树，这些植物被种植来给人一种独特的感觉。茶园小径两旁树木繁茂，有荒野的效果。蕨类植物是通常在筑白和其他水景周围发现，在那里，它们可以利用额外的水分。色彩柔和的山茶花和简单的植物，如秋葵、南南花和枫树，与蕨类植物很好地结合在一起。

上图：舌状铁角蕨有着独特的叶片形状。

球子蕨

蕨类植物种类繁多，从最大型的树蕨到匍匐在裂缝里的微小物种，如南国乌毛蕨（*Blechnum penna-marina*）。华东蹄盖蕨（*Athyrium nipponicum pictum*）是日本乡土植物，因为其栗色的茎和带有银色外壳的叶子，在蕨类植物中是很独特的。瓶蕨（*Athyrium trichomanes*）是一种叶片分裂很深的小叶蕨，非常适合极小的空间。

繁殖：根部分株

规格：株高 4~6cm 到 10m

条件：大多数物种需要阴凉和潮湿，尤喜湿热

耐寒性 / 区域：取决于品种，4-9

瓶蕨

有用的非日本原产的蕨类植物

· 舌状铁角蕨（*Aspleniumscol-opendrium*）叶片带状，在深阴凉处能茁壮成长，但环境不能干燥

· 欧洲鳞毛蕨（*Dryopteris felix-mas*）及其变种，可在树下或者在非常干燥的花园里种植

刺毛耳蕨

荚果蕨

· 荚果蕨（*Matteuccia struthiop-teris*）、球子蕨（*Onoclea sensibilis*）和欧紫萁（*Osmunda regalis*）适用于潮湿或沼泽的地面

· 刺毛耳蕨（*Polystichum setifer-um*）是一种理想的全能型蕨类，因为刺毛耳蕨几乎是常绿植物。最好是在春天新叶开始生长之前，把所有的老叶都去除掉。刺毛耳蕨生长在阴凉和充足的阳光下，只要土壤不变得太干燥，任何排水良好的土壤均可生长。刺毛耳蕨的变种很多，这些变种都非常适合种植在茶庭道路边，栽植在茶花和桃叶珊瑚下

竹类

大多数日本花园都处于温带气候下，杜鹃和樱花等植物生长得很好，但在热带或亚热带气候下，最好种植更适应高温的植物。然而，如果你想在温和的气候下营造一个"热带风情"的氛围，虽有各种耐寒的植物可以选用，但竹类是最理想的植物。竹类是一种具有高度入侵性的植物，所以要小心选择种植地点。除非另有说明，以下列出的竹类品种，均喜阳光充足或部分遮阴，以及排水良好的肥沃土壤。

上图： 矮竹，这种快速生长的竹类，是形成低矮树篱或屏风的优良材料。

若竹属（ *Pleioblastus* ）
矮竹

科：禾本科

一种生长较矮的竹类，绿色的茎和淡绿色的叶片。矮竹是侵入性物种，所以要抑制根系的延展。

繁殖： 分株

规格： 株高 1.5m

条件： 部分遮阴

耐寒性/区域： 1~3

菲白竹（ *Pleioblastus pygmaeus* ）
翠竹

科：禾本科

可以作为地被植物种植，并剪到 5~10cm高。可以很好地代替草坪或苔藓。

规格： 株高至 40cm

条件： 半阴或阳光充足

耐寒性/区域： 6~11

人面竹（ *Phyllostachys aurea* ）
人面竹

科：禾本科

人面竹中绿色的藤条会逐渐变成金棕色。

矢竹

人面竹根系易蔓延，所以要抑制好根系。

繁殖： 分株

规格： 株高至 10m

条件： 潮湿的土壤，耐旱

耐寒性/区域： 6~8

黄槽竹
（ *Phyllostachys aureo-sulcata* ）
黄槽竹

科：禾本科

黄槽竹的藤条呈棕绿色，带有迷人的黄色条纹。

繁殖： 分株

规格： 株高为 6m

条件： 充足光照或部分遮阴

耐寒性/区域： 5~10

毛竹（ *Phyllostachys edulis* ）
毛竹

科：禾本科

毛竹这种常绿竹类，通常因其巨大的茎而被采伐。在寒冷的气候下，毛竹不会达到完全生长的尺寸，巨大的毛竹只会在日本的南部看到。龟甲竹（ *P.edulis heterocycla* ）节间呈迷人的龟甲形。

繁殖： 分株

规格： 株高可达 6m 或以上

条件： 充足的阳光；耐中等干旱，不耐阴凉

耐寒性/区域： 7~11

紫竹（ *Phyllostachys nigra* ）
紫竹

科：禾本科

紫竹这种引人注目的竹类，因其光滑的黑色茎而流行。紫竹独特的藤条会随着年龄的增长而变黑。

繁殖： 分株

规格： 株高为 5m

条件： 全日照或部分遮阴；排水性良好的土壤

耐寒性/区域： 7~9

乌哺鸡竹（ *Phyllostachys vivax* ）
乌哺鸡竹

科：禾本科

乌哺鸡竹是毛竹一个很好的替代。

规格： 株高至 25m

条件： 阳光充足，轻度遮蔽；排水性良好的土壤

耐寒性/区域： 6~10

矢竹（ *Pseudosasa japonica* ）
矢竹

科：禾本科

矢竹是一种坚硬的、侵入性很强的竹类，浅米色的茎上长着暗绿色的叶片。

规格： 株高至 6m

条件： 需要排水良好的土壤

耐寒性/区域： 6~11

棕榈科植物

只要生长在有遮蔽的地方，许多棕榈树都非常耐寒；就像竹类一样，棕榈可以在温带气候中来营造热带风情的氛围。棕榈的生长几乎不需要维护。虽然日本花园倾向于使用温带植物，但如果遵循温带植物的设计原则，使用棕榈和其他外来植物也是适合的。在寒冷的地区，苏铁常常在冬天用稻草包裹起来，以保护叶片和树冠免受冻害。

上图： 棕榈，以其巨大的扇形叶片而闻名，是一种非常坚硬的棕榈树，生长在温和的海岸花园中。

苏铁（*Cycas revoluta*）

西米棕榈

科：苏铁科

这种古老的植物原产于日本南部岛屿。苏铁是一种美丽有光泽的常青树，看起来像是棕榈树和蕨类植物的混合体。苏铁不耐寒，在京都北部的花园中很少见到。即使是在京都，苏铁在冬天也必须被包裹起来，就像日本园林的其他许多艺术一样，这种精心制作的包裹已经上升到一种艺术形式的水平。

繁殖： 播种

规格： 株高至 2m

条件： 充足的阳光和潮湿、肥沃的土壤

耐寒性 / 区域： 8~10

棕竹（**Rhapis excelsa**）

扇形棕榈

科：槟榔科 / 棕榈科

棕竹原产于中国，19 世纪被引进日本，比竹山棕榈更结实、更多刺，但不耐寒，在温度较高的花园中，棕竹是一种很有价值的热带植物。微型棕竹的扇状叶片有光泽，深绿色，叶片从毛茸茸的直立树干上伸展出来。棕竹可群植。适合在阴凉处种植。

繁殖： 分株

规格： 株高至 5m

条件： 需要适当遮挡的位置；任何排水良好的土壤

耐寒性 / 区域： 8~11

棕榈（**Trachycarpus fortunei**）

舟山棕榈

科：槟榔科 / 棕榈科

这种耐寒的棕榈树，最初是为了收获纤维而种植的，自那以后，棕榈被移植到美国的许多地方。棕榈树干笔直，有扇状的叶片。矮型包括"紧凑型"和"绿枕头型"。

繁殖： 播种

规格： 株高至 20m；矮型 1m

条件： 全日照或阴凉；任何排水良好的土壤

耐寒性 / 区域： 7~10

苏铁

棕榈

其他有趣的植物

其他有趣植物的选择，包括可以放置在茶室道路旁边，或在阴凉的庭院中种植的植物。这些植物有数百种之多，有些是奇特的变种，通常都是专门种植在花盆里，以便在花园中突显这些有趣味的植物。注意，这些植物通常不是直接种植在花园里，以免打乱花园的整体布局。蜀葵，来自东方，流行于英国的村舍花园，通常靠墙种植。麦门冬草是日本最受欢迎的地被植物，光滑的叶片形成了密不透风的株簇。

蜀葵

蜀葵（*Althaea rosea*）
蜀葵

科：锦葵科

自平安时代以来，蜀葵在日本就很受欢迎，现在仍然很常见，特别是在小型住宅的花园中。

繁殖： 播种

花期： 早至仲夏

规格： 多年生植物，株高 2.4m

条件： 充足阳光；任何土壤

耐寒性 / 区域： 6~9

木贼（*Equisetum hyemale*）
毛筒草

科：木贼科

在西方的花园中，这是一种有害但有吸引力的杂草，喜欢潮湿的土壤，日本的变种较少具有入侵性。木贼的垂直无叶茎是一个引人注目的景观。

繁殖： 分株

规格： 多年生植物，株高 1.5m

条件： 阳光充足或部分遮阴；湿润的土壤

耐寒性 / 区域： 4~9

大吴风草（*arfugium japonicum*）
大吴风草

常绿多年生植物，黄色花朵，扇形叶片，与橐吾属植物相似。有许多变型，斑纹形式已经发展，最常见的"黄斑"（'Aureomaculatum'），叶片上有随机的黄色斑点。

繁殖： 分株

花期： 至初冬

规格： 多年生植物，株高 60cm

条件： 部分遮阴；湿润土壤

耐寒性 / 区域： 7~9

萱草属（*Hemerocallis*）
萱草

科：萱草科

原产于日本，品种多达数百种。在自然状态下生长，花是浅黄色的，在夏季，花朵着生在多年生落叶草本植物的茎上。萱草可以在阴凉处或阳光充足的环境种植，大面积蔓延生长。萱草的花期只有一天，在

萱草

仲夏到夏末的几个星期里会连续开花。北黄花菜（*H.flava*）在春天开黄色的花，散发出一种可爱的香味。

繁殖： 分株

花期： 春季至夏末

规格： 株高 90cm

条件： 阳光充足或适当阴凉；大多数土壤

耐寒性 / 区域： 4~8

玉簪属（*Hosta*）
玉簪

科：玉簪科

从平安时代开始，日本人就在花园中种植玉簪。大玉簪（*Hostasieboldiana*）是叶片最大的玉簪属植物之一，生长在海拔1000m的富士山脚下。玉簪（*H.plantaginea*）开白色芳香的花，而原产于日本的山地玉簪（*H.montana*）和晚花玉簪（*H.tardiva*）因其漂亮的叶子而被种植。紫萼玉簪（*H.ventricosa*）尤其引人注目，有美丽的蓝紫色花朵，叶片有绿色的棱纹。19世纪，玉簪属植物因其与众不同的叶片形态而被精心培育。带有斑纹和扭曲叶片的植物被作为标本植物种植，以供展示，而不是作为花园布局的一部分。

繁殖： 分株

花期： 夏天

规格： 多年生植物，株高 25~90cm

条件： 阳光充足或部分阴凉处的遮蔽位置；湿润的土壤

上图： 大吴风草是原产于日本的多年生植物，因其迷人的叶子和秋天的花朵而被种植。

玉簪

蕺菜

百合

耐寒性 / 区域：4~9

蕺菜（*Houttuynia cordata*）
蕺菜

科：三白草科

蕺菜生长在日本的许多花园中，尤其是靠近水边的地方，但蕺菜具有入侵性。心形的叶子被压碎后会有一股强烈的气味，蕺菜的小白花被采摘下来，可以制成凉茶。蕺菜有多种变型，但最受欢迎的是普通绿色的蕺菜。

繁殖： 分株

花期： 春天

规格： 多年生植物，株高可达 30cm

条件： 充足的阳光；湿润的土壤

耐寒性 / 区域： 5~9

百合属（*Lilium*）
百合

科：百合科

天香百合是日本一种具有金黄色条纹的百合。天香百合的白色喇叭状大花里面有小斑点和金色条纹。天香百合是一种较娇气的植物，需要富含腐殖质的酸性土壤。天香百合（*L.auratum*）和美丽百合（*L.speciosum*）的杂交品种更容易生长。在日本的花园中，百合被种植在花盆中，在开花季节里展出。

无香味但充满活力的卷丹（*L.lancifolium*），花有着橙色和黄色的、带有大量斑点的花瓣反卷，作为食物（鳞茎被食用）被广泛

种植，需要采取措施防止卷丹开花。

繁殖： 播种，鳞茎，侧枝繁殖

花期： 从夏末到初秋

尺寸： 鳞茎高 1.5m

条件： 充足的阳光；酸性土壤

耐寒性 / 区域： 4~9

芭蕉属（*Musa*）
芭蕉

科：芭蕉科

芭蕉能在低至 -10℃ 的霜冻中存活。芭蕉需要种植在有遮蔽的地方，因为芭蕉巨大的叶片在寒风中会被吹得粉碎和变黑。在寒冷的地区，可以用羊毛或稻草包裹整个茎，以在冬天保护它。芭蕉不太适合在"温带"风格的花园中种植。芭蕉可以与棕榈树和竹子一起种植，以产生热带景观的效果。

繁殖： 分株

花期： 不显著，可在温暖的气候下结出果实

规格： 灌木，株高可达 3m

条件： 阳光充足或部分遮阴；全遮蔽位置

耐寒性 / 区域： 7~9

麦冬（*Ophiopogon japonicus*）
沿阶草

科：铃兰科

这种坚韧的草状植物可以在整个花园中生长。麦冬的叶片呈深绿色，呈弯曲状。成片的沿阶草可以衬托更大型的植物，如成组的枫树、杜鹃和竹类植物。沿阶草的花

是白色或淡蓝色的，果实是黑色的小浆果。矮小的簇状麦冬（*Ophiopogon japonicus* 'Minor'）更适合在小型花园中栽植。

繁殖： 分株

花期： 夏天

规格： 多年生植物，株高 60cm

条件： 完全日照或部分遮阴；微酸性土壤

耐寒性 / 区域： 6~10

麦冬

维护与保养

关于日本花园有一个奇怪的现象，让人难以理解。作为第一印象，人们可能会认为，维护一片砾石、一块或两块石头、一棵松树和一根竹子，不需要什么工作。然而，一个充满活力的日本花园，即使规模很小，在池塘周围铺上苔藓和种植几棵树和灌木，实际上可能需要很高的维护水平。更重要的是，日本的园丁们在打理花园的方式上是一丝不苟的，而且付出的代价也非同一般，注意小细节，如整形、打桩和修剪。

即使是更天然的茶园也得到了同样高水平的维护。传统上，打理花园的工作本身就被认为是有精神价值的，但重要的是，在您空闲的时候，将您头脑中的蓝图化为现实。在接下来的章节中，我们将着眼于确保花园充满活力的主要活动：除草、修剪、耙沙、清扫、整理，以及维修等养护工作。

上图： 大多数树木的维护工作都是危险的，应该由有安全证书和保险措施的专业人员进行。

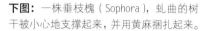

下图： 一株垂枝槐（Sophora），虬曲的树干被小心地支撑起来，并用黄麻捆扎起来。

对面图： 这棵松树健康状况不佳，树皮上的树脂还在外流，为了预防起见，松树用粗麻绳捆起来。

左图： 在日本川泽兼六园的园丁们，在树枝上绑上绳子，防止老松树在雪中折断树枝。

上图：各种日本修剪工具包括修枝剪、大剪刀、整形剪刀、修枝锯和磨具。

除草

虽然日本的庭园没有花坛，但也需要定期除草。可以使用抑制杂草的席子和除草剂——西方再创建的日式花园，在砾石层通常会使用抑制杂草的席子——但日本的庭园是用来冥想和使人心态平和的，因此除草的过程也是体验的一部分。

除草的工具

日本园林中使用的一些除草工具，在西方园林中不太为人所知，但在自然式的园林中，这些除草工具可以用于除草和栽培，非常实用。各种各样的小型砍刀和凿子状的种植工具，可以在植物和岩石之间工作，还有直角短柄的锄头或耕作工具，非常适合在狭窄的空间工作。手镰或长柄镰刀是在难以到达的地方或倾斜的地点，不适合割草机作业，用来控制地被植物和割草的。您也可以使用打草绳。

修剪

在日本，每年都会有专业的团队到公共园林和私家庭园，专门进行一到两次的园艺修剪活动。

上图：在本州兼六园，杂草打破了草坪的平整，用手镰去除，然后小心地收集到篮子里。

大多数灌木和乔木可以在早秋到晚秋期间修剪，但有些植物，如樱花，需要在春季开花后立即修剪。修剪是至关重要的，因为在日本的花园中，植物的形体质量以及花和叶片的美丽都是通过修剪来实现的，所以植物的生长必须受到控制。

通常，日本庭园的种植密度非常大，所以需要决定在灌木之间应该有多少阳光照射到地面上，以促进苔藓、草坪或其他地被植物的生长。太多的阳光，一些植物会在阳光下灼伤；太多的阴影，可能会阻碍或杀死某些植物，使地表裸露，长时间会布满灰尘，并呈褐色。种植的目标是形成一个有吸引力的斑点状阴影和绿色的地表。

"庭木"一词在日语中的意思是"花园里的树"，也指修剪树木以达到非常显著效果的一种技术。这种技术通过宽阔的树干和扭曲的枝条，以及模仿在野外被风吹过或被雷击过树木的形态，使树木看起来比实际年龄更苍老。

其他修剪技术包括一种将杜鹃做成简单的半球形的艺术，这种修剪的形状通常与岩石和精心修剪的树木结合在一起，比如模仿被风吹过的松树。另一种是方形的技术，旨在创建块状，补充和呼应庭园中的建筑元素。

修边和整形工具

日本的园艺家用各种各样的工具来修剪灌木和树木。

对于有大型树篱或有大量灌木的庭园，电动修剪工具（显然不是传统的工具）是最简单的选择，但像山茶这样的大叶植物应该用修枝剪手动修剪，以避免剪断叶片。因为要求精细，矮小的整形灌木也最好是手工修剪。

许多修剪工具与植物整形时使用的工具相似。事实上，一些西方的园林艺术家更喜欢日本的工具，因为这些工具多种多样，适合更复杂的修剪任务。例如，除了一系列的标准铁砧和修枝剪，还有一种特殊的长刃窄嘴切割器，用于松树新芽的"掐尖"和"去蜡烛芯"，并使成束的针叶稀疏。在对单个细枝的精细整形和修剪中，这类工具非常实用。

上图：日本熊本市的水前寺成趣园，园丁们正利用竹梯进行整形修剪。

为了达到所需的形状和角度进行整形，通常使用竹条、镀锌或涂塑钢丝捆扎单个树枝。若整形的树很高，应该使用梯子，以及长柄或伸缩式整枝器、修枝剪和修枝锯，这些工具都很有用，可以够得更远。

用于日本庭园的大型灌木和小型乔木的另一个重要整形工具，是小型修剪锯，弯曲的刀片可以折叠或收缩到手柄中，以便安全存储。

短刃窄嘴剪刀，有时被称为"女士剪刀"，非常适合修剪乔木和灌木的圆形或扁平的云片，也可以把杜鹃花和其他常青树，比如黄杨，修剪得像圆形的大石头。为了在更小的范围内精确地剪短或修剪叶片，可以购买弹簧单手剪刀或"羊毛剪"，以及类似剪刀的修剪工具。所谓的羊毛剪并不适合长时间使用，因为羊毛剪很重，长时间使用手会很累。

修剪一棵矮小的松树

下面的过程一步一步说明了如何改善"千头"赤松（*Pinus densiflora umbraculifera*）的总体形状。这是一种圆形的低矮灌木，可以用于小型的景观组合，特别是在缩景园或"浓缩景观"中使用。这些步骤也可以用于苍老的柏树和黄杨，还有其他常绿植物如木樨属植物和紫杉。这样做的目的是给人一种树木的外观比实际树龄更苍老的印象，并给它一个更开展和有吸引力的树形。随着树龄的增长，矮小的松树和许多其他针叶树细枝增多，树冠会变得非常密集，形成一团沉闷、无趣的总体形状。如果你去除老的旁枝，露出树干，剪除过度生长的枝条，可以把灌木或小型乔木变回更美丽的植物。

1. 这个实例中，修剪的是棵矮小的日本赤松。日本赤松生长普遍稠密，缺乏个性。如果你准备了防尘布，把防尘布放在灌木的下面，用来接住剪下来的枝条。

2. 修剪掉灌木内部的枯枝和半枯枝，以及任何交叉的树枝或脆弱的小枝。不时地退后站一下，仔细观察一下植物是如何生长的。修剪植物内部，去掉较大的树枝，这样有利于观察树冠的总体枝条结构。

3. 如果将植物控制在一个小的空间内，需要剪去主枝，以促进侧枝的生长，这将使植物的形态更加均衡，这很重要。不要把植物的冠修剪得太圆，要尽量配合和增强植物的固有形态。

4. 把赤松周围的防尘布收起来，处理掉修剪的树枝。

5. 现在，植株更开展、更匀称。每年重复这些步骤，随着树龄的增加，植株将会形成更优美的树形。

左图：用来创造一个 8 字形的砾石图案的一把锯齿状耙子。要完成这些完美的图案，需要大量练习。

右图：在京都银阁寺的一个禅宗花园中，园丁们在耙隆起的沙脊。

耙砾石和沙子

日本园林中，最具冥想性的做法之一，是在枯山水庭园里耙砾石或沙子。在寺庙花园中，有节奏的、注意力集中耙砾石或沙子的动作，仍然是禅僧修行的一部分。沙子、粗沙或砾石的质地越软越细，需要耙的次数就越多。

采购耙子

用于在沙砾中制作和维护图案，沙子图案也同样需要，即使是专业的公司也不容易弄到合适的耙子。您可能会买到三齿或四齿金属耙子，但这些不是传统上用于禅宗花园或枯山水园林中的工具。像禅宗或枯山水这样花园所需的耙子，您可能需要亲手制作。

用一块长方形的木板，您可以手工制作一把日本传统的耙子（只有耙头，没有耙柄），上面有锯状的宽齿，可以直接用两只手握住来使用，或安装一个耙柄来使用。或者，把一排木制销钉嵌在一块木板上做一个耙子。

仔细观察要耙地的区域，工具必须能够适合岩石和岩石组之间的通路或边界。一个宽的耙子在一个限制的区域可能是笨拙的，但对于一个大的、开放的、广阔的沙地，一把更大的耙子将更快地覆盖整个区域。自制耙子时，可根据沙子或沙石的粒径大小，调整耙齿的大小或木制销钉的厚度及间距。砾石越大，所需的空间就越大。

做一个木制的沙耙

沙耙可以是一个"销钉齿"耙，用木制销钉制成，看起来更像一个小型的干草耙。另一种选择是制作一个稍微简单一点儿的"锯齿"耙子。根据您希望创建的沙子图案大小和风格（见 p.79 的模式建议），来选择最适合的耙子。

要做一个销子齿耙子，要按照锯齿耙子的步骤来做（见对面页），但是要用一块大约 6cm 宽的木块，这样就可以在木板上面钻洞来插入销子。每一根销子的直径应该是 2cm，长 10cm。

左图：在京都瑞峰院禅宗花园里，一位佛教僧人将砾石耙成波浪的图案。

做一把锯齿耙子

在您设计耙子之前，请先考虑一下，您想要的波纹或波浪有多深多宽。这显然会影响耙子需要多少锯齿，以及每个锯齿应该有多长。您还需要知道沙砾或沙子的细度，因为一把锯齿细密的耙子不会在粗沙砾上留下太多的痕迹。

1. 第一步，准备一块做锯齿的木板（也就是耙子的耙头部分）。把木板放平，用铅笔在木板的长边上做一个记号，距离一端4cm，然后沿着间距每8cm做一个记号。最后一个标记应该距离另一端4cm。修剪木板，以适应标记的尺寸（比如，您可能更喜欢一个更宽或更窄的耙子，或不同大小的锯齿）。

2. 用一副三角板，从您已经画好的每一个标记的两个方向画出60度的线。继续沿着木板长边画60度的线，直到画出全部锯齿形的轮廓线。

3. 用木工台钳夹住这块木板，锯出锯齿。您可以使用钢丝锯，或一个细齿的横切锯也适合这种项工作。如果您喜欢垂直方向来锯木板，就要以一定的角度来固定木板。

4. 准备在耙子末端做一个凹槽来连接耙柄。凹槽的宽度要和手柄的宽度一致，但深度不能超过2cm。这样，当把耙柄插入凹槽时，正好是2cm的厚度。

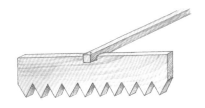

5. 把耙柄放进槽口，用螺丝将手柄和耙头固定好。

6. 耙柄加固，将每个支架放置在距离耙头端45cm的手柄上，并在耙头端上标记出角度。沿这些角把支架截断。

7. 用螺丝将支架一端固定在耙柄上，另一端固定在耙头上。

8. 沿着耙柄的4个棱角，用粗锉刀把耙柄的方形边缘磨圆，然后再用砂纸细细打磨。

刷洗、清扫和整理

在京都著名的诗仙堂花园，枯山水表面被轻沙覆盖，需要刷洗而不是耙。柔软的灌木扫帚或由小树枝捆成的扫帚，用来把沙子扫成图案。这些扫帚也用来清扫道路和苔藓区域的碎屑和树叶。

冒着破坏日本庭园的和谐与宁静的风险，您也可以使用动力吹叶机，但在这种情况下，要非常小心，不要扰动任何已耙平或平整的沙或细沙区域。

还需要检查由步石组成的路径是否干净，确保上面没有苔藓和黏滑的藻类。

顶图：在京都银阁寺的一个禅宗花园中，一名园丁使用灌木扫帚来维护砾石图案。

上图：长柄手刷可以用来清扫小路上的杂物，清除鹅卵石或整形树上的落叶和落花。

其他任务

其他临时维护工作：

· 修复和重新绑扎竹栅栏和大门

· 制作或修复树木支架，用黑色和自然色的黄麻和剑麻将树枝绑在支架上（合成的黑色"黄麻纤维"也可用，且持续时间更长）

· 分割地被植物。日本一些较大的花园都有草坪，但草坪草质地比较粗糙，距离观赏点太近的区域不能修剪，这个区域可以用蔓生的矮竹来替代，矮竹每年需要修剪一到两次，以使株高最多不超过 10cm

· 水景维护。除非有一条天然的小溪或泉水，否则水景园需要定期维护。泵的过滤器必须清洗，水池必须疏浚，以防止淤积，并保持水质的清洁和新鲜

左图：日本园丁穿着软底鞋，小心翼翼地走在长满青苔的地面上，用细枝扫帚扫落叶。

下图：竹栅栏不耐久，需要经常修理。园丁正在用黑色的天然黄麻纤维系新鲜竹枝作为支柱。

上图：在较冷的地区，一些植物，如苏铁，用稻草和麻绳包裹和捆绑，以保护这些植物免受严重冻害。

下图：精心设计的棚架用来拓展下垂的樱树枝条，抬高树冠，使其延伸到人行道和小路上方。

术语表

阿弥陀佛，佛陀的形象，他对西天极乐世界的承诺影响了平安时代的造园者们。

天桥立半岛，是本州北部海岸上一个被松树覆盖的半岛，是日本最著名的五大景点之一，经常被象征性地复制在庭园中。

意识到，感叹逝去的事物，增强对转瞬即逝的美的意识。对自然世界的情感态度影响了平安时代朝臣的情感。

鲤鱼石，放置在瀑布底部的石头，表示跳跃的鱼。象征着人类的奋斗。

茶庭，紧密围绕着茶室的庭园。

手水钵，更高级的水盆，通常设置在从檐廊可以到达的地方。孔子（卒于公元前479年），中国圣人，他制定了原则和道德。在佛教衰落的江户时代，这些孔儒之教是受欢迎的。

鹤岛，是神仙岛屿神话的一部分。鹤驮着仙人，成为长寿的象征。鹤岛上的岩石显示出（鹤）的长颈或隆起翅膀的形象。

大名，拥有土地的领主。

江户时代，从1603年到1867年，德川幕府在新首都江户（今东京）统治日本。

荣西，这位禅师在13世纪将禅宗佛教和第一批成功移植的茶树带到了日本。

小堀远州，17世纪的园林设计师和城市规划师，其设计为园林设计设立了新标准，影响了桂宫和许多寺庙庭园。

富士山，圣山，其形态可以在庭园中象征性地再现。

《源氏物语》，平安时代颇具影响力的小说，由紫式部所著。

风水，汇集了许多关于建筑、城市和庭园应该如何根据方向、颜色和元素进行布局的观念。

御神体，神道教术语，指的是被认为是众神住所的地区。

平安时代，从794年到1185年，标志着从京都建立新首都到幕府将总部迁至镰仓的时期。

平山，这座山可以俯瞰京都，其景色是园林设计师梦寐以求的。见借景。

北条，禅宗寺庙中住持的住所，那里有很多枯山水禅宗庭园。

蓬莱岛，中国古代神仙群岛神话中的中央岛屿，通常由一块巨大的直立岩石来表示。

木贼（*Equisetum hyemale*）

众神，拥有长生不老药秘密的神仙群岛上的居民。神仙群岛建在池泉园里，希望能吸引仙人来到人间。

14和15世纪的"筑石祭司"，他们设计了第一个枯山水庭园。

"众神的磐座"，神道教徒认为岩石具有灵魂，某些岩石被赋予了神的地位，这很可能影响了在日本园林中使用岩石的方式。

镰仓时期，从1185年到1392年，平安时代之后，幕府将其总部从京都迁至位于今天东京以南的镰仓。

枯山水庭园，干燥的景观庭园，园中主要元素是沙和砾石。

公案，禅宗谜语有助于心灵的空虚，并引发觉悟。

京都，日本园林历史上最重要的首都城市。

町屋，属于商人的小型城镇住宅，内含小型坪庭。

"末法"时期，据说始于11世纪的"末法"时期。佛陀预言的3个时代中的最后一个，引发悲观情绪。

松岛，日本东北海岸附近，松树覆盖的岛屿，启发了许多庭园对"松岛"的再现。

桃山时期，从1568年到1603年，将军时代，尤其是统一日本的丰臣秀吉。最后一位将军是德川家康，他的家族统治了整个江户时代。

梅（*Prunus mume*）

"虚无"，这是禅宗的一个方面，在一些枯山水禅宗庭园中，空旷的沙地上显现出"虚无"。

室町时代，从 1393 年到 1568 年，幕府将军从镰仓回到京都。可能这一时期是日本历史上最具创造性的时期，见证了枯山水庭园和茶庭的成熟。

神仙群岛，可以看到蓬莱岛、鹤岛和龟岛。

屈身门，在客人进入茶室之前，设置在露路上的这道门故意引起一种谦卑的感觉。

奈良，位于京都以南 50 英里处，新都城京都之前的最后一个古都。

躏口，是茶室的一个小舱口式的入口，客人可以双手和膝盖着地进入。

户外茶道，在户外举行的非正式茶会。

刈込，日本修剪植物的形式，许多种类的植物被修剪成抽象的形状。

宝塔，日本或中国的建筑，里面有佛陀或他的圣徒的遗物。这些宝塔通常被象征性地用石头雕刻而成，设置在庭园里。

净土，被认为是在西方，是佛陀来世的住所。水池是为了召唤这个天堂，特别是在平安时代和镰仓时期。

利休，日本最著名的茶道大师，他对茶道和茶庭的影响至今犹在。

露路，字面意思是"带露水的路径"，即通往茶室的园路。

龙安寺，京都最著名的枯山水禅宗庭园，据信建于 1499 年 。

《作庭记》，第一部也是最具影响力的园林专著，写于 11 世纪。

武士，为领主（大名）服务的士兵。

雪舟，15 世纪日本最有影响力的水墨画画家，也是一名造园家和禅师。

借景，字面意思是"借来的风景"。将远处的景色纳入庭园景观。

重森三玲，20 世纪日本最具影响力和最著名的园林设计师。

注连，手工艺品、岩石和树木的结合，成为神道教的一部分。意为"庭园"的"shima"一词可能就来源于此。

寝殿造，字面意思是"沉睡的大厅"，位于平安时代池泉园中心的主要住宅。

神道教，日本本土的万物有灵论的宗教。

逐鹿，一种竹子装置，反复加满水，然后倾斜并敲击石头。

幕府将军，军事领袖。字面意思是"镇压野蛮人的将军"。

书院建筑，日本室町时期（1393—1568）发展起来的一种建筑式样，内含一间书房。

草庵，茶室质朴的建筑风格。

袖篱，一小段竹子和芦苇篱笆将庭园景色和房屋景色分隔开来。

须弥山，原本是一座印度山峰（梅鲁峰），后来被日本佛教徒称为须弥山。

榻榻米，是一种编织的灯心草席子，日本茶室特别喜欢用这种席子。

蹲踞，在通往茶室的路上发现的一个低矮的水盆，通常配有一盏石灯笼。

龟岛，源于神仙群岛的神话，据说岛屿漂浮在海龟的背上。龟岛是抽象的石组，有鳍状肢和头部。

侘寂之美，可以从字面上理解为"枯萎的孤独"。这是一个美学术语，最初用于诗歌，后来用来描述茶道的各个方面，包括陶器、庭园和建筑。

八桥，由 8 块木板组成的"之"字形桥梁，横跨经常种植鸢尾花的溪流和水池。

幽玄，字面意思是"太深而看不见"，暗示一种神秘或深度，超出了可以看到的范围。这是日本所有艺术家都追求的品质，包括园林艺术家。

禅宗佛教，13 世纪从中国传入日本的一种佛教形式。禅宗极大地影响了艺术，尤其是像枯山水和茶庭这样的园林。

有用的地址

澳大利亚
Cyclone Ltd
Doncaster. VIC 3108; Tel (300)241 732
www.cyclone.com.au
经营范围：各类切割工具

Garden Grove
1150 Golden Grove Road , Golden Grove.
Adelaide SA 5125; www.gardengrove.com.
au Nursery and garden supplies centre

Universal Rocks
20 Hearne Street, Mortdale, NSW 2223
www.universalrocks.com.au

加拿大
The Angelgrove Tree Seed Co.
P.O. Box 74, 141 Hart Path Road,
Riverhead, Harbour Grace NL AOA 3PO
www.angelgroveseeds.com com

英国
UK Bamboo Supplies Limited
Unit 8 New Park Place Framfield
East Sussex TN22 SEQ Tell: 01825
890041
www.ukbamboo.com

Charles Chesshire Plants and
Gardens Sheepwash Barn Symonds bury
Dorset DT6 6HH
经营范围：日本园林设计、日本枫树、牡
丹、绣球花、稀有灌木和多年生植物

Glendoick Gardens Ltd
Glendoick, Glencarse, Perth PH2 7NS,
Scotland; Tel 0 1738 860205
经营范围：杜鹃

Japanese Garden Centre
Addlestead Road East Peckham Kent TN12
SDP Tel: 01622 87240
Email: info@buildajapanesegarden.com

Japanese Garden Centre
Addlestead Road East Peckham Kent TN12
SDP Tel: 01622 87240
Email: info@buildajapanesegarden.com
Japan Garden Company
15 Bank Crescent, Ledbury, Herefordshire
HR8 1AA; Tel 01531
630091; www.japangarden.co.uk
经营范围：灯笼、屏风、栅栏

Jungle Giants
Bowden's Nursery
Bowden Place, Sticklepath Okehampton,
Devon EX20 2NL
Tel: 01837 84937
www.bowdenhostas.com
经营范围：竹类及其他材料

Junker's Nursery Ltd
Higher Cobham, Milverton TA4 1NJ
www.junker.net

Kenchester Water Gardens
Church Road, Lyde, Hereford HR1 3AB;
Tel 01432 270981
经营范围：水生植物、睡莲和鸢尾

Silverland Stone
Holloway Hill, Chertsey, Surrey KT16
OAE; Tel 01932 570094;
www.silverlandstone.co.uk

美国
Bamboo Gardens of Washington 5035 —
196th Ave NE, Redmond, WA 98074; Tel
(425) 868-5166
经营范围：竹类、栅栏、灯笼和手水钵

Bamboo and Koi Garden
2115 SW Borland Road, West Linn, OR
97068; Tel (503) 638-0888; Email:
bambookoigarden@aol.com

Japanese Style
(871)441 3722
www.japanesestyle.com
经营范围：日式园林装饰物

Japanese Garden Fences Inc.
P.O. Box 2212, Pawcatuck CT 06379; Tel
(860) 599-2348
Handcrafted sode-gaki fence
www.mudmom.com
经营范围：实际尺寸的和迷你型的禅园耙

社团和期刊
日本园林协会
www.jgs.org.uk
日本园艺学报
www.rotheien.com

可参观的庭园
The Japanese Garden Database www.
jgarden.org
包含全球的庭园名录

上图： 英国康沃尔郡圣魔甘日式庭园。

澳大利亚
Cowrajapanese Garden
Binni Creek Road, Cowra, NSW 2794;
Tel 02-6341 2233
www.cowra.com.au

EdogawaCommemorative Garden
36 Webb Street, East Gosford, NSW 2250;
Tel 2 4 325 0056

TheMelbourne Zoo Japanese Garden
Elliott Avenue, P.O. Box 74, Parkville,
Victoria 3052; Tel 300 966 784
www.zoo. org.au/melbourne

比利时
Hasseltjapanese Garden
Gouverneur Verwilghensingel, 3500,
Hasselt; Tel 0 11 23 52 00
www. visithasselt.be

加拿大
Kurimoto Japanese Garden
Devonian Botanic Gardens, Edmonton,
Alberta; Tel (780) 492 3050 www.
botanicgarden. ualberta.ca

Nitobe Memorial Garden,
895 Lower Mall, Vancouver, British
Columbia;
Tel (604) 822 6038; www.nitobe.org www.
botanicalgardenube.ca/visit/ nitobe-
memorial-garden

法国
Citroen Garden
Pare Andre-Citroen, Quai Andre-Citroen,
75015 Paris; Tel: 0140 71 76 07

UNESCO Japanese Gardens
7, place de Fontenoy, Paris 75007
Tel (0)145 68 10 00; www.unesco.org

Jardins Albert Kahn
Musee Albert-Kahn, 14 rue du Port,
92100 Boulogne-Billancourt, Paris; Tel

01 55 19 28 00

德国
BonnJapaneseGarden
Rheinaue Park, Nordrhein-Westfalen www.
bonn.de

FreiburgJapaneseGarden
Okostation
Freiburg,Seeparkgelande,
Falkenbergstrasse 21b, Freiburg 79100
www.freiburg.de

KarlsruheJapaneseGarden
Stadt Karlsruhe, Gartenbauamt, 76137
Karlsruhe
www.karlsruhe.de

AugsburgJapaneseGarden
Botanischer Garten, Dr.-Ziegenspeck-
Weg 10, D-86161 Augsburg
www.augsburg.de

日本
Daisen-in (Kyoto), Kita-ku, Murasakino,
Daitokuji-cho, Kyoto-shi, Kyoto-hu
Ginkaku-ji (Kyoto), Sakyo-ku, Ginkakuji-
cho, Kyoto-shi
Joei-jiin (Yamaguchi), Miyano-mura,
Yoshiki-gun
KatsuraPalace (Kyoto), Ukyo-ku,
Katsura, Shimizu-cho
Get permission from the Imperial Park
Agency, Kyoto Gosho, 3 Kyoto-Gyoen,
Kamigyo-ku, Kyoto;Tel 075 2II-6348
Jiko-in(Nara), Nara-shi, Nara-ken
Joju-en(Kumamoto), Kumamoto, Kyushi
Kenroku-en(Kanazawa), 1-4 Kenroku-
machi Kanazawa-city, Ishikawa I
Koishikawa-Koraku-en(Tokyo),
1-6-6 Kouraku, Bunkyo-ku,
Tokyo II2-0004; Tel (0) 3-38II-3015
Koraku-en(Okayama), 1-5 Korakuen,
Okayama-shi, Okayama
Motsu-ji(Iwate), 58 Osawa, Hiraizumi-
cho, Nishi-Iwai-gun, Iwate
Raikyu-ji (Takahashi), 18 Raikyuji-
cho,
Takahashi, Okayama
Ryoan-ji(Kyoto), Ukyo-ku, Ryoanji,
Goryoshita-cho, Kyoto-shi
Ryogen-inZenGarden (Kyoto)
Daitoku- ji-cho, Murasakino, Kyoto-shi
Saiho-ji(Kyoto)
Write for permission: Saiho-ji,
Nishigyo- ku, Kamigatani-cho, Matsuo,
Kyoto
Sanzen-in(Kyoto), Sakyo-ku, Ohara,
Raigoin-cho, Kyoto-shi

Shisen-do (Kyoto), 27 Monguchi-cho ,
Ichijoji, Sakyo-ku, Kyoto-shi
ShugakuinPalace(Kyoto), Sakyo-ku,
Shugakuin, Kyoto-shi
Tofuku-jiHojo(Kyoto)
15-778 Honmachi, Higashiyama-ku,
Kyoto-shi www.tofukuji.jp/english.html

新西兰
WaitakerejapaneseGarden
Waitakere City Council, 6 Waipareira
Avenue, Waitakere; Tel (09) 836 8000
MiyazuGardensn
Nelson 7010
www.nelson.govt.nz

英国
BruneiGalleryRoofGarden
SOAS, Thornhaugh Street, Russell Square,
Bloomsbury, London WC1H OXG; Tel 020
7898 4915

ComptonAcres
Canford Cliffs Road, Poole, Dorset BH13
7ES; Tel 01202 700778
www.comptonacres.co.ul

Heale Gardenand Plant Centre
Middle Woodford, Salisbury, Wiltshire
SP4 6NT; Tel 01722 782207
www.healgarden.co.ul

Holland Park Gardens
London W8 6LU; Tel 020 7 4 71 9813

Japanese Garden and Bonsai Nursery
St Mawgan, nr Newquay, Cornwall TR8
4ET; Tel 01637 860116
www.japanesegarden.co.uk

Newstead Abbey
Newstead Abbey Park, Nottinghamshire
NG15 8NA;
Tel 01623 455900
www.newsteadabbey.org.uk

Pine Lodge Gardens
Holm bush, St Austell, Cornwall
PL25 3RQ; Tel 01726 735000;
www.pine-lodge.co.uk

Pureland Zen Garden
North Clifton, Nottinghamshire NG23
7AP; Tel 01777 228567
www.buddhamaitreya.co.uk
RoyalBotanicGardens
Kew, Richmond, Surrey TW9 3AB; Tel
020 8332 5655; www.kew.org

Tatton Park
Knutsford, Cheshire, WA16 6QN Tel
01625534400; www.tattonpark.org.uk

Tully Japanese Garden
Irish National Stud, Tully, Co. Kildare,
Ireland Tel +353-45-522963; www.irish-
national-stud.ie

美国
Brooklyn Botanical Gardens
990 Washington Ave. Brooklyn, NY
11225 Tel (718) 623-7200; www.bbg.org

Earl Burns Miller Japanese Garden
California State University, Long Beach
Tel (562) 985-8885
www.sculb.edu/japanese-garden

Hakone Gardens
21000 Big Basin Way, Saratoga CA 95070
Tel (408) 7414994; www.hakone.com

Hammond Japanese Stroll Garden,
North Salem, NY 10560 Tel (914)669-
5033;;www.hammondmuseum.org

The Japanese Friendship Garden
1125 N. 3rd Ave Phoenix, AZ Tel (602)
265 3204
www.japanesefriendshipgarden.org
Huntington Botanical Gardens
1151 Oxford Road, San Marino, CA
91108;
Tel (626) 405 2100
www.huntington.org
The Japanese Tea Garden
Golden Gate Park, San Francisco, CA
94118 www.japanesegardensf.com

MorikamiJapanese Gardens
4000 Morikami Park Road, Delray Beach,
Florida 33446 Tel (561) 495 0233;www.
morikami.org

上图: 日本京都，大原三千院的苔藓地毯。

索引

上图： 加拿大驻东京大使馆内的枯山水庭园。

上图: 京都天授庵（Tenju-an）枯山水庭园。

上图：京都天授庵的禅宗庭园。

上图：亨廷顿植物园（美国洛杉矶）内的日本黑松。

上图：作者在什罗普郡的花园里工作。

致谢

作者的致谢

在写这本书的过程中，我要特别感谢大卫·格雷特雷克斯 (David Greatorex) 和罗杰·米格利 (Roger Midgley)，感谢他们对方案内容排序的热情奉献。感谢安娜·拉弗林（Anna Laflin）唯美的手绘图以及她在设计上的帮助；以及我的妻子安妮 (Anne)，感谢她对我们庭园造成一定破坏的支持和容忍。

除了下面提到的所有业主之外，我要感谢荷兰公园日本园的创造者高石正弘 (Masahiro Takaishi)，他带我四处参观，并教我修剪树木。我还要感谢马克·基恩 (Marc Keane)，是他友好地让我加入了他的志愿者团队，为 Hakusa-sanso 庭园除草和打扫卫生。感谢冈特·尼奇克 (Gunter Nitschke) 在京都一边喝着咖啡一边就禅宗哲学和禅宗庭园与我进行发人深思的讨论，并带我去最有趣的景点。特别感谢江上 (Egami) 和他的妻子广美 (Hiromi)，他们带我去了各种奇妙的地方，向我展示了一些茶道，以及茶室建筑的复杂性。也感谢小泽弘 (Joho Ozeki) 在奈良慈光院禅寺的盛情款待；还有维尼西亚·斯坦利·史密斯 (Venetia Stanley-Smith)，感谢她向我们介绍日本大原的私家庭园，给予我们鼓励和有益的介绍，还有她的丈夫 Tadashi，这本书里有几张 Tadashi 的照片。

出版商的致谢

出版商感谢以下允许拍照的人和庭园：康沃尔郡圣莫根的日本庭园和盆景苗圃的斯特拉·霍尔 (Stella Hore)；威尔特郡索尔兹伯里希尔花园和植物中心的弗朗西斯·拉什 (Frances Rasch)；文莱画廊的日式屋顶花园、伦敦东方与非洲研究学院；伦敦邱园的皇家植物园；诺丁汉郡的纽斯特德修道院公园；诺丁汉郡的净土禅宗庭园；爱尔兰塔利日本园、爱尔兰基尔代尔公司；德国

卡尔斯鲁厄市的赫尔穆特·科恩 (Helmut Kern)；德国奥格斯堡植物园、德国威斯特法伦州北部莱茵公园的波恩日本庭园；亨廷顿图书馆艺术收藏的丽莎·布莱克本 (Lisa Blackburn) 和加州圣马力诺植物园；塔村丝绸公司 (Tatsumura Silk Company) 的田村和夫 (Kazuo Tamura) 及其 Syoko-ho-en 庭园；日本其他寺庙和庭园：平等院 (Byodoin)、Hakusasonso、平安神社 (theHeianShrine)、法然院 (Honen-in)、依水园 (Isui-en)、金阁寺 (Kinkakuji)、Koetsu-ji、金地院 (Konchi-in)、高桐院 (Koto-in)、无邻庵 (Murin-an)、南禅寺 (Nanzen-ji)、NigoCaste、龙源院 (Ryogen-in)、三千院 (Sanzen-in)、正传寺 (Shoden-ji)、天授庵 (Tenju-an)、东福寺 (Tofuku-Ji) 和等持院 (ToJi-in)。

本书中的大部分照片是由亚历克斯·拉姆齐 (Alex Ramsay) 拍摄的，材料和设备的图片是由彼得·安德森 (Peter Anderson) 拍摄的。查尔斯·车诗 (Charles Chesshire) 的藏品也选择了大量的照片。也感谢彼得·巴斯比 (Peter Busby)，他非常友好，让我们接触到大量的已故的莫林·巴斯比 (Maureen Busby) 的庭园项目的摄影记录。除非另有说明，所有照片版权均属安尼斯出版公司（©Anness Publishing Ltd）。本书第 31 页上的照片展示了 2004 年切尔西花卉展上莫林·巴斯比 (Maureen Busby) 的"率真"日式花园。

出版者感谢以下所有翻印的照片 (t= 顶部 ;b= 底部 ;c= 中 心 ;r= 右 ;l= 左) Alamy Images:p35(Takashi Yamaguchi)、p39b(Paul Shawcross)、p60t（Photo Japan）、p73tm(John Glover)、p76b(lain Masterton)、p85b(Jon Arnold)、p86b(John Glover)、pl09t(Visual Japan)、pl09bl(Claire Takacs)、P110r(John Glover)、p111t(Paolo Neri)、pl2ltr(John Lander)、pl89b(Juniors

Bildarchiv)、195b(Andrew Holt)、pl98t(Aflo Co).Ltd)、p214tr(Rob Whitworth)、p214br(Neil Holmes)、215t(Simon Colmer and Abby Rex)、p240tl(Christian Kober)、p242tr(Ulana Switucha)、p243t(Ulana Switucha);The Bridgeman Art Library:P10b(Leeds Museums and Galleries UK);13b(TokyoNational Museum, Japan)、p15t(Tokyo Fu ji ArtMuseum,Tokyo,Japan);Harpr GardenImages:p47tr、istock:p73tl(Maurice van der Velden)、p73tr(Daniel Gonzalez Acuna)、pll4-115(Michael Irwin)、pll4(Martin Mette);Peter Busby:p37t、p58t、p61bl、134t、pl44t、p145t、p145b、p158t;CharlesChesshire:p11b、p12tp12b、p16t、p20、p22t、p26t、p26b、27tl、27b、p34tr、p37b、p38t、p38b、p41、p42t、p42br、p46t、p48b、p53t、p53b、p54b、p56tl、p58b、p59t、p59br、p6lbr、p65t、p66b、p67、p70bl、p70tr、p88t、p95t、p95b、p96t、p100b、p111bl、p111bm、p111br、128t、128b、129t、132t、135b、pl49br、p161br、p174t、p182t、p195t、p211br、p215m、p215b、p217b、Corbis:p121tm(M. Yamashita)、p213tl(Mark Bolton)、p238b(M.Yamashita)、p242b(B.S.P.I)、p245t(M.Yamashita);Getty:p121tl(kaz Chiba)、p129t(Umon Fukushima)、p242tl(B.Tanaka);Karlsruhe Japanese Garden:p6、p19、p24t、p25b、p85b;Tadashi Kajiyanap24b、p212bl、p218tr;Werner Forman achieve:p22b(Burke Collection、NewYork)。

植物抗寒能力

植物名录中的每一种植物都被给予了欧洲读者的植物耐受性等级（见下面的文字）和美国读者的区域范围（见下面的地图和区域类别）。

因此，当应用到美国时，本书中的植物条目被赋予了区号，这些区号与植物的耐寒性有关。下面所示的分区系统是由美国农业部（USDA）的农业研究局开发

的。根据这个系统，根据一个特定地理区域的年平均最低温度，有11个区域。当为一种植物提供一系列的区域时，较小的数字表示该植物能在最北的区域过冬，较大的数字表示该植物能在最南的区域持续生存。

这不是一个严格的体系，而只是一个粗略的指标，因为影响抗寒能力的因素，

除了温度之外，还有许多因素也发挥了重要的作用。这些因素包括海拔、风的强度、是否接近水面、土壤类型、雪量或树荫的遮蔽、夜间的温度，以及植物可获取的水量。诸如此类的因素，可以轻易地改变植物多达两个区域的耐寒性。

耐寒性评价

不耐寒植物 5℃（41°F）以下的温度可能会使植物受损。

半耐寒植物 可以抵御温度下降到 0℃（32°F）。

耐寒植物 可以承受 − 5℃（23°F）的温度。

完全耐寒的植物 可以承受 − 15℃（5°F）的温度。

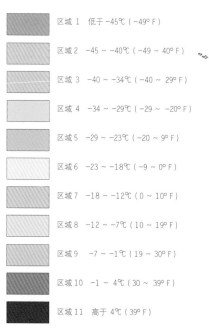

区域 1　低于 −45℃（−49°F）
区域 2　−45 ～ −40℃（−49 ～ 40°F）
区域 3　−40 ～ −34℃（−40 ～ 29°F）
区域 4　−34 ～ −29℃（−29 ～ −20°F）
区域 5　−29 ～ −23℃（−20 ～ 9°F）
区域 6　−23 ～ −18℃（−9 ～ 0°F）
区域 7　−18 ～ −12℃（0 ～ 10°F）
区域 8　−12 ～ −7℃（10 ～ 19°F）
区域 9　−7 ～ −1℃（19 ～ 30°F）
区域 10　−1 ～ 4℃（30 ～ 39°F）
区域 11　高于 4℃（39°F）

查尔斯·切斯希尔 (Charles Chesshire)

园林设计师、苗圃师和作家，他的出版物包括铁线莲、开花灌木和攀爬植物（英国皇家园艺学会）。他还为《星期日泰晤士报》《皇家园艺杂志》《东汉普顿之星》（纽约）撰稿。查尔斯教授的主题包括日式庭园、铁线莲、玫瑰和花园设计，并曾任教于帕森斯设计学院。

查尔斯着迷于禅宗冥想与日本庭园设计的联系，并曾在日本学习。作为一名园林设计师，查尔斯的作品在大西洋两岸随处可见。他曾担任伯福德豪斯花园的策展人，并担任苏德利城堡和塞津科特花园的顾问。他最近的任务是修复格洛斯特郡利德尼公园附近的公园，以及伍斯特郡 36.4hm² 的莫顿霍尔花园，这几个公园经常向公众开放，也被花园杂志广泛介绍。查尔斯也是一位敏锐的园林摄影师。